21世纪高等院校规划教材

计算机组成原理

主　编　唐为方

副主编　解洪胜　李秀芳　郝秉华　李　侃

主　审　史士英

中国水利水电出版社
www.waterpub.com.cn

内 容 提 要

本书针对普通高等院校计算机科学与技术专业的学生而编写,以计算机认知方法论作指导,全面而有重点地介绍计算机的各个组成部分以及各个部分之间是如何协同工作的问题。

全书共 8 章,主要内容包括:计算机系统概论、数据的表示与运算、存储系统、指令系统、中央处理器、总线与接口、输入输出(I/O)系统和实验指导。

本书力求避免内容过多、理论知识过深,注重可读性、科学性、系统性和实用性。书中备有大量的专门设计的图表以及精选的例子,并附加了近年来部分重点大学硕士研究生的入学试题及参考答案,以方便广大读者使用。

本书可作为普通高等院校计算机应用专业"计算机组成原理"、"计算机组成"、"计算机原理与系统结构"课程或其他类似名称课程的教材,也可以供高等教育自学考试、计算机软件专业技术资格和水平考试辅导班作为硬件应试辅导教材,以及供从事计算机系统的应用、开发和维护维修的工程技术人员参考。

本书配有免费电子教案,读者可以从中国水利水电出版社网站和万水书苑上下载,网址为:http://www.waterpub.com.cn/softdown/和http://www.wsbookshow.com。

图书在版编目(CIP)数据

计算机组成原理 / 唐为方主编. -- 北京 : 中国水
利水电出版社,2013.1(2019.7 重印)
  21世纪高等院校规划教材
  ISBN 978-7-5170-0484-4

Ⅰ. ①计… Ⅱ. ①唐… Ⅲ. ①计算机组成原理-高等
学校-教材 Ⅳ. ①TP301

中国版本图书馆CIP数据核字(2012)第311984号

策划编辑:雷顺加   责任编辑:陈 洁   加工编辑:李 燕   封面设计:李 佳

书 名	21世纪高等院校规划教材 计算机组成原理
作 者	主 编 唐为方 副主编 解洪胜 李秀芳 郝秉华 李 侃 主 审 史士英
出版发行	中国水利水电出版社 (北京市海淀区玉渊潭南路 1 号 D 座　100038) 网址:www.waterpub.com.cn E-mail:mchannel@263.net(万水) 　　　　sales@waterpub.com.cn 电话:(010)68367658(营销中心)、82562819(万水)
经 售	全国各地新华书店和相关出版物销售网点
排 版	北京万水电子信息有限公司
印 刷	三河市铭浩彩色印装有限公司
规 格	184mm×260mm 16 开本 17 印张 420 千字
版 次	2013 年 1 月第 1 版 2019 年 7 月第 3 次印刷
印 数	5001—6000 册
定 价	30.00 元

前 言

"数字逻辑与数字系统"、"计算机组成原理"、"计算机系统结构"和"微机原理与接口技术"是计算机科学与技术专业本科生硬件一条线的必修课程。第一门课是技术基础课,讲授逻辑部件级的分析与设计方法。第二门课是专业基础课,讲授单处理机系统的组成分析和设计方法,偏重于处理机的整机概念。第三门课属于专业课,着重讲授并行计算机系统的基本概念、结构、分析和设计方法。第四门课同样属于专业课,主要讲述为微机的结构、组成、汇编语言的设计以及计算机各个部件的接口与应用。

本书是在编者多年来讲授"计算机原理"、"计算机原理与系统结构"、"计算机系统结构"和"微机原理与接口技术"等课程教学材料基础上精炼而成,以计算机认知方法论作指导,全面且有重点地介绍计算机的各个组成部分,以及各个部分之间是如何协同工作等问题,且特别注重可读性、科学性、系统性和实用性。书中备有大量专门设计的图表以及精选的例子,并附加了近年来部分重点大学硕士研究生的入学试题及参考答案,以方便广大读者使用。

全书共分 8 章。第 1 章计算机系统概论,介绍计算机发展、特点、计算机的组成和计算机系统的构成;第 2 章计算机中数据的表示与运算,讨论定点数、浮点数的机器码表示和计算;第 3 章存储系统,介绍主存和辅存的结构、存储体系构成原理、存储器的扩充以及高速缓冲存储器和虚拟存储;第 4 章指令系统,讨论指令的结构及指令格式优化、寻址技术和典型指令;第 5 章中央处理器,讲述 CPU 的结构组织、控制器的结构、指令的执行过程和运算器的组织;第 6 章总线与接口,主要论述连接计算机各个主要功能部件之间所需的总线与接口;第 7 章输入/输出(I/O)系统,重点介绍程序查询方式、中断方式和 DMA 方式的控制及接口组织;第 8 章实验指导,通过具体的实践操作加深对理论知识的理解与掌握。

本书由唐为方任主编,解洪胜、李秀芳、郝秉华、李侃任副主编。全书由山东交通学院史士英教授主审。章节编者具体分工为:第 1、3 章由生慧(山东中医药大学)编写,第 2 章由李侃(山东轻工业学院)、高悟实(山东轻工业学院)共同编写,第 4 章由倪燃(山东交通学院)、唐为方(山东轻工业学院)共同编写,第 5 章由郝秉华(内蒙古财经大学)编写,第 6 章由解洪胜(山东女子学院)、唐为方共同编写,第 7 章由李秀芳(山东轻工业学院)编写,第 8 章及课程的习题和附录由唐为方编写。

本书可作为"计算机组成原理"、"计算机组成"、"计算机原理与系统结构"课程或其他类似名称课程的教材,参考授课学时为 72 学时。本书也可供高等教育自学考试、计算机软件专业技术资格和水平考试辅导班作硬件应试辅导教材,以及供从事计算机系统的应用、开发和维护维修的工程技术人员参考。

本书的编写得到了大连理工大学夏尊铨教授、山东科技大学刘法胜教授、山东交通学院肖海荣教授和吴昌平副教授、山东轻工业学院耿玉水和郭爱章教授、内蒙古财经大学王彪教授的精心指导，并提出了许多宝贵意见，在此谨表深深的谢意。中国水利水电出版社的雷顺加等同志对本书的出版也做了大量的工作，在此对他们表示衷心的感谢！

　　虽然编者在成书之前对书稿进行了多次修改和校正，但由于编者水平有限，疏忽之处在所难免，恳请专家和读者批评指正。

编　者
2012 年 10 月

目　　录

第 1 章　计算机系统概论

内容导读

　　计算机系统是由硬件系统和软件系统组成的复杂的自动化设备。本章的目的在于帮助读者建立一个计算机系统的整体框架，并初步了解有关计算机系统的基本常识和基本概念。

学习目标

- 掌握存储程序的工作方式、计算机的基本组成与各部件的功能、衡量计算机性能的指标；
- 初步掌握计算机软件系统的主要内容和计算机的工作过程；
- 理解计算机的发展、计算机的特点和计算机的应用领域。

1.1　计算机的发展历程

　　人类在长期的生产实践中，创造了各式各样的工具，其中有一类工具能代替并扩展人的大脑功能，这就是各种计算工具。我国古代就开始使用的算盘、17 世纪欧美相继出现的计算尺、手摇计算机和电动计算机等就是这样一类工具。随着科学技术的不断发展，计算工具也在不断地发展，直至 20 世纪中叶，电子计算机应运而生。

　　从 1946 年出现第一台电子计算机起，至今已 60 多年，计算机技术的发展极为迅速，日新月异。这些进展涉及许多方面，例如，硬件方面的逻辑器件和体系结构，软件方面的程序设计语言、操作系统、网络软件和人工智能等，这些方面的发展相辅相成。

　　由于计算机的发展极为迅速，人们将取得特别重大突破后的计算机称为新一代计算机。

1.　第一代（电子管计算机）

　　第一代计算机的主要特征是采用电子管构成逻辑电路，运算速度约为每秒几千次到几万次的定点加法运算，生存时期大约是 1946～1957 年。这期间主要使用机器语言或汇编语言编程，后期出现了一些简单的输入/输出管理程序。

2.　第二代（晶体管计算机）

　　第二代计算机的主要特征是采用晶体管构成逻辑电路，运算速度为每秒几万次到几十万次，生存时期约为 1958～1963 年。软件方面出现了高级程序设计语言 Fortran，相应地出现了编译程序、子程序库和批处理管理程序等系统软件。

3.　第三代（中、小规模集成电路计算机）

　　第三代计算机的主要特征是采用中、小规模集成电路，开始用半导体存储器作为主存，生存时期约为 1964～1970 年。硬件方面采用了流水线技术和微程序控制技术，提出了系列机的概念。软件方面操作系统逐渐成熟，出现了虚拟存储技术、信息管理系统和网络通信软件等，并开始出现独立的软件企业。

4. 第四代（大规模、超大规模集成电路计算机）

在集成电路中，每块芯片内含有的门电路数或元件数称为集成度。集成度在几百门至几千门的集成电路称为大规模集成电路(LSI)，更高的称为超大规模集成电路(VLSI)。随着 LSI、VLSI 的出现，计算机的发展又出现了一次飞跃，进入了第四代时期。一般认为第四代约从 1971 年开始，直至今天。当前大多数使用的计算机都属于第四代的计算机。

在使用 VLSI 后，一个重大的飞跃是出现了微型计算机，从而打破了原有的计算机体系结构，为以后计算机的应用拓展了极其广阔的空间。

进入第四代后，计算机的发展更为迅速。在计算机的系统结构上发展了并行处理、多机系统、分布式计算机和计算机网络等技术。软件方面提出了软件工程的概念，出现了一些更为完善的高级语言、操作系统、数据库系统和网络软件，近期又出现了多媒体技术等。

1.2   计算机的分类和应用

1.2.1   计算机的分类

随着大规模集成电路的迅速发展，计算机进入大发展时期。根据人类对计算机功能需求的不断细化，巨型机、大型机、小型机、微型机、网络计算机以及工作站都得到了发展。

（1）巨型机。巨型机运算速度超过一亿次/秒，存储容量大，主存容量甚至超过几千兆字节。其结构复杂，价格昂贵，研制这类巨型机是现代科学技术，尤其是国防尖端技术发展的需要。核武器、反导弹武器、空间技术、大范围天气预报和石油勘探等都要求计算机具有很高的速度、很大的容量，一般的计算机远远不能满足要求。

（2）大型机。大型机的运算速度一般在一百万次/秒至几千万次/秒，字长 32～64 位，主存容量在几百兆字节以上。它有比较完善的指令系统，丰富的外部设备和功能齐全的软件系统。其特点是通用性好，有极强的综合处理能力，主要应用于银行、政府部门和大型制造厂家等。

（3）小型机。小型机规模小、结构简单，所以设计试制周期短，便于及时采用先进工艺，生产量大，硬件成本低。同时，由于小型机软件比大型机简单，所以软件成本也低。小型机打开了在控制领域应用计算机的局面，小型机适用于数据的采集、整理、分析和计算等方面。

（4）微型机。微型机采用微处理器、半导体存储器和输入输出接口等芯片组装而成，使得微型机具有设计先进、软件丰富、功能齐全、价格便宜、可靠性高和使用方便等特点。微型计算机已经极大地普及到家庭，促进着人们的学习、交流和社会的发展。

（5）工程工作站。工程工作站是 20 世纪 80 年代兴起的面向工程技术人员的计算机系统，其性能介于小型计算机和微型计算机之间。一般具有高分辨率的显示器、交互式的用户界面和功能齐全的图形软件等。

（6）网络计算机。网络计算机是应用于网络上的计算机。这种机器简化了普通个人计算机中支持计算机独立工作的外部存储器等部件，设计目标是依赖网络服务器提供的各种能力支持，以尽可能地降低制造成本。这种计算机简称为 "NC"（Network Computer）。

1.2.2　计算机的应用领域

计算机的应用领域主要包括以下几个方面：

1. 工业应用

（1）过程控制。在现代化工厂里，计算机普遍用于生产过程的自动控制。这样可以大大提高产品的产量和质量、提高劳动生产率、改善人们工作条件、节省原材料的消耗、降低生产成本等。用于自动控制的计算机，一般都是实时控制。它们对计算机的速度要求不高，但可靠性要求却很高，否则将生产出不合格的产品，甚至发生重大设备事故或人身事故。

（2）计算机辅助设计（CAD）/计算机辅助制造（CAM）。CAD/CAM 是借助计算机进行设计/制造的一项实用技术。采用 CAD/CAM 实现设计/制造过程自动化或半自动化，不仅可以大大缩短设计/制造周期，加速产品的更新换代，降低生产成本，节省人力物力，而且对于保证产品的质量有着重要作用。由于计算机具有快速的数值计算、较强的数据处理以及模拟的能力，因而在船舶、飞机等设计/制造中，CAD/CAM 占有越来越高的地位。

（3）企业管理。现代计算机更加广泛地应用于企业管理。由于计算机强大的存储能力和计算能力，现代化的企业充分利用计算机的这种能力对生产要素的大量信息进行加工和处理，进而形成了基于计算机的现代化企业管理的概念。对于生产工艺复杂、产品与原料种类繁多的现代化企业，计算机辅助管理的意义是与企业在激烈的市场竞争中能否生存这个概念紧密相连的。

（4）辅助决策。计算机辅助决策系统是计算机在人类预先建立的模型基础上，根据对所采集的大量数据的科学计算而产生出可以帮助人类进行判断的软件系统。计算机辅助决策系统可以节约人类大量的宝贵时间并可以帮助人类进行"知识存储"。

2. 科学计算

科学计算一直是电子计算机的重要应用领域之一。在天文学、核物理学和量子化学等领域中，都需要依靠计算机进行复杂的运算。

3. 商业应用

用计算机对数据及时地加以记录、整理和运算，加工成人们所要求的形式，称为数据处理。数据处理系统具有输入/输出数据量大而计算却很简单的特点。在商业数据处理领域中，计算机广泛应用于财会统计与经营管理中。

（1）电子银行。"自助银行"是 20 世纪产生的电子银行的代表，完全由计算机控制的"银行自助营业所"可以为用户提供 24 小时的不间断服务。

（2）电子交易。"电子交易"是通过计算机和网络进行的商务活动。电子交易是在 Internet 的广阔联系与传统信息技术系统的丰富资源相结合的背景下，应运而生的一种网上相互关联的动态商务活动，是在 Internet 上展开的。

4. 教育应用

（1）远程教学。使用计算机的通信功能、利用互联网实现的远程教学是当今教育发展的重要技术手段之一。远程教育可以解决教育资源短缺和知识交流困难等问题。

（2）模拟教学。对于代价很高的实验教学和现场教学，可以用计算机的模拟功能在屏幕上展现教学环节，既达到教学目的，又节约开支。

（3）多媒体教学。多媒体技术的应用使得计算机与人类的沟通变得亲切许多。多媒体教学就是将原本呆板的文稿配上优美的声音、图形、图像和动画等媒体，使教学效果更加生动完美。

（4）数字图书馆。数字图书馆是将传统意义上的图书"数字化"。经过"数字化"的图书存放在计算机中，通过计算机网络可以同时为更多的读者服务。

5．生活领域应用

（1）数字社区。"数字社区"特指现代化的居住社区。连接了高速网络的社区为拥有计算机的住户提供互联网服务，真正实现了"足不出户"就可以漫游网络世界的美好现实。

（2）信息服务。信息服务行业是 21 世纪的新兴产业，遍布世界的信息服务企业为人们提供着住房、旅游和医疗等诸多方面的信息服务。这些服务都是依靠计算机的存储、计算以及信息交换能力来实现的。

6．人工智能

人工智能是将人脑中进行演绎推理的思维过程、规则和所采取的策略、技巧等变成计算机程序，在计算机中存储一些公理和推理规则，然后让机器去自动探索解题的方法，让计算机具有一定的学习和推理功能，能够自己积累知识，并且独立地按照人类赋予的推理逻辑来解决问题。

综上所述，计算机的应用范围非常广泛。但是我们必须清楚地认识到：计算机本身是人设计制造的，还要靠人来维护，只有提高使用计算机的知识水平，才能充分发挥计算机的作用。

1.3　计算机硬件系统

计算机硬件系统的五大部件中每一个部件都有相对独立的功能，分别完成各自不同的工作。如图 1-1 所示，五大部件实际上是在控制器的控制下协调统一地工作。首先，在控制器输入指令的控制下把表示计算步骤的程序和计算中需要的原始数据，通过输入设备送入计算机的存储器存储。当计算开始时，在取指令作用下把程序指令逐条送入控制器。控制器对指令进行译码，并根据指令的操作要求向存储器和运算器发出存储、取数命令和运算命令，经过运算器计算并把结果存放在存储器内。在控制器的取数和输出命令作用下，通过输出设备输出计算结果。

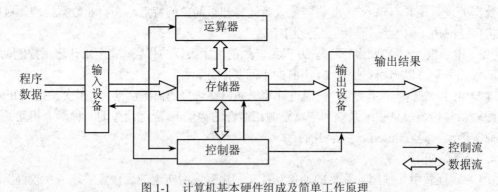

图 1-1　计算机基本硬件组成及简单工作原理

1．运算器（ALU）

运算器的功能是完成算术运算和逻辑运算。算术运算是指"加"、"减"、"乘"、"除"及它们的复合运算。而逻辑运算是指"与"、"或"、"非"等逻辑比较和逻辑判断。在计算机中，任何复杂运算都先转化为基本的算术与逻辑运算，然后在运算器中完成。运算器是计算机的核心部件，是对信息进行加工、运算的部件，它的速度几乎决定了计算机的计算速度。

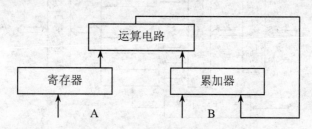

图 1-2　运算器示意图

运算器一般包括算术逻辑运算单元 ALU、一组通用寄存器、专用寄存器及一些控制门，如图 1-2 所示。ALU 进行算术逻辑运算，通用寄存器可提供参与运算的操作数，并存放运算结果。哪些数参与运算，常由输入选择门的控制条件决定。计算机运行时，运算器的操作和操作种类由控制器决定。运算器处理的数据来自存储器，处理后的结果数据通常送回存储器或暂时寄存在运算器中。

2．存储器

存储器的主要功能是存储程序和各种数据，并能在计算机运行过程中高速、自动地完成程序或数据的存取。

存储器是具有"记忆"功能的设备，它采用具有两种稳定状态的物理器件来存储信息。这些器件也称为记忆元件。在计算机中采用只有两个数码"0"和"1"的二进制数来表示数据。记忆元件的两种稳定状态分别表示为"0"和"1"。

程序和数据在计算机中以二进制的形式存放于存储器中。存储容量的大小以字节为单位来度量。经常使用 KB（千字节）、MB（兆字节）、GB（千兆字节）和 TB（万亿字节）来表示。它们之间的关系是：$1KB=1024B=2^{10}B$，$1MB=1024KB=2^{20}B$，$1GB=1024MB=2^{30}B$，$1TB=1024G=2^{40}B$，在某些计算中为了计算简便经常把 2^{10}（1024）默认为是 1000。

位（bit）：是计算机存储数据的最小单位。机器字中一个单独的符号"0"或"1"被称为一个二进制位，它可存放一位二进制数。8 个二进制位构成一个字节。

字（Word）：计算机处理数据时，作为一个整体存入或取出的数据长度称为字。一个字通常由若干个字节组成。

字长（Word Long）：中央处理器可以同时处理的数据的长度为字长。字长决定 CPU 的寄存器和总线的数据宽度。现代计算机的字长有 8 位、16 位、32 位、64 位。

为了更好地存放程序和数据，存储器通常被分为许多等长的存储单元，每个单元可以存放一个适当单位的信息。全部存储单元按一定顺序编号，这个编号被称为存储单元的地址，简称地址。存储单元与地址的关系是一一对应的。

对存储器的操作通常称为访问存储器，访问存储器的方法有两种，一种是"写"；另一种为"读"。不论是读还是写，都必须先给出存储单元的地址。来自地址总线的存储器地址由地址译码器译码（转换）后，找到相应的存储单元，由读/写控制电路根据相应的读、写命令来确定对存储器的访问方式，完成读写操作。数据总线则用于传送写入内存或从内存取出的信息。主存储器的结构框图如图 1-3 所示。

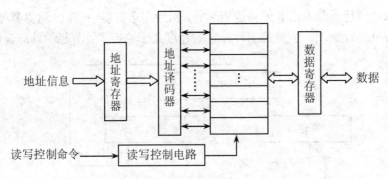

图 1-3 存储器结构图

存储单元：存放一个存储字的若干个记忆单元组成一个存储单元。

存储体：大量存储单元的集合组成存储体。

存储单元地址：存储单元的编号。

字编址：对存储单元按字编址。

字节编址：对存储单元按字节编址。

寻址：由地址寻找数据，从对应地址的存储单元中访存数据。

3. 控制器（CU）

控制器 CU（Controller Unit）是计算机的指挥系统，它的基本功能是从内存取指令和执行指令。指令是指示计算机如何工作的一步操作，由操作码（操作方法）及操作数（操作对象）两部分组成，如图 1-4 所示。

图 1-4 指令格式图

控制器每次从存储器读取一条指令，经过分析译码，产生一串操作命令，发向各个部件，进行相应的操作。接着从存储器取出下一条指令，再执行这条指令，依次类推，通常把取指令的一段时间叫做取指周期，而把执行指令的一段时间叫做执行周期。因此，控制器反复交替地处在取指周期与执行周期之中，直至程序执行完毕，如图 1-5 所示。

计算机使用的信息既有指令又有数据。如果某字代表的要处理的数据，则为数据字；如果某字为一条指令，则为指令字。从形式上看，它们都是二进制数码，似乎很难区分。然而控制器完全可以区分开哪些是指令字，哪些是数据字。一般来讲，取指周期中从内存读出的信息流是指令流，它流向控制器；而在执行器周期中从内存读出的信息流是数据流，它由内存流向运算器。

由于运算器与控制器在逻辑关系和电路结构上联系十分紧密，尤其在大规模集成电路制作工艺出现后，这两大部件往往集成在统一芯片上，即中央处理器 CPU（Central Processing Unit），它是整个计算机的核心部件，是计算机的"大脑"。它控制了计算机的运算、处理、输入和输出等工作。

集成电路技术是制造微型机、小型机、大型机和巨型机的 CPU 的基本技术。它的发展使计算机的速度和能力有了极大的改进。在 1965 年，芯片巨人英特尔公司的创始人戈登·摩尔，给出了著名的摩尔定律：当价格不变时，集成电路上可容纳的晶体管数目，约每隔 18 个月便会增加一倍，性能也将提升一倍。让所有人感到惊奇的是，这个定律非常精确地预测了芯片的40 多年发展。CPU 集成的晶体管数量越大，就意味着更强的芯片计算能力。

　4．输入输出设备与适配器

　　输入设备接受用户输入的原始数据和程序，并将它们转变为计算机能识别的二进制形式存放到内存中。输入设备主要完成输入数据和操作命令等功能，是进行人机对话的主要部件。常用的输入设备有键盘、鼠标、光笔、图形板、扫描仪、跟踪球和操纵杆等。

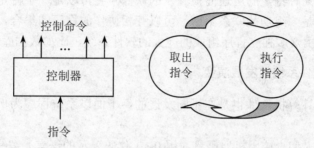

图 1-5　控制器功能示意图

　　输出设备将存放在内存中由计算机处理的结果转变为人们所能接受的形式。常用的输出设备有显示设备、打印机、音箱和绘图仪等。

　　计算机的输入/输出设备属于计算机的外围设备。这些外围设备的种类各异而且速度相差很大，因此不能将它们直接与高速工作的主机相连接，而应通过适配器部件与主机相连。适配器相当于一个转换器，可以实现高速 CPU 和低速外设之间工作速度上的匹配和同步，并保证外围设备用计算机系统特性所要求的形式发送和接收信息。

　　数字计算机是由五大功能部件构成的，这些系统功能部件在一起工作才能形成一个完整的计算机系统。总线是构成计算机系统的互联机构，是多个系统功能部件之间进行数据传送的公共通路。借助于总线连接，计算机在各系统功能部件之间实现地址、数据和控制信息的交换，并在争用资源的基础上进行工作。常见的数据总线有 ISA（Industrial Standard Architecture）总线、EISA（Extended Industy Standard Architecture）总线、VESA（Video Electronics Standards Association）总线和 PCI（Peripheral Component Interconnect）总线等几种。

1.4　计算机软件系统

1.4.1　计算机软件系统的组成与分类

　　一个完整的计算机系统包含硬件系统和软件系统两大部分。硬件通常是指一切看得见、摸得到的设备实体，如前面介绍的五大基本部件以及把它们互联成整机的总线。软件是用户与硬件之间的接口界面。用户主要是通过软件与计算机进行交流。计算机软件是指计算机系统中的程序及其文档，程序是计算任务的处理对象和处理规则的描述；文档是为了便于了解程序所需的阐明性资料。程序必须装入机器内部才能工作，文档一般是给人看的，不一定装入机器。

　　硬件是计算机系统的物质基础，正是在硬件高度发展的基础上，才有了软件赖以生存的空间和活动场所。没有硬件对软件的支持，软件的功能就无从谈起。同样，软件是计算机系统的灵魂，没有软件的硬件"裸机"将不能提供给用户使用，犹如一堆废铁。因此，硬件和软件是相辅相成的、不可分割的整体。

计算机的软件系统通常分为系统软件和应用软件两部分。

系统软件是指控制和协调计算机及外部设备，支持应用软件开发和运行的系统，是无需用户干预的各种程序的集合。系统软件包括各种操作系统、语言处理程序、数据库管理系统和各种服务性程序等。

应用软件是为了某种特定的用途而被开发的软件。它可以是一个特定的程序，比如一个图像浏览器。也可以是一组功能联系紧密，可以互相协作的程序的集合，比如微软的 Office 软件。还可以是一个由众多独立程序组成的庞大的软件系统，比如数据库管理系统。

1.4.2　计算机软件系统的发展演变

如同硬件一样，计算机软件也是在不断发展的。下面以系统程序为例，简要说明软件的发展演变过程。

早期计算机中，人们直接用机器语言（用 0、1 代码表示的语言）编写程序，这种编写程序的方式称为手编程序。这种用机器语言书写的程序，计算机完全可以"识别"并能执行，所以又叫做目的程序。不同的计算机使用不同的机器语言，程序员必须记住每条及其语言指令的二进制数字组合，因此，只有少数专业人员能够为计算机编写程序，这就大大限制了计算机的推广和使用。用机器语言进行程序设计不仅枯燥费时，而且容易出错。

为了编写程序方便和提高机器的使用效率，人们用一些约定的文字、符号和数字按规定的格式来表示各种不同的指令，然后再用这些特殊符号表示的指令来编写程序，这就是所谓的汇编语言。但计算机只能执行机器语言编写的程序而不能执行汇编语言编写的程序（称为汇编源程序），为此必须借助于一种新程序——汇编程序。借助汇编程序计算机本身自动地把汇编源程序翻译成用机器语言表示的目的程序。

汇编语言与机器语言一一对应，仍然依赖于具体的机型，不能通用，也不能在不同机型之间移植。常说汇编语言是低级语言，并不是说汇编语言要被弃之。相反，汇编语言仍然是计算机（或微机）底层设计程序员必须了解的语言，在某些行业与领域，汇编是必不可少的，非它不可适用。只是，现在计算机最大的领域为 IT 软件，也是我们常说的计算机应用软件编程，在熟练的程序员手里，使用汇编语言编写的程序，运行效率与性能比其他语言写的程序相对提高，但是代价是需要更长的时间来优化。

为由于汇编语言依赖于硬件体系，且助记符量大难记，于是人们又发明了更加易用的所谓算法语言（高级语言）。高级语言主要是相对于汇编语言而言的，它是较接近自然语言和数学公式的编程，基本脱离了机器的硬件系统。高级语言与计算机的硬件结构及指令系统无关，它有更强的表达能力，可方便地表示数据的运算和程序的控制结构，能更好地描述各种算法，而且容易学习掌握。但高级语言编译生成的程序代码一般比用汇编程序语言设计的程序代码要长，执行的速度也慢。所以汇编语言适合编写一些对速度和代码长度要求高的程序和直接控制硬件的程序。高级语言、汇编语言和机器语言都是用于编写计算机程序的语言。

用算法语言编写的程序称为源程序，这种源程序是不能由机器直接识别和执行的，必须给计算机配备一个既懂算法语言又懂机器语言的"翻译"，才能把源程序翻译为机器语言。通常采用下面两种方法：

（1）计算机配置一套用机器语言写的编译程序，它把源程序翻译成目的程序，然后机器执行目的程序，得出计算结果。但由于目的程序一般不能独立运行，还需要一种叫做运行系统的辅助软件来帮助。通常，把编译程序和运行系统和称为编译系统。

（2）使源程序通过所谓的解释系统进行解释执行，即逐个解释并立即执行源程序的语句，它不是编出目的程序后再执行，而是直接逐一解释语句并得出计算结果。

为了摆脱用户直接使用机器并独占机器这种情况，依靠计算机来管理自己和管理用户，于是人们又创造出一类程序，叫做操作系统。它是随着硬件和软件不断发展而逐渐形成的一套软件系统，用来管理计算机资源（如处理器、内存、外部设备和各种编译、应用程序）和自动调度用户的作业程序，而使多个用户能有效地共用一套计算机系统。

随着计算机在信息处理、情报检索及各种管理系统中应用的发展，要求大量处理某些数据，建立和检索大量的表格。将数据和表格按照一定规律组织起来，使得处理更方便，检索更迅速，用户使用更方便，于是出现了数据库。数据库即为用于数据管理的软件系统，具有信息存储、检索、修改、共享和保护的功能。数据库和数据库管理软件一起，构成了数据库管理系统。

1.4.3　计算机软件系统组成的层次结构

现代计算机系统是一个硬件与软件组成的综合体。由于计算机软件的发展，人们现在可以根据不同的需求利用机器语言、汇编语言和高级语言编写程序；随着计算机硬件的发展，计算机内部向下延伸形成了微程序机器。因此可以把计算机看成是按功能划分的多级层次结构，图 1-6 所示为计算机系统的多级结构。

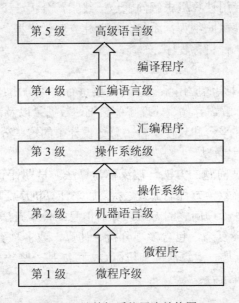

图 1-6　计算机系统层次结构图

第 1 级是微程序级，这是一个实在的硬件级，它由机器硬件直接执行微指令。

第 2 级是机器语言级，也是一个硬件级，而且是计算机系统不可缺少的一级，实际上它是 CPU 所配置的机器指令。

第 3 级是操作系统级，它由操作系统程序实现。操作系统由机器指令和广义指令组成。广义指令是为了提高机器功能而引入的新指令，它是由操作系统定义和解释的软件指令，所以也称为混合级。

第 4 级是汇编语言级，它给编程人员提供一种符号形式语言，以减少编程的复杂性，由汇编程序支持和执行。如果应用程序采用汇编语言编写，则必须要有这一级功能，否则这一级可以不要。

第 5 级是高级语言级，它是面向用户的，是为方便用户编写应用程序而设置的，由高级语言的编译或解释程序支持与执行。

除第 1 级以外，其他各级都得到它下面一级的支持。第 1 级和第 2 级为硬件研究的主要对象，软件的研究对象主要是操作系统级及以上的各级。值得一提的是，软硬件交界的界面划分并不是一成不变的。随着大规模集成电路技术的发展和软件硬化的趋势，部分软件功能将由硬件实现，传统的软件部分，今后完全有可能固化甚至硬化。例如，目前操作系统已将部分软件永恒地存于只读存储器中，称为固件。可见，软硬件交界面的变化趋势将沿着图 1-6 所示的方向向上发展。

1.5 计算机系统的工作过程

1.5.1 计算机处理问题的步骤

前面在介绍计算机系统的硬、软件系统组成时，已经从多种角度涉及计算机的一些工作方式。现在我们沿着用户应用计算机求解问题这一线索，分析一下计算机的工作过程。

计算机处理问题的步骤可归纳为：系统分析；建立数学模型，设计算法；编写应用程序；编译为目标代码；由硬件执行目标程序。

1. 系统分析

如果要构造一个比较复杂的应用系统，首先要进行需求分析：确定该系统应具备哪些功能并据此划分功能模块；了解需存储、处理哪些数据、数据量以及调用数据时的流向等。然后根据需求分析结果选择硬件平台和软件平台。总体设计中的这些分析工作常称为系统分析。

2. 建立数学模型，设计算法

应用计算机求解、处理问题的方法，被泛称为算法。早期计算机主要用于数学计算，那时的算法主要是指一些求解数学方程的公式之类。后来计算机广泛应用于各种信息处理，算法的具体含义也就推广为各种处理问题的方法，如对信息的检索方法、调度策略与逻辑判别等。

如果需处理的问题比较复杂，包含多项分析、计算，或多种类型的数据信息，就需要建立相应的数学模型。它可能是一组算法的有机组合，可能是一些数据信息的组织结构，也可能是一组逻辑判断规则的有机组合。

3. 编写应用程序

在建立数学模型、设计算法之后，关键的技术问题已基本解决，这时就可以选择合适的程序设计语言和相关的开发工具，着手编写应用程序。然后在相应的调试环境下进行调试和修改。

4. 编译为目标代码

大多数情况是采用编译方式处理源程序的。源程序输入计算机后，调用相应的编译程序进行编译，形成用机器语言代码表示的目标程序即目标代码。如果这种程序需要多次使用，就可将它们作为独立的文件保存，并冠以文件名，以便今后直接使用。

5. 由硬件执行目标程序

通常先将目标程序存储在磁盘中，用户需执行时给出文件名，操作系统按文件名调出目标程序并送入主存，然后将它在主存中的首地址送入程序计数器（PC），并从该地址开始依序执行目标程序。

1.5.2　计算机的工作过程

计算机的工作过程远比计算机处理问题的步骤复杂。下面我们以 2+4=6 为例来说明计算机的工作过程。

（1）控制器向输入设备发出输入信息的命令，从输入设备输入原始数据（2 和 4）；

（2）控制器向存储器发出命令，把输入设备输入的信息存放到存储器中；

在控制器的控制下，从存储器中取出数据 2（0010）和 4（0100）送运算器，进行加法运算，得到和数 0110；

（3）在控制器的控制下，把运算器中的结果 0110 送到存储器；

（4）在控制器的控制下，把存储器中的最后结果 6 送到输出设备，显示或打印。

1.6　计算机的性能指标

计算机技术性能是由体系结构、所用器件、外设配置以及软件资源等多方面因素决定的。因此，评价一台计算机的性能如何，要综合各项指标，不能仅凭一两项指标。计算机主要技术指标有字长、存储容量、运算速度和外设配置等。

1. 字长

字长是指 CPU 一次能完成二进制数运算的位数。字长越长，数的表示范围越大，运算精度越高。它决定着寄存器、加法器、数据总线等设备的位数，因而直接影响着硬件的性能与价格。

为了方便运算，许多计算机允许变字长操作，例如半字长、全字长、双字长等。一般计算机的字长在 8～64 位之间。微型计算机的字长有 8 位、16 位、32 位、64 位等。字长单位为位（bit）。

2. 存储容量

存储容量是指存储器可以容纳的二进制信息量，包括主存容量和辅存容量。主存容量=存储单元个数×存储字长。

存储容量的单位是字节（Byte）。计算机内所有信息都是以"位"（bit）为单位存储，一位就代表一个 0 或 1。每 8 位（bit）组成一个字节（Byte）。一般位简写为小写字母"b"，字节简写为大写字母"B"。常用单位还有 KB、MB、GB、TB 等。

3. 主频/时钟周期

主频是 CPU 内核工作的时钟频率，度量单位是 MHz（兆赫兹）、GHz（吉赫兹）。

主频的倒数为 CPU 时钟周期（T），单位是微秒、纳秒。

4. 运算速度

运算速度是衡量计算机性能的一项重要指标。通常所说的计算机运算速度（平均运算速度）是指每秒钟所能执行的指令条数，一般用 MIPS（Million Instruction Per Second 百万条指令/秒）来描述。也可以用执行一条指令所需时钟周期 CPI（Cycle Per Instruction），或用每秒浮点运算次数 FLOPS（Floating Point Operation Per Second）来衡量运算速度。微机一般采用主频来描述运算速度，主频越高，运算速度就越快。

计算机的运算速度与许多因素有关，如机器的主频、主存速度，执行的指令类型等。

计算机系统分为硬件系统和软件系统两大范畴。硬件系统的主要功能部件是：CPU、存储器、输入/输出设备等，它们通过系统总线和接口组成一台整机。软件系统主要包含系统软件和应用软件。

计算机采用存储程序工作方式，即事先编写程序，自动、连续地执行程序。

计算机的软、硬件按照一定的层次结构组成一个系统，它通常分为微程序级、一般机器级、操作系统级、汇编语言级和高级语言级，每一级都能进行程序设计，并得到下面各级的支持。

衡量计算机性能的指标有字长、内存容量和运算速度等。

1. 数字计算机的主要应用有哪些？
2. 冯·诺依曼计算机的主要设计思想是什么？
3. 计算机硬件系统主要包括哪几部分？简述各自的功能。
4. 什么是指令？什么是程序？
5. 说明计算机软件的发展演变过程。
6. 简述计算机系统层次结构的主要内容。
7. 简述软件和硬件的逻辑等价性。

第 2 章　数据的表示与运算

　　数据是计算机加工和处理的对象，数据的机器层次表示将直接影响到计算机的结构和性能。本章主要介绍数制转换、无符号数和带符号数的表示方法、数的定点与浮点表示方法、字符和汉字的编码方法、数据校验码、半加器与全加器、串行进位与并行进位、ALU 的组织等。熟悉、掌握本章的内容，是学习计算机组成原理的最基本要求。

- 了解真值和机器数的概念；
- 掌握原码、补码、反码表示法和 3 种机器数之间的区别；
- 理解定点数与浮点数的表示方法；
- 了解 IEEE 754 浮点数标准；
- 理解常见的字符、汉字编码方法；
- 掌握半加器与全加器的逻辑表达式与真值表；
- 理解 ALU 的组织。

　　在计算机系统中，凡是要进行处理（包括计算、查找、排序、分类、统计、合并等）存储和传输的信息，都是用二进制进行编码，也就是说计算机内部采用的是二进制数的表示方式。这样做的原因有以下三点：

　　（1）二进制只有两种基本状态，使用有两个稳定状态的物理器件就可以表示二进制数的每一位，而制造有两个稳定状态的物理器件要比制造有多个稳定状态的物理器件容易得多。例如用高、低两个电位，或用脉冲的有无，或脉冲的正、负极性等都可以很方便、很可靠地表示二进制数的 "0" 和 "1"；

　　（2）二进制的编码、计数和运算规则都很简单。可用开关电路实现，简便易行；

　　（3）两个符号 "1" 和 "0" 正好与逻辑命题的两个值 "真" 和 "假" 相对应，为计算机中实现逻辑运算和程序中的逻辑判断提供了便利的条件。

　　计算机内部处理的对象可以分为两大类：数值型数据和非数值型数据。计算机除了能对数值数据（整数和实数）进行处理（主要是各种数学运算）之外，对于诸如文字、图画、声音和活动图像等信息也能进行各种处理。另外，还有逻辑数据 "真" 和 "假"。当然这些文字、图画、声音、活动图像和逻辑数据等在计算机内部也必须表示成二进制形式，它们被统称为 "非数值数据"。

2.1　数制与编码

2.1.1　数制及数制转换

日常生活中我们最熟悉十进制数，一个数用十个不同的符号（0,1,2,…,9）来表示，每一个符号处于十进制数中不同位置时，它所代表的实际数值不一样。例如，2585.62 代表的实际值是

$$2\times10^3 + 5\times10^2 + 8\times10^1 + 5\times10^0 + 6\times10^{-1} + 2\times10^{-2}$$

一般地，任意一个十进制数：

$$D = d_n d_{n-1}\dots d_1 d_0 d_{-1} d_{-2}\dots d_{-m}\quad（m,n 为正整数）$$

其值应为：

$$V(D) = d_n\times10^n + \dots + d_1\times10^1 + d_0\times10^0 + d_{-1}\times10^{-1} + d_{-2}\times10^{-2} + \dots + d_{-m}\times10^{-m}$$

其中的 d_i（$i = n,n-1,\dots,1,0,-1,-2,\dots,-m$）可以是 0,1,2,3,4,5,6,7,8,9 这十个数字符号中的任何一个，"10" 称为基数，它代表不同数字符号的个数。10^i 称为第 i 位上的权。在十进制数进行运算时，每位计满十之后就要向高位进一，即日常所说的"逢十进一"。

二进制和十进制类似，它的基数是 2，只使用两个不同的数字符号（0 和 1），与十进制数不同，运算时采用"逢二进一"的规则，第 i 位上的权是 2^i。例如，二进制数$(100101.01)_2$ 代表的实际值是：

$$(100101.01)_2 = 1\times2^5 + 0\times2^4 + 0\times2^3 + 1\times2^2 + 0\times2^1 + 1\times2^0 + 0\times2^{-1} + 1\times2^{-2} = (37.25)_{10}$$

一般地，一个二进制数

$$B = b_n b_{n-1}\dots b_1 b_0 b_{-1} b_{-2}\dots b_{-m}$$

其值应为：

$$V(B) = b_n\times2^n + \dots + b_1\times2^1 + b_0\times2^0 + b_{-1}\times2^{-1} + b_{-2}\times2^{-2} + \dots + b_{-m}\times2^{-m}$$

其中的 b_i（$i = n,n-1,\dots,1,0,-1,-2,\dots,-m$）只可以是 0 和 1 两种不同的数字。

一般地说，在某个数字系统中，若采用 R 个基本符号（0,1,2,…,R−1）表示各位上的数字，则称其为基 R 数制，或称 R 进制数字系统，R 被称为该数字系统的基，采用"逢 R 进一"的运算规则，对于每一个数位 i，其该位上的权为 R^i。

在计算机系统中，常用的几种进位计数制有下列几种：

二进制，R=2，基本符号为 0 和 1

八进制，R=8，基本符号为 0,1,2,3,4,5,6,7

十进制，R=10，基本符号为 0,1,2,3,4,5,6,7,8,9

十六进制，R=16，基本符号为 0,1,2,3,4,5,6,7,8,9,A,B,C,D,E,F

表 2-1 列出了以上二、八、十、十六四种进位制数之间的对应关系。

从表 2-1 中可看出，十六进制系统的前 10 个数字与十进制系统中的相同，后六个基本符号 A、B、C、D、E、F 的值分别为十进制的 10、11、12、13、14、15。在书写时可使用后缀字母标识该数的进位计数制，一般用 B（Binary）表示二进制，用 O（Octal）表示八进制，用 D（Decimal）表示十进制（十进制数的后缀可以省略）；而字母 H（Hexadecimal）则是十六进制数的后缀，例如：二进制数 10011B，十进制数 56D 或 56，十六进制数 308FH，3C.5H 等。

表 2-1 四种进位制数之间的对应关系

二进制数	八进制数	十进制数	十六进制数
0000	0	0	0
0001	1	1	1
0010	2	2	2
0011	3	3	3
0100	4	4	4
0101	5	5	5
0110	6	6	6
0111	7	7	7
1000	10	8	8
1001	11	9	9
1010	12	10	A
1011	13	11	B
1100	14	12	C
1101	15	13	D·
1110	16	14	E
1111	17	15	F

计算机内部所有的信息采用二进制编码表示。但在计算机外部，为了书写和阅读的方便，大都采用八、十或十六进制表示形式。因此，计算机在数据输入后或输出前都必须实现这些进位制数之间的转换。

1. R 进制数转换成十进制数

任何一个 R 进制数转换成十进制数时，只要"按权展开"即可。

例 1 二进制数转换成十进制数。

$$(10101.01)_2=(1×2^4+0×2^3+1×2^2+0×2^1+1×2^0+0×2^{-1}+1×2^{-2})_{10}=(21.25)_{10}$$

例 2 八进制数转换成十进制数。

$$(307.6)_8=(3×8^2+7×8^0+6×8^{-1})_{10}=(199.75)_{10}$$

例 3 十六进制数转换成十进制数。

$$(3A.C)_{16}=(3×16^1+10×16^0+12×16^{-1})_{10}=(58.75)_{10}$$

2. 十进制数转换成 R 进制数

任何一个十进制数转换成 R 进制数时，要将整数和小数部分分别进行转换。

（1）整数部分的转换。

整数部分的转换方法是"除基取余，上右下左"。也就是说，用要转换的十进制整数去除以基数 R，将得到的余数作为结果数据中各位的数字，直到余数为 0 为止。上面的余数（即：先得到的余数）作为右边的低位数位，下面的余数作为左边的高位数位。

例 1 将十进制整数 835 分别转换成二、八进制数。

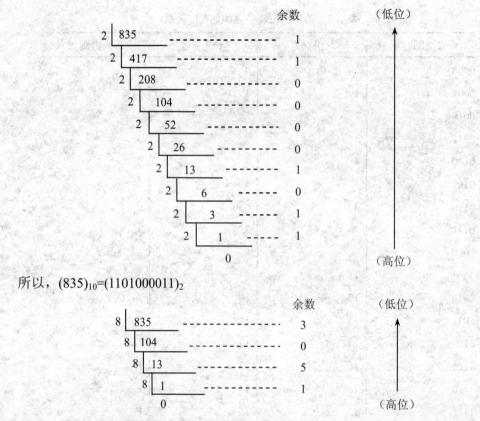

所以，$(835)_{10}=(1101000011)_2$

所以，$(835)_{10}=(1503)_8$

（2）小数部分的转换。

小数部分的转换方法是"乘基取整，上左下右"。也就是说，用要转换的十进制小数去乘以基数 R，将得到的乘积的整数部分作为结果数据中各位的数字，小数部分继续与基数 R 相乘。依次类推，直到某一步乘积的小数部分为 0 或已得到希望的位数为止。最后，将上面的整数部分作为左边的高位数位，下面的整数部分作为右边的低位数位。在进行转换过程中，有可能乘积的小数部分总得不到 0，即：转换得到希望的位数后还有余数，这种情况下得到的是近似值。

例 2   将十进制小数 0.6875 分别转换成二、八进制数。

$0.6875×2=1.375$	整数部分=1	（高位）
$0.375×2=0.75$	整数部分=0	
$0.75×2=1.5$	整数部分=1	
$0.5×2=1.0$	整数部分=1	（低位）

所以，$(0.6875)_{10}=(0.1011)_2$

$0.6875×8=5.5$	整数部分=5	（高位）
$0.5×8=4.0$	整数部分=4	（低位）

所以，$(0.6875)_{10}=(0.54)_8$

例 3   将十进制小数 0.63 转换成二进制数。

$$0.63 \times 2 = 1.26 \qquad 整数部分 = 1 \qquad （高位）$$
$$0.26 \times 2 = 0.52 \qquad 整数部分 = 0$$
$$0.52 \times 2 = 1.04 \qquad 整数部分 = 1$$
$$0.04 \times 2 = 0.08 \qquad 整数部分 = 0 \qquad （低位）$$

所以，$(0.63)_{10} = (0.1010)_2$（近似值）

（3）含整数、小数部分的数的转换。

只要将整数、小数部分分别进行转换，得到转换后的整数和小数部分，然后再将这两部分组合起来即得到一个完整的数。

例 4　将十进制数 835.6875 转换成二、八进制数。

$$(835.6875)_{10} = (1101000011.1011)_2 = (1503.54)_8$$

3．二、八、十六进制数的相互转换

（1）八进制数转换成二进制数。

八进制数转换成二进制数的方法很简单，只要把每一个八进制数字改写成等值的三位二进制数即可，且保持高低位的次序不变。八进制数字与二进制数的对应关系如下：

$$(0)_8 = 000 \qquad (1)_8 = 001 \qquad (2)_8 = 010 \qquad (3)_8 = 011$$
$$(4)_8 = 100 \qquad (5)_8 = 101 \qquad (6)_8 = 110 \qquad (7)_8 = 111$$

例 1　将 $(13.724)_8$ 转换成二进制数。

$$(13.724)_8 = (001\ 011\ .\ 111\ 010\ 100)_2 = (1011.1110101)_2$$

（2）十六进制数转换成二进制数。

十六进制数转换成二进制数的方法与八进制数转换成二进制数的方法类似，只要把每一个十六进制数字改写成等值的四位二进制数即可，且保持高低位的次序不变。十六进制数字与二进制数的对应关系如下：

$$(0)_{16} = 0000 \qquad (1)_{16} = 0001 \qquad (2)_{16} = 0010 \qquad (3)_{16} = 0011$$
$$(4)_{16} = 0100 \qquad (5)_{16} = 0101 \qquad (6)_{16} = 0110 \qquad (7)_{16} = 0111$$
$$(8)_{16} = 1000 \qquad (9)_{16} = 1001 \qquad (A)_{16} = 1010 \qquad (B)_{16} = 1011$$
$$(C)_{16} = 1100 \qquad (D)_{16} = 1101 \qquad (E)_{16} = 1110 \qquad (F)_{16} = 1111$$

例 2　将十六进制数 2B.5E 转换成二进制数。

$$(2B.5E)_{16} = (0010\ 1011\ .\ 0101\ 1110)_2 = (101011.0101111)_2$$

（3）二进制数转换成八进制数。

二进制数转换成八进制数时，整数部分从低位向高位方向每三位用一个等值的八进制数来替换，最后不足三位时在高位补 0 凑满三位；小数部分从高位向低位方向每三位用一个等值的八进制数来替换，最后不足三位时在低位补 0 凑满三位。例如：

①　$(0.10101)_2 = (000\ .\ 101\ 010)_2 = (0.52)_8$

②　$(10011.01)_2 = (010\ 011\ .\ 010)_2 = (23.2)_8$

（4）二进制数转换成十六进制数。

二进制数转换成十六进制数时，整数部分从低位向高位方向每四位用一个等值的十六进制数来替换，最后不足四位时在高位补 0 凑满四位；小数部分从高位向低位方向每四位用一个等值的十六进制数来替换，最后不足四位时在低位补 0 凑满四位。例如：

$$(11001.11)_2 = (0001\ 1001\ .\ 1100)_2 = (19.C)_{16}$$

从以上可以看出，二进制数与八进制数、十六进制数有很简单直观的对应关系。二进制数太长，书写、阅读均不方便；八进制数和十六进制数却像十进制数一样简练，易写易记。计算机中只使用二进制一种计数制，并不使用其他计数制。但为了开发程序、调试程序、阅读机器内部代码时的方便，人们经常使用八进制或十六进制来等价地表示二进制，所以大家也必须熟练掌握八进制和十六进制。

2.1.2　无符号数和带符号数

在计算机中，数据有无符号数和带符号数之分。所谓无符号数，就是指正整数，机器字长的全部数位均用来表示数值的大小，相当于数的绝对值。例如：

k_1=01011 表示无符号数 11

k_2=11101 表示无符号数 29

对于字长为 n 位的无符号数的表示范围是 $0 \sim (2^n-1)$。

然而，大量用到的数据还是带符号数，即正、负数。在日常生活中，我们用 "+"、"–" 号加绝对值来表示数值的大小，用这种形式表示的数值在计算机技术中称为 "真值"。

由于计算机无法识别数的符号 "+" 或 "–"，因此需要把数的符号数码化。通常，约定二进制数的最高位为符号位，"0" 表示正号，"1" 表示负号。这种在计算机中使用的表示数的形式称为机器数。

对于带符号数，一般最高位用来表示符号位，而不再表示数值位，例如：

k_1=01011 表示无符号数+11

k_2=11101 采用原码表示时，表示–9

把符号位和数值位一起编码，就产生了原码、补码、反码等不同的编码。

2.1.3　定点数与浮点数

计算机在进行算术运算时，需要指出小数点的位置。根据小数点的位置是否固定，在计算机中有两种数据格式：定点表示和浮点表示。

1. 定点表示法

在定点表示法中约定：所有数据的小数点位置固定不变。通常，把小数点固定在有效数位的最前面或末尾，这就形成了定点整数和定点小数。

（1）定点整数。小数点位置隐含固定在最低有效数位之后，记作 $X_0X_1X_2...X_n$，这个数是一个纯整数。

原码定点整数的表示范围为：$-(2^n-1) \sim (2^n-1)$。

补码定点整数的表示范围为：$-2^n \sim (2^n-1)$。

（2）定点小数。小数点的位置固定在最高有效数位之前，符号位之后，记作 $X_0.X_1X_2...X_n$，这个数是一个纯小数。定点小数的小数点位置是隐含约定的，小数点并不需要真正地占据一个二进制位。

当 X_0=0，$X_1X_2...X_n$=1 时，X 为最大正数，即

$$X_{最大正数}=1-2^{-n}$$

当 X_n=1，$X_0X_1...X_{n-1}$=0 时，X 为最小正数，即

$$X_{最小正数}=2^{-n}$$

原码定点小数表示范围为：$-(1-2^{-n}) \sim (1-2^{-n})$。

补码定点小数表示范围为：$-1 \sim -(1-2^{-n})$。

在定点表示法中，参加运算的数以及运算的结果都必须确定在该定点数所能表示的数值范围内。如遇到绝对值小于最小正数的数，被当作机器 0 处理，称为"下溢"；而大于最大正数和小于绝对值最大负数的数，统称为"溢出"，这时计算机将暂时中止运算操作，去进行溢出处理。

2. 浮点表示法

在科学计算中，常常会遇到非常大或非常小的数值，如果用同样的比例因子来处理的话，很难兼顾数值范围和运算精度的要求。为了协调这两方面的关系，让小数点的位置根据需要而浮动，这就是浮点数。

（1）浮点数的一般表示方法。

在数学中，表示一个浮点数需要三要素：尾数（Mantissa）、指数（Exponent，又称阶码）和基数（Base），都用其第一个字母来表示的话，那么任意一个浮点数 N 可以表示成 $N=M \times B^E$，例如 $N_1 = 1.234 \times 10^{-6}$，$N_2 = -0.001011 \times 2^{011}$ 等，同样的数字对于不同的基数是不相同的，移动小数点的位置，其指数相应地跟着变化。在计算机中，表示一个浮点数，同样需要以上三要素，只是阶码与尾数一同存储，基数常有 2、8、16 等数值，下面的讨论以 2 为基数进行。

将浮点数放在计算机中存储时，尾数 M 用定点（Fixed-point）小数的形式，阶码 E 用有定点整数形式，改变 M 中小数点的位置，同时需要修改 E 的值，可以给出有效数字（Significant number）的位数，因此 M 和 E 决定了浮点数的精度（Precision），E 指明小数点在 B 进制数中的位置，因而 E 和 B 决定了浮点数的表示范围（Range），浮点数的符号（Sign）是单独考虑，设阶码有 m+1 位，尾数有 n+1 位，则一般浮点数的表示方法如图 2-1 所示。

阶符	阶码	尾符	尾数

图 2-1 浮点数的一般表示方法

在这种表示方法中，阶码的二进制编码一般是原码、补码或移码，尾数的编码一般是原码或补码。

（2）浮点数的表示范围。

浮点数的表示有一定的范围，超出范围时会产生溢出（Flow），一般称大于绝对值最大的数据为上溢（Overflow），小于绝对值最小的数据为下溢（Underflow）。设浮点数的阶码和尾数均用补码表示（原码表示比较简单），阶码为 m+1 位（其中 1 位是符号），尾数为 n+1（其中 1 位是符号），则浮点数的典型范围值如表 2-2 所示。

3. 定点与浮点表示法的比较

（1）数值的表示范围。

假设定点数和浮点数的字长相同，浮点表示法所能表示的数值范围将远远大于定点数。下面以字长 32 位的情况为例加以说明比较：

若 32 位字长的定点小数，用补码表示，则数的表示范围为：$-1 \leqslant X \leqslant (1-2^{-31})$；最小正数为：$2^{-31}$。

表 2-2　浮点数的典型范围值

典型值	浮点数代码	真值
绝对值最大负数	01…1，10…0	$(-1) \times 2^{2^m-1}$
非零最小正数	10…0，010…0	$2^{-n} \times 2^{-2^m}$
最大正数	01…1，01…1	$(1-2^{-n}) \times 2^{2^m-1}$

若 32 位字长的定点整数，用补码表示，则数的表示范围为：$-2^{31} \leqslant X \leqslant (2^{31}-1)$；最小正数为：1。

若 32 位字长的浮点数，阶码 8 位，以 2 为底，尾数符号加尾数值共 24 位，均用补码表示，则数的表示范围为：$-1 \times 2^{127} \leqslant X \leqslant (1-2^{-23}) \times 2^{127}$。

浮点数阶码部分的位数占得越多，可表示的数值范围就越大，但是相应尾数的位数会减少，这将会使精度下降。因此，阶码和尾数部分各占多少位，应当全面权衡，合理分配。

（2）精度。所谓精度是指个数所含有效数值位的位数。一般来说，机器字长越长，它所表示的数的有效位数就越多，精度就越高。对于字长相同的定点数与浮点数来说，浮点数虽然扩大了数的表示范围，但却是以降低精度为代价的。

（3）数的运算。浮点数包括阶码和尾数两部分，运算时不仅要做尾数的运算，还要做阶码的运算，而且运算结果要求规格化。因此，浮点运算要比定点运算复杂。

（4）溢出处理。在定点运算时，当运算结果超出数的表示范围时，就叫做溢出。而在浮点运算时，运算结果超出尾数的表示范围却并不一定溢出，只有当阶码超出所能表承的范围时，才发生溢出；其中，阶码小于最小值时，称为下溢；当阶码大于最大值时，称为上溢。

浮点数在数的表示范围等方面优于定点数，但运算器的线路比较复杂，运算速度比较慢，价格也较高。因此，并不是所有的计算机都具有浮点运算功能。

2.1.4　真值和机器数

在日常生活中，常用"+"、"-"号加绝对值来表示数值的大小，以这种形式表示的数值在计算机技术中称为"真值"。由于"+"或"-"号在计算机中是无法识别的，因此需要把数的符号数码化。通常，约定二进制数的最高位为符号位，"0"表示正号，"1"表示负号。这种在计算机中使用的表示数的形式称为机器数，常见的机器数有原码、补码、反码等。

为了能正确地区别出真值和各种机器数，本教材中用 x 表示真值，[x]原表示原码，[x]补表示补码，[x]反表示反码。

1. 原码表示

原码表示法是一种最简单的机器数表示法，用最高位表示符号位，符号位为"0"表示该数为正，符号位为"1"表示该数为负，数值部分就是原来的数值，即真值 x 的符号数值化后所表示出来的机器数就叫做原码，记作[x]原。

（1）正数的原码。

设字长 n=6，x=+11010 则

$$[x]_原=[+11010]_原=0,11010$$

即 $[x]_原 = x$　$(2^{n-1} > x > 0)$

（2）负数的原码

设字长 n=6，x=−10011，则

$$[x]_原=[-10011]_原=1,10011$$

显然 $[x]_原=2^{n-1}-x$　（$-2^{n-1}<x<0$）

例 1　设字长为 8 位，x=−1110011，求 $[x]_原$。

解： $[x]_原=2^{8-1}-(-1110011)=1,1110011$

可见，正数的符号位添上 0，负数的符号位添上 1 就是该数的机器数的原码表示。原码就是原数值部分的数码不变的意思。注意，符号位后的逗号，只是为书写整数的原码时突出符号位，实际的机器数无此逗号。

（3）0 的原码表示（设字长为 8 位）。

① 正零的原码。

$$[+0]_原=0,0000000$$

② 负零的原码。

$$[-0]_原=1,0000000$$

可见，0 在原码中有两种表示形式，换句话说，在原码表示中遇到这两种情况的机器数时都作 0 处理。

原码表示法的优点是直观易懂，机器数和真值之间的相互转换很容易，用原码实现乘、除运算的规则很简单，缺点是实现加、减运算的规则较复杂。

2. 补码表示

为了克服原码在加、减运算中的缺点，我们引入补码表示法。补码表示法的设想是：使符号位参加运算，从而简化加减法的规则；使减法运算转化成加法运算，从而简化机器的运算器电路。

（1）正数的补码。

设字长 n=6，x=+11010，则

$$[x]_补= [+11010]_补=0,11010$$

即 $[x]_补=[x]_原=x$（$2^{n-1}>x>0$）

（2）负数的补码。

设字长 n=6，x=−10011，则

$$[x]_补=[-10011]_补=1,01101$$

（3）0 的补码表示（设字长为 8 位）。

① 正零的补码。

$$[+0]_补=0,0000000$$

② 负零的补码。

$$[-0]_补=2^8+x=0,0000000$$

可见，正数的补码等于该数的原码；负数的补码符号位为 1，而数值部分等于其真值按位取反再加 1；0 的补码只有一种形式，就是 n 个 0，这就是 0 的唯一性表示。

3. 反码表示

反码表示法与补码表示法有许多类似之处，正数的反码就等于真值，负数的反码是把其原码中除符号位以外的各位按位取反，它与补码的区别是末位少加一个"1"，因此很容易从补码的定义推出反码的定义。

（1）正数的反码。

设字长 n=6，x=+10101，则

$$[x]_{反}=0,10101$$

即　$[x]_{反}=[x]_{原}=[x]_{补}=x$　（$2^{n-1}>x>0$）

（2）负数的反码。

设字长 n=6，x=−11011，则

$$[x]_{反}=1,00100$$

即负数的反码其数值部分为真值 x 按位取反，反码也正由此而得名。不难看出，负数 x 的反码可用如下公式求出：

$$[x]_{反}=2^n-1+x　（-2^{n-1}<x<0）$$

例 1　设字长 n=8，x=110011，求$[x]_{反}$。

解　$[x]_{反}=2^8-1+x=11111111-110011=1,1001100$

可见，正数的反码就是该数的原码，负数的反码符号位为 1，而数值部分为其数值按位取反。

（3）0 的反码。

① 正零的反码。

$$[+0]_{反}=0,0000000$$

② 负零的反码。

$$[-0]_{反}=1,1111111$$

可见，机器数在反码表示中，0 的表示也有两种形式，遇到这两种情况的机器数都作 0 处理。

4．移码表示

移码也叫增码、余码或偏码。常用于表示浮点数中的阶码。

对于字长为 n 的机器，取 1 位符号位，这时，真值 x 所对应的移码，定义如下：

$$[x]_{移}=2^{n-1}+x　（-2^{n-1}\leqslant x<2^{n-1}）$$

根据补码的定义，真值 x 的补码为

$$[x]_{补}=2^n+x$$
$$=2\times2^{n-1}+x$$
$$=2^{n-1}+2^{n-1}+x$$
$$=2^{n-1}+[x]_{移}$$

从上面的推导结果可以看出，移码的符号位加 1，就是该数的补码。换句话说，同一个真值的补码与移码的异同是，数值部分完全相同，而符号正好相反。因此，补码和移码之间的变换，只要把符号位取反即可。

2.1.5　BCD 码

十进制是人们最常用的数据表示方法，而二进制又是计算机最适合的数据表示方法。因此，计算机在数据输入和输出时，总是要进行十进制数与二进制数之间的转换。

把十进制数的各位数字变成一组对应的二进制编码，一般用四位二进制数来表示一位十进制数，称为二进制编码的十进制数（Binary Code Decimal），简称 BCD 码。四位二进制数可以组合出 16 种代码，能表示 16 种不同的状态，我们只需要使用其中的 10 种状态，就可以表示十进制数的 0~9 的十个数码，而其他的六种状态为冗余状态。由于可以取任意的 10 种代码来表示十个数码，所以就可能产生多种 BCD 编码。BCD 编码既具有二进制数的形式，又保持了十进制数的特点，可以作为人机联系的一种中间表示，也可以用它直接进行运算。表 2-3 列出了几种常见的 BCD 码。

（1）8421 码。8421 码又称为 8421BCD 码，四位二进制代码的位权从高到低分别为 8、4、2、1，这种编码的主要特点是：

1）它是一种有权码，因而根据代码的组成便可知道它所代表的十进制数之值；

2）简单直观。每个代码与它所代表的十进制数之间符合二进制数和十进制数相互转换的规则。

表 2-3　常见的 BCD 码

十进制数	8421 码	余 3 码
0	0000	0011
1	0001	0100
2	0010	0101
3	0011	0110
4	0100	0111
5	0101	1000
6	0110	1001
7	0111	1010
8	1000	1011
9	1001	1100

（2）余 3 码。余 3 码是一种无权码，从表 2-3 中可以看出，余 3 码是在 8421 的基础上加 0011 形成的，因每个数都多余"3"，故称余 3 码。其主要特点是：

1）它是一种无权码，在这种编码中各位的"1"不表示一个固定的十进制数值，因而不直观；

2）它是一种对 9 的自补码。

2.1.6　字符与字符串的表示方法

1. 字符表示

由于大、小写英文字母、0~9 数字字符、标点符号、计算机特殊控制符总合不超过 128 个，所以只需用七位二进制数码来表示，称为 ASCII 码（American Standard Code for Information Interchange），如表 2-4 所示为 ASCII 字符表。国际标准为 ISO-646，我国国家标准为 GB1988。在计算机中，一个字符通常用一个字节（八位）表示，最高位通常为 0 或用于奇偶校验位。

例：'A'=41H=01000001B　　'0'=30H=00110000B

　　'a'=61H=01100001B　　';'=3BH=00111011B

表 2-4　ASCII 字符表（7 位码）

字符	二进制	十进制	字符	二进制	十进制	字符	二进制	十进制
回车	0001101	13	?	0111111	63	a	1100001	97
ESC	0011011	27	@	1000000	64	b	1100010	98
空格	0100000	32	A	1000001	65	c	1100011	99
!	0100001	33	B	1000010	66	d	1100100	100
"	0100010	34	C	1000011	67	e	1100101	101
#	0100011	35	D	1000100	68	f	1100110	102
$	0100100	36	E	1000101	69	g	1100111	103
%	0100101	37	F	1000110	70	h	1101000	104
&	0100110	38	G	1000111	71	i	1101001	105
,	0100111	39	H	1001000	72	j	1101010	106
(	0101000	40	I	1001001	73	k	1101011	107
)	0101001	41	J	1001010	74	l	1101100	108
*	0101010	42	K	1001011	75	m	1101101	109
+	0101011	43	L	1001100	76	n	1101110	110
,	0101100	44	M	1001101	77	o	1101111	111
-	0101101	45	N	1001110	78	p	1110000	112
.	0101110	46	O	1001111	79	q	1110001	113
/	0101111	47	P	1010000	80	r	1110010	114
0	0110000	48	Q	1010001	81	s	1110011	115
1	0110001	49	R	1010010	82	t	1110100	116
2	0110010	50	S	1010011	83	u	1110101	117
3	0110011	51	T	1010100	84	v	1110110	118
4	0110100	52	U	1010101	85	w	1110111	119
5	0110101	53	V	1010110	86	x	1111000	120
6	0110110	54	W	1010111	87	y	1111001	121
7	0110111	55	X	1011000	88	z	1111010	122
8	0111000	56	Y	1011001	89			
9	0111001	57	Z	1011010	90	{	1111011	123
:	0111010	58	[	1011011	91	|	1111100	124
;	0111011	59	\	1011100	92	}	1111101	125
<	0111100	60	]	1011101	93	~	1111110	126
=	0111101	61	^	1011110	94			
>	0111110	62	-	1011111	95			

2. 字符串的表示与存储

字符串是指连续的一串字符，它们占据主存中连续的多个字节，通常每个字节存放一个字符。

字符串的存放主要有以下三种方式：

（1）串表存储法：字符串的每个字符代码后面设置一个链接字，用于指出下一个字符的存储单元的地址；

（2）向量存储法：字符串存储时，字符串中的所有元素在物理上是邻接的，对一个主存字的多个字节，有按从低位到高位字节次序存放的，也有按从高位到低位字节次序存放的；

（3）表示字符串数据要给出串存放的主存起始地址和串的长度。

2.1.7 汉字的表示方法

计算机系统中汉字在不同应用界面有不同的编码，如输入、存储、传输、交换、显示等。不同场合同一汉字各有不同的编码，同一应用界面也存在多种汉字代码。

1. 常用汉字字符集与编码

按使用频度可把汉字分为高频字（约 100 个）、常用字（约 3000 个）、次常用字（约 4000 个）、罕见字（约 8000 个）和死字（约 45000 个）。

我国 1981 年公布了"信息交换用汉字字符集·基本集"（GB2312-80）。该标准选取 6763 个常用汉字和 682 个非汉字字符，并为每个字符规定了标准代码。该字符集及其编码称为国标交换码，简称国标码。

GB2312 字符集由三部分组成：第一部分是字母、数字和各种常用符号（拉丁字母、俄文字母、日文平假名与片假名、希腊字母、制表符等）共 682 个；第二部分是一级常用汉字 3755 个，按汉语拼音顺序排列；第三部分是二级常用汉字 3008 个，按偏旁部首排列。

GB2312 国标字符集构成一个二维平面，分成 94 行 94 列，行号称为区号，列号称为位号，分别用七位二进制数表示。每个汉字或字符在码表中都有各自确定的位置，即有一个唯一确定的 14 位编码（7 位区号在左，7 位位号在右），用区号和位号作为汉字的编码就是汉字的区位码。GB2312-80 字符集中字符二维分布见表 2-5。

表 2-5　GB2312-80 字符集二维分布

区码位码	位码 1～94
1～9	标准符号区：字母、数字、各种常用符号
10～15	自定义符号区
16～55	一级汉字（3755 个，按拼音顺序排列）
56～87	二级汉字（3008 个，按偏旁部首排列）
88～94	自定义汉字区（共 658 个）

汉字的区位码与国标码不尽相同。为了正确无误地进行信息传输，不与 ASCII 码的控制代码相混淆，在区位码的区号和位号上各自加 32（即 20H），就构成了该汉字的国标码。

为了存储与处理方便，汉字国际码的高低七位各用一个字节（8 位）来表示，即用两个字节表示一个汉字。在计算机中，双字节汉字与单字节西文字符混合使用、处理，汉字编码的各个字节若不予以特别标识，就会与单字节的 ASCII 码混淆不清；为此，将标识汉字的两个字节编码的最高位置为 1，这种最高位为 1 的双字节汉字编码就是中国大陆普遍采用的汉字机内码，简称内码，是计算机内部存储、处理汉字所使用的代码。内码、国标码、区位码三者的关系是：

高字节内码=高字节国标码+80H=区码+20H+80H=区码+0A0H=区码+160

低字节内码=低字节国标码+80H=位码+20H+80H=位码+0A0H=位码+160

繁体汉字在一些地区和领域仍在使用，国家又制定出相应的繁体汉字字符集，国家标准代号是 GB12345-90（信息交换用汉字编码字符集——辅助集），它包含了 717 个图形符号和 6866 个繁体汉字。BIG5 是我国台湾地区计算机系统中使用的汉字编码字符集，包含了 420 个图形符号和 13070 个繁体汉字（不用简体字）。

2. 汉字的输入

向计算机输入汉字信息的方法很多，众多的汉字输入方法可归纳成三大类：键盘输入法、字形识别法和语音识别法。其中语音识别法在一定条件下能达到某些预期效果（接近实用）；字形识别法中的印刷汉字扫描输入自动识别已广泛应用于文献资料录排存档，手写汉字联机识别已达到实用的水平；而普通广泛采用的汉字输入方法仍是简便地在英文键盘上输入汉字的方法。汉字数量庞大，无法使每个汉字与键盘上的键一一对应，因此每个汉字须用几个键符编码表示，这就是汉字的输入编码。

汉字输入编码多达几百种，可归纳为四类：数字编码、字音编码、字形编码和音形编码。不管采用哪一种输入编码，汉字在计算机中的内码、交换码都是一样的，由该种输入方法的程序自动完成输入码到内码的转换。

3. 汉字的输出

在计算机内部，只对汉字内码进行处理，不涉及汉字本身的形象——字形。若汉字处理的结果直接供人使用，则必须把汉字内码还原成汉字字形。一个字符集的所有字符的形状描述信息集合在一起称为该字符集的字形信息库，简称字库。不同的字体（如宋、仿、楷、黑等）有不同的字库。每个输出一个汉字，都必须根据内码到字库中找出该汉字的字形描述信息，再送去显示或打印。

描述字符（包括汉字）字形的方法主要有两种：点阵字型和轮廓字形。

点阵字形由排成方阵（如 16×16、24×24、48×48、…）的一组二进制数字表示一个字符，1 表示对应位置是黑点，0 表示对应位置是空白。16×16 点阵字形常用于屏幕显示，笔画生硬、细节难以区分；打印输出常用 24×24、40×40、48×48 等甚至 96×96。点阵的数目越多，笔锋越完整，字迹亦清晰美观。

轮廓字行表示比较复杂。该方法用一组直线和曲线来勾画字符（如汉字、字母、符号、数字等）的笔画轮廓，记下构成字符的每一条直线和曲线的数学描述（端点和控制点的坐标）。轮廓字符描述的精度高，字形可任意缩放而不变形，也可按需要任意变化。轮廓字形在输出之前必须通过复杂的处理转换成点阵形式。Windows True Type 字库就是典型的轮廓字符表示法。

2.1.8　数据校验码

数据校验码是指那些能够发现错误或能够自动纠正错误的数据编码，又称之为"检错纠错编码"。任何一种编码都由许多码字构成，任意两个码字之间最少变化的二进制位数，被称为数据校验码的码距。例如，用四位二进制表示 16 种状态，则有 16 个不同的码字，此时码距为 1，即两个码字之间最少仅有一个二进制位不同（如 0000 与 0001 之间）。这种编码没有检错能力，因为当某一个合法码字中有一位或几位出错，就变为另一个合法码字。

具有检、纠错能力的数据校验码的实现原理是：在编码中，除去合法的码字外，再加进一些非法的码字，当某个合法码字出现错误时，就变成为非法码字。合理地安排非法码字的数量和编码规则，就能达到纠错的目的。

1. 奇偶校验码

奇偶校验码的码距等于 2，它只能检测出一位错误（或奇数位错误），但不能确定出错的位置，也不能检测出偶数位错误。事实上一位出错的概率比多位同时出现的概率要高得多，所以虽然奇偶校验码的检错能力很低，但还是一种应用最广泛的校验方法，常用于存储器读、写检查或 ASCII 字符传送过程中的检查。

奇偶校验实现方法是：由若干位有效信息（如一个字节），再加上一个二进制位（校验位）组成校验码，然后根据校验码的奇偶性质进行校验。校验位的取值（0 或 1）将使整个校验码中 "1" 的个数为奇数或偶数，所以有两种可供选择的校验规律：

奇校验——整个校验码（有效信息位和校验位）中 "1" 的个数为奇数。

偶校验——整个校验码中 "1" 的个数为偶数。

2. 海明校验码

海明码是由 Richard Hamming 于 1950 年提出的，是目前仍被广泛采用的一种有效的校验码。它实际上是一种多重奇偶校验，其实现原理是：在有效信息位中加入几个校验位形成海明码，使码距比较均匀地拉大，并把海明码的每一个二进制位分配到几个奇偶校验组中。当某一位出错后，就会引起有关的几个校验位的值发生变化，这不但可以发现错误，还能指出错误的位置，为自动纠错提供了依据。

3. 循环冗余校验码

除了奇偶校验码和海明码外，在计算机网络、同步通信以及磁表面存储器中广泛使用循环冗余校验码（Cyclic Redundancy Check），简称 CRC 码。

循环冗余校验码通过除法运算来建立有效信息位和校验位之间的约定关系。假设待编码的有效信息以多项式 $M(x)$ 表示，用另一个约定的多项式 $G(x)$ 去除，所产生的余数 $R(x)$ 就是检验位。有效信息和检验位相拼接就构成了 CRC 码。当整个 CRC 码放接收后，仍用约定的多项式 $G(x)$ 去除，若余数为 0 表明该代码是正确的；若余数不为 0 表明某一位出错，再进一步由余数值确定出错的位置，以便进行纠正。

2.2　定点加法、减法运算

2.2.1　原码加/减运算

原码是用符号位和绝对值来表示的一种数据编码。在有的机器中，浮点数的阶码用增码表示，而尾数用符号——绝对值码制表示，因此讨论原码定点加法是有意义的。在原码加、减法运算中，符号位和数值位是分开来计算的。符号位在运算过程中起判断和控制作用，并且对结果的符号位产生影响。加、减法运算在数值位上进行。

原码加、减法运算规则如下：

（1）比较两操作数的符号，对加法实行 "同号求和，异号求差"，对减法实行 "异号求和，同号求差"。

（2）求和。

和的数值位：两操作数的数值位相加。如数值最高位产生进位，则结果溢出。

和的符号位：采用被加数（被减数）的符号。

（3）求差。

差的数值位：被加数（被减数）的数值位加上加数（减数）的数值位的补码。分两种情况讨论。

1）最高数值位产生进位，表明加法结果为正，所得数值位正确。

2）最高数值位没有产生进位，表明加法结果为负，得到的是数值位的补码形式，因此，对加法结果求补，还原为绝对值形式的数值位。

差的符号位：在上述1）的情况下，符号位采用被加数（被减数）的符号；在上述2）的情况下，符号位采用被加数（被减数）的符号取反。

例1 已知 $[X]_原$=10011，$[Y]_原$=11010

计算$[X+Y]_原$的方法为：

1）两数同号，所以采用加法求和。

2）和的数值位：0011+1010=1101。

和的符号位：采用$[X]_原$的符号位，为1。

所以 $[X+Y]_原$=11101。

例2 已知 $[X]_原$=10011，$[Y]_原$=11010

计算$[X-Y]_原$的方法为：

1）两数同号，所以采用减法求差。

2）差的数值位：0011+$(1010)_补$=0011+0110=1001，最高数值位没有产生进位，表明加法结果为负，对1001求补，还原为绝对值形式的数值位，$(1001)_补$=0111。

差的符号位：采用$[X]_原$的符号位取反，为0。

所以 $[X-Y]_原$=00111。

从上述分析可以看出，原码定点加、减法在计算机中也是容易实现的。

2.2.2 补码加/减运算

1. 补码加法

（1）补码加运算规则。

补码加法的运算公式为：$[x]_补+[y]_补=[x+y]_补$ (mod 2)

该式的含义是：两个数的补码之和等于两个数之和的补码。它说明两个用补码表示的数相加，所得的结果为补码表示的和。下面以模为2定义的补码为例，分四种情况来证明这个公式。

情况一：x>0，y>0，x+y>0

由于参加运算的数都为正数，故运算结果也一定为正数。又由于正数的补码与真值有相同的表示形式，即

$$[x]_补=x，[y]_补=y$$

所以　　　　　　　　　　　　　$[x]_补+[y]_补=x+y=[x+y]_补$

情况二：x>0，y<0 则x+y>0 或x+y<0

当参加运算的两个数一个为正、一个为负时，则相加结果有正、负两种可能。根据补码定义，有：

$$[x]_补=x，[y]_补=2+y$$

所以　　　　　　　　　　　　　$[x]_补+[y]_补=2+(x+y)$

当 x+y>0 时，2+(x+y)>2，2 为符号位进位，即模数必然丢失。又因为 x+y>0，所以

$$[x]_补+[y]_补=x+y=[x+y]_补$$

当 x+y<0 时，2+(x+y)<2，又因为 x+y<0，所以

$$[x]_补+[y]_补= 2+(x+y)=[x+y]_补$$

这里应将(x+y)看成一个整体。

情况三：x<0，y<0，则 x+y>0 或 x+y<0

这种情况和第二种情况类似，即把 x 与 y 的位置对调即可得证。

情况四：x<0，y<0，则 x+y<0

在相加的两个数都为负数时，和一定是负数。由于$[x]_补=2+x$，$[y]_补=2+y$

所以　　　　　　　　　　　　　$[x]_补+[y]_补=2+(2+x+y)$

由于 x+y 为负数，其绝对值又小于 1，那么(2+x+y)就一定是小于 2 而大于 1 的数，所以上式等号右边的 2 必然丢掉，又因为 x+y<0，所以

$$[x]_补+[y]_补=(2+x+y)=2+(x+y)= [x+y]_补$$

到此证明了在模为 2 的定义下，任意两个数的补码之和等于这两数之和的补码。这是补码加法的理论基础，其结论也适用于定点整数。

（2）补码加法运算举例。

例 3　X=0.1011，Y=−0.1110，求$[X+Y]_补$。

∵$[X]_补$=0.1011，$[Y]_补$=1.0010

∴$[X+Y]_补$=1.110l

例 4　X=0.1011，Y=−0.0010，求$[X+Y]_补$。

∵$[X]_补$=0.1011，$[Y]_补$=1.1110

∴$[X+Y]_补$=0.1001

2．补码减法

（1）补码减法运算规则。

负数的加法要利用补码用加法来实现，减法运算当然也要设法化为加法来做。之所以使用这种方法而不使用直接减法，是因为它可以和常规的加法运算使用同一加法器电路，而简化了计算机的结构。

数用补码表示时，减法运算的公式为：

$$[x-y]_补=[x]_补-[y]_补=[x]_补+[-y]_补$$

只要证明$[-y]_补=-[y]_补$，上式即得证。此处省略。

（2）补码减法运算举例。

例 5　X=0.1011，Y=−0.0010，求$[X-Y]_补$。

∵$[X]_补$=0.1011，$[-Y]_补$=0.0010

∴$[X-Y]_补$=0.110l

例 6　X=0.0001，Y=0.0010，求$[X-Y]_补$。

∵$[X]_补$=0.0001，$[-Y]_补$=1.1110

∴$[X-Y]_补$=1.1111

3. 用变形补码判断溢出

（1）溢出的概念。

在定点小数机器中，数的表示范围为|x|<1。在运算过程中如出现结果大于 1 的现象，称为"溢出"。在定点机中，正常情况下溢出是不允许的。

两个负数相加的结果成为正数，这同样是错误的。

之所以发生错误，是因为运算结果产生了溢出。两个正数相加，结果大于机器所能表示的最大正数，称为上溢。而两个负数相加，结果小于机器所能表示的最小负数，称为下溢。

（2）溢出的判断。

溢出判断方法一：用 X_f 和 Y_f 表示被加数和加数补码的符号位，Z_f 为补码和的符号位。当出现 $X_f=Y_f=0$，即两数同为正，而 Z_f 为负，即 $Z_f=1$ 时，有上溢。当出现 $X_f=Y_f=1$ 两数同为负，而 Z_f 为正，即 $Z_f=0$ 时，有下溢。

溢出判断方法二：当数值最高位有进位 $C_1=1$，符号位没有进位 $C_0=0$ 时，或当数值最高位没有进位 $C_1=0$，符号位有进位 $C_0=1$ 时，结果有溢出。用这种方法判溢出的逻辑表达式为：

$$V=C_1 \oplus C_0$$

溢出判断方法三：用变形补码进行双符号位运算。

对于定点小数而言，变形补码的定义为：

$$[X]_{补}=\begin{cases} X & 2>X \geq 0 \\ 4+X & 0>X \geq -2 \end{cases}$$

由定义可以看到变形补码的模为 4，所以它也称为模为 4 补码，它比模 2 补码所能表示的数的范围大了一倍。采用变形补码后，加减法的运算公式同样成立，即

$$[x]_{补}+[y]_{补}=[x+y]_{补} (mod4)$$

$$[x]_{补}-[y]_{补}=[x]_{补}+[-y]_{补} (mod4)$$

由于真值仍为定点小数，所以变形补码就有了双符号位的特征。用变形补码进行运算，必须注意下面两点：

1）两个符号位都像数据位一样直接参加运算；

2）两数都以 4 为模进行运算，最高符号位产生的进位要舍去。

在变形补码中，正数符号以"00"表示，负数的符号以"11"表示。一般称左边的符号位为第一符号位，右边的符号位为第二符号位。若运算结果的符号位为"01"，则表明有正溢出产生。若运算结果的符号"10"，则表明有负溢出产生。

（3）溢出判断举例。

由上可见，运算结果的两个符号位相同时，表示没有溢出；相异时，则表示有溢出。故溢出逻辑表达式为：

$$V= S_{f1} \oplus S_{f2}$$

其中，S_{f1} 和 S_{f2} 分别是结果的第一符号位和第二符号位。因此，运算结果溢出的判断在计算机中可以用"异或"门实现。另外，运算结果不论溢出与否，第一符号位总指示正确的符号。

例 7 已知 $[X]_{变补}=00 1010$，$[Y]_{变补}=00 1010$

$[X+Y]_{变补}=(00 1010+00 1010) = 01 0100$ 溢出

例 8 已知[X]变补=11 0010, [Y]变补=00100

$$[X-Y]变补=(11\ 0010+11\ 1100) = 10\ 1110 \qquad 溢出$$

一般而言，两个符号相异的数相加，是不会产生溢出的，只有两个符号相同的数相加时才有可能产生溢出。

2.2.3 基本的二进制加法器

图 2-2 给出了补码运算的二进制加法/减法器逻辑结构图。由图看到，n 个 1 位的全加器 (FA)可级联成一个 n 位的行波进位加法器。M 为方式控制输入线，当 M=0 时，做加法(A+B) 运算；当 M=1 时，做减法(A–B)运算，在后一种情况下，A–B 运算转化成[A]补+[–B]补运算，求补过程由 B+1 来实现。因此图中是右边的全加器的起始进位输入端被连接到功能方式线 M 上，做减法时 M=1，相当于在加法器的最低位上加 1。另外图中左边还表示出单符号位法的溢出检测逻辑：当 $C_n=C_{n-1}$ 时，运算无溢出；而当 $C_n\neq C_{n-1}$ 时，运算有溢出，经异或门产生溢出信号。

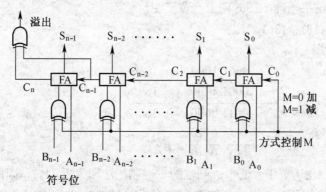

图 2-2 补码运算的二进制加法/减法器逻辑结构图

2.2.4 十进制加法器

计算机内实现 BCD 码加法运算时，像二进制数一样进行加法运算，对相加的结果有时需要进行修正。因为在 BCD 码加法运算中，各十进制位之间是遵循十进制运算规则。十进制位与位之间是逢十进一。1 个十进制位的 4 位二进制码向高位进位是逢十六进一。当一个十进制位的 BCD 码加法和大于或等于 1010（十进制的 10）时，就需要进行+6 修正。修正的具体规则是：

（1）两个 BCD 数码相加之和等于或小于 1001，即十进制的 9，不需要修正。

（2）两个 BCD 数码相加之和大于或等于 1010 且小于或等于 1111，即位于十进制的 10 和 15 之间，需要在本位加 6 修正。修正的结果是向高位产生进位。

（3）两个 BCD 数码相加之和大于 1111，即十进制的 15，加法的过程已经向高位产生了进位，对本位也要进行加 6 修正。

从下面三个例子可以理解 BCD 码的加法运算。

例 9 (15)₁₀+(21)₁₀=(36)₁₀

BCD 码加法运算：

$$
\begin{array}{r}
0001\ 0101 \qquad 15 \\
+\quad 0010\ 0001 \qquad +21 \\
\hline
0011\ 0110 \qquad 36
\end{array}
$$

显然上述计算过程是正确的，每个十进制位的 BCD 码和均小于 9，因此，对计算结果无需修正。

例 10　$(15)_{10}+(26)_{10}=(41)_{10}$

BCD 码加法运算：

$$
\begin{array}{r}
0001\ 0101 \qquad 15 \\
+\quad 0010\ 0110 \qquad +26 \qquad \text{进位}\\
\hline
0011\ 1011 \qquad 41
\end{array}
$$

$$
\text{修正} \quad +\qquad 0110
$$

$$
\overline{\qquad 0100\ 0001}
$$

在 BCD 码的加法运算中，低十进制位的二进制加法和是 1011，因此，需要在该位+6 修正。修正使得本位结果正确，同时向上一位产生进位。

例 11　$(18)_{10}+(18)_{10}=(36)_{10}$

BCD 码加法运算：

$$
\begin{array}{r}
0001\ 1000 \qquad 18 \\
+\quad 0001\ 1000 \qquad +18 \qquad \text{进位}\\
\hline
0011\ 0000 \qquad 36
\end{array}
$$

$$
\text{修正} \quad +\qquad 0110
$$

$$
\overline{\qquad 0011\ 0110}
$$

在 BCD 码的加法运算中，低十进制位的二进制加法和大于 1111，因此，向高十进制位产生了进位，此时，也需要对该十进制位进行+6 修正。处理 BCD 码的十进制加法器只需要在二进制加法器上添加适当的校正逻辑就可以了。

十进制加法器的逻辑结构如图 2-3 所示。

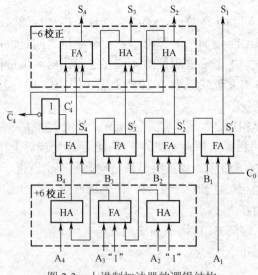

图 2-3　十进制加法器的逻辑结构

2.3　定点乘除运算

2.3.1　移位运算

移位操作是计算机进行算术运算、逻辑运算等不可缺少的基本操作。利用移位也可进行寄存器信息的串行传送。因此，几乎所有计算机的指令系统中都设置有各类移位操作指令。

移位的类别按移位性质可分为三大类：逻辑移位、循环移位和算术移位。

（1）逻辑移位。逻辑移位只有数码位置的变化而无数量的变化，逻辑左移低位补 0，主要用于达到某种逻辑加工和判别的目的，或用以传送数据。

如　A 寄存器的初值为　10110101
　　逻辑右移一位后为　01011010
　　逻辑左移一位后为　01101010

（2）循环移位。循环移位是指寄存器两端触发器有移位通路、形成闭合的移位环路。

如　A 寄存器的初值为　10011001
　　循环右移一位后为　11001100
　　循环左移一位后为　00110011

（3）算术移位。算术移位是数码的符号不变而数量发生变化。左移一位将使数值扩大一倍（乘以 2）（在不产生溢出的情况下），右移一位则使数值缩小一倍（乘以 1/2）（如果不考虑舍入的情况）。

2.3.2　原码一位乘法

用原码实现乘法运算十分方便。原码一位乘法是从手算演变而来的，即用两个操作数的绝对值相乘，乘积的符号为两操作数符号的异或值（同号为正，异号为负）。

1. 逐位相乘的方法

例 12　X=1101，Y=1011，求 X×Y。

逐位相乘的算式如下：

$$
\begin{array}{r}
1101 \\
\times 1011 \\
\hline
1101 \\
1101 \\
0000 \\
1101 \\
\hline
10001111
\end{array}
$$

即 X×Y=+10001111。

由这个例子可以看出，两个 n 位数的乘积最大可以是 2n 位数，因此，最后一步相加时，就得做 2n 位数的加法。这样，就要求计算机具有 2n 个全加器。因此，这种算法不适合计算机使用。为减少全加器的需用数目，计算机采用的是部分积右移位的方法。

2. 部分积右移法

通常把 n 位乘转化为 n 次"累加与移位"。每一次只求一位乘数所对应的新部分积，并与原部分积作一次累加；为了节省器件，用原部分积右移代替新部分积左移。

原码一位乘法的规则如下：

① 符号位单独处理，同号为正，异号为负；

② 令乘数的最低位为判断位，若为"1"加被乘数，若为"0"，不加被乘数（加 0）；

③ 累加后的部分积右移一位。

设：$X=X_sX_nX_{n-1}\dots X_3X_2X_1$

$Y=Y_sY_nY_{n-1}\dots Y_3Y_2Y_1$

则，$X\times Y=(Xs\oplus Ys)(X_nX_{n-1}\dots X_3X_2X_1)\times(Y_nY_{n-1}\dots Y_3Y_2Y_1)$

如果 x=0.1101，y=0.1011，则计算机实现原码一位乘的具体过程如下：

部分积（A）	乘数（C）	说明
00000 + 01101	1011	初始状态部分积为 0 部分积和乘数右移一位
01101 → 00110 + 01101	1011 1101	部分积和乘数右移一位 乘数为 1，加|被乘数|
10011 → 01001 + 00000	1101 1110	部分积和乘数右移一位 乘数为 0，加 0
01001 → 00100 + 01101	1110 1111	部分积和乘数右移一位 乘数为 1，加|被乘数|
10001 → 01000	1111 1111	部分积和乘数右移一位

∵$[X\times Y]_原$=0.10001111

∴$X\times Y$=0.10001111

2.3.3 补码一位乘法

前面已经学习过加、减法运算可以在补码数上直接进行，即$[X+Y]_补=[X]_补+[Y]_补$。此时，符号位与数值位一起参与加、减法运算，且结果的符号位也在运算过程中产生。乘法运算是否也可以不区分符号位，在补码数上直接运算呢？请看下面两个例子。

例 13 已知 X=0.1011，Y=0.0001

则 $[X]_补$=01011，$[Y]_补$= 00001

可以计算知$[X\times Y]_补$=000001011，$[X]_补\times[Y]_补$=000001011

显然，在这个例子中，$[X\times Y]_补=[X]_补\times[Y]_补$

例 14 已知 X=0.1011，Y=−0.0001

则 $[X]_补$=01011，$[Y]_补$=11111

可以计算知$[X\times Y]_补$=111110101，$[X]_补\times[Y]_补$=101010101

显然，在这个例子中，$[X\times Y]_补\neq[X]_补\times[Y]_补$

对两个正数来说，它们补码的乘积等于它们乘积的补码。但若乘数是负数时，这种情况就不成立了。其原因可以从如下推导中看出。

若$[X]_补 = x_0 x_1 \dots x_n$，$[Y]_补 = y_0 y_1 \dots y_n$。根据补码定义，可得出其真值 $Y = -y_0 + \sum_{i=1}^{n} y_i 2^{-i}$。

因此，
$$[X \times Y]_补 = [X \times (-y_0 + \sum_{i=1}^{n} y_i 2^{-i})]_补$$
$$= [\sum_{i=1}^{n} X \times y_i 2^{-i} - X_n \times y_0]_补$$
$$= \sum_{i=1}^{n} [X \times y_i 2^{-i}]_补 + [-X \times y_0]_补$$

所以，当乘数是正数时，即当 $y_0 = 0$ 时，两数乘积的补码可以用两补码数的乘积来实现，即$[X \times Y]_补 = [X]_补 \times [Y]_补$。当乘数是负数时，即当 $y_0 = 1$ 时，两数乘积的补码就不可以用两补码数的乘积直接得到，而是需再加上$[-X]_补$来修正。这种方法被称为加终端修正的补码制乘法。在加终端修正的补码制乘法中，被乘数的符号位参与乘法运算，而乘数的符号位不参与乘法运算，根据乘数的符号对所得的乘积进行修正。

A.D.Booth 提出了一种算法：相乘二数用补码表示，它们的符号位与数值位一起参与乘法运算过程，直接得出用补码表示的乘法结果，且正数和负数同等对待。这种算法被称之为 Booth（布斯）乘法。

补码乘法运算规则如下：

① 乘数最低位增加一辅助位 $y_{n+1} = 0$；

② 判断 $y_{n-i} y_{n-i+1}$ 的值，决定是"+X"或"−X"，或仅右移一位，得部分积；

③ 重复第②步，直到最高位参加操作$(y_1 - y_0) \times X$，但不作移位，结果得$[X \times Y]_补$。

例 15　已知$[X]_补 = 01101$，$[Y]_补 = 10110$，$[-X]_补 = 10011$。用布斯乘法计算$[X \times Y]_补$。

解：

```
              P            Y
           000000       101100
          +000000
         →000000
           000000       010110
          +110011
         →110011
           111001       101011
          +000000
         →111001
           111100       110101
          +001101
         →001001
           000100       111010
          +110011
           110111        1110
```

因此：$[X \times Y]_{补} = 101111110$

2.3.4 原码除法

1. 原码一位除法（恢复余数法）

两个原码表示的数相除，其商的符号为相除两数符号的异或值，数值则用两数的绝对值相除求得。

设： $X = X_s X_n X_{n-1} \ldots X_3 X_2 X_1$

$Y = Y_s Y_n Y_{n-1} \ldots Y_3 Y_2 Y_1$

则　$X/Y = (X_s/Y_s)(X_n X_{n-1} \ldots X_3 X_2 X_1)/(Y_n Y_{n-1} \ldots Y_3 Y_2 Y_1)$

原码一位除法（恢复余数法）的运算规则如下：

① 商的符号位独立运算；

② 比较被除数 X 与除数 Y 的大小，若 |X|>|Y|，则溢出，否则继续；

③ 被除数（余数）左移 1 位，与除数 Y 相减，则

● 若余数大于等于 0，则商上 1，余数左移 1 位；

● 若余数小于 0，则商上 0，恢复余数，余数左移 1 位；

④ 重复上述过程 n 次（除数的尾数位数），得到商及余数。

这种因为不够减而要恢复原来余数的方法，叫恢复余数法。

恢复余数法的运算步骤随操作数组合的不同而改变，这使得控制线路比较复杂，而且速度慢。

2. 不恢复余数法（加减交替法）

原码一位不恢复除法的特点是：

① 也可称作为加减交替除法；

② 在恢复余数的除法中，下一步余数：

$$R_i = 2 \times R_{i-1} - Y \qquad R_0 = X$$

若 $R_i < 0$，则第 i 位的商上 0，且恢复余数（R_i+Y），并求 R_{i+1}，下一步的余数为：

$$R_{i+1} = 2 \times (R_i + Y) - Y = 2 \times R_i + Y$$

③ 若最后一步不够减，则应作恢复余数处理。

例 16　被除数 X=0.1011，除数 Y=0.1101，试计算 X/Y。

解：被除数 X=0.1011，除数 Y=0.1101，$[Y]_{补}$=00.1101，$[-Y]_{补}$=11.0011

被除数（余数）		商	操作说明
	0 0 1 0 1 1	0 0 0 0 0	开始情形
−	1 1 0 0 1 1		+ $[-Y]_{补}$
	1 1 1 1 1 0	0 0 0 0 0	不够减，上商 0
←	1 1 1 1 0 0	0 0 0 0 0	左移
+	0 0 1 1 0 1		+ $[Y]_{补}$
	0 0 1 0 0 1	0 0 0 0 1	够减，上商 1
←	0 1 0 0 1 0	0 0 0 1 0	左移
−	1 1 0 0 1 1		+ $[-Y]_{补}$

续表

被除数（余数）	商	操作说明
000101	00011	够减，上商 1
← 001010	00110	左移
− 110011		+[−Y]$_补$
111101	00110	不够减，上商 0
← 111010	01100	左移
+ 001101		+[Y]$_补$
000111		够减，上商 1

余数=0.0111–2^{-4}，商=0.1101

2.4　定点运算器的组成

2.4.1　逻辑运算

逻辑变量之间的运算称为逻辑运算。二进制数 1 和 0 在逻辑上可以代表"真"与"假"、"是"与"否"、"有"与"无"。这种具有逻辑属性的变量就称为逻辑变量。

计算机的逻辑运算和算术的逻辑运算的主要区别是：逻辑运算是按位进行的，位与位之间不像加减运算那样有进位或借位的联系。

逻辑运算主要包括三种基本运算：逻辑加法（又称"或"运算）、逻辑乘法（又称"与"运算）和逻辑否定（又称"非"运算）。此外，"异或"运算也很有用。

1. 逻辑加法（"或"运算）

逻辑加法通常用符号"+"或"∨"来表示。逻辑加法运算规则如下：

0+0=0，0∨0=0
0+1=1，0∨1=1
1+0=1，1∨0=1
1+1=1，1∨1=1

从上式可见，逻辑加法有"或"的意义。也就是说，在给定的逻辑变量中，A 或 B 只要有一个为 1，其逻辑加的结果为 1；两者都为 1 则逻辑加为 1。

2. 逻辑乘法（"与"运算）

逻辑乘法通常用符号"×"、"∧"或"·"来表示。逻辑乘法运算规则如下：

0×0=0，0∧0=0，0·0=0
0×1=0，0∧1=0，0·1=0
1×0=0，1∧0=0，1·0=0
1×1=1，1∧1=1，1·1=1

不难看出，逻辑乘法有"与"的意义。它表示只当参与运算的逻辑变量都同时取值为 1 时，其逻辑乘积才等于 1。

3. 逻辑否定（"非"运算）

逻辑否定通常用符号"冖"来表示，其运算规则为：

冖0=1（非 0 等于 1）

冖1=0（非 1 等于 0）

4. 异或逻辑运算（半加运算）

异或运算通常用符号"⊕"表示，其运算规则为：

0⊕0=0，0 同 0 异或，结果为 0

0⊕1=1，0 同 1 异或，结果为 1

1⊕0=1，1 同 0 异或，结果为 1

1⊕1=0，1 同 1 异或，结果为 0

即两个逻辑变量相异，输出才为 1。

5. 逻辑运算的应用

（1）利用与运算实现按位测试。让屏蔽字中相应位为 1，其他位为 0，然后两个操作数相与，使需要检测的位保留原来的状态，不需要检测的位为 0。

目的操作数 A　　　　　　1100 1010

屏蔽字 B　　　　　　　　0000 1000

A AND B　　　　　　　　0000 1000

（2）利用与运算实现按位分离。让屏蔽字中对应于分离段的各位为 1，其他位为 0，然后两个操作数相与，以便分离出感兴趣的一段代码。

目的操作数 A　　　　　　1100 1010

屏蔽字 B　　　　　　　　0000 1111

A AND B　　　　　　　　0000 1010

（3）利用与运算实现按位清除。让屏蔽字中相应位为 0，其他位为 1，然后与目的操作数相与。

目的操作数 A　　　　　　1100 1010

屏蔽字 B　　　　　　　　1111 0111

A AND B　　　　　　　　1100 0010

（4）利用或运算实现按位设置。让屏蔽字中相应位为 1，其他位为 0，然后与目的操作数相或。

目的操作数 A　　　　　　11001 010

屏蔽字 B　　　　　　　　00000 100

A OR B　　　　　　　　　11001 110

（5）利用异或运算实现按位修改。被处理的数中哪些位需要变反，则屏蔽字中的相应位为 1，不修改的位为 0，然后两操作数相异或。

目的操作数 A　　　　　　1100 1010

屏蔽字 B　　　　　　　　0000 1000

A EOR B　　　　　　　　1100 0010

（6）利用异或运算实现判符合。将待判定的代码与设定的代码相异或，若结果各位均为 0，表示两者相同；若有一位不为 0，表示两数不相同。

目的操作数 A   11001010

屏蔽字 B   11001010

A XOR B   00000000

（7）利用与和或运算实现插入。

插入是指将代码中的某些位用新的数值取代。例如，要求在 A 的前 4 位插入新的数值 1101。首先使用与运算将 A 的前 4 位删除，然后再将 A 与要求插入的数值相或。

目的操作数 A   11001010

屏蔽字 B   00001111

A AND B   00001010   删除高 4 位

A   00001010

屏蔽字 B   11010000

A OR B   11011010   插入高 4 位

2.4.2   半加器与全加器

1. 半加器

半加器是对两个数码 A_i、B_i 进行求和，产生本位的和 S_i，和本位向高位的进位 C_{i+1}，逻辑符号和真值表如图 2-4 所示。

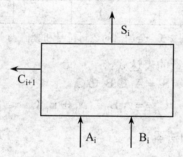

A_i	B_i	S_i	C_{i+1}
0	0	0	0
0	1	1	0
1	0	1	0
1	1	0	1

图 2-4   半加器的逻辑符号和真值表

由半加器的真值表可得输出量的表达式：

$$S_i = A_i \overline{B_i} + \overline{A_i} B_i = A_i \oplus B_i$$
$$C_{i+1} = A_i B_i$$

2. 全加器

全加器是对两个数码 A_i、B_i 以及低位来的进位 C_i 进行求和，产生本位的和 S_i，和本位向高位的进位 C_{i+1}，逻辑符号和功能表如图 2-5 所示。

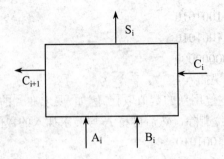

A_i	B_i	C_i	S_i	C_{i+1}
0	0	0	0	0
0	0	1	1	0
0	1	0	1	0
0	1	1	0	1
1	0	0	1	0
1	0	1	0	1
1	1	0	0	1
1	1	1	1	1

图 2-5   全加器的逻辑符号和真值表

由全加器的真值表可得输出量的表达式：

$$S_i = A_i \oplus B_i \oplus C_i$$
$$C_{i+1} = A_iB_i + (A_i \oplus B_i)C_i$$

2.4.3   串行加法器和并行加法器

为了完成 n 位字长的加法运算，需要组成加法器。通常有串行加法器和并行加法器两种形式。

如果加法器中只有一位全加器，使用移位寄存器从低位到高位串行提供操作数，n 位字长，分 n 步相加，这种加法器称为串行加法器。串行加法器每步产生的一位和，需要串行送入结果寄存器，而用一位触发器保存进位信号，参与下一位的运算。很显然，这种加法器速度太慢，因此很少使用。

如果加法器中全加器的位数与操作数的位数相同，则可以同时对操作数的各位进行相加，这种加法器称为并行加法器。由于并行加法器的速度快，所以被广泛地采用。

虽然并行加法器中 n 位操作数是同时提供的，但由于低位相加产生的进位会影响高位的结果，进位是从低到高，逐位产生，所以不能同时得到 n 位和。并行加法器中传递进位信号的逻辑线路称为进位链，按进位链可分为串行进位加法器和并行进位加法器。串行产生各位进位信号的加法器称为串行进位加法器；同时产生各位进位信号的加法器称为并行进位加法器，这种加法器可以提高运算速度。

把 n 个全加器串接在一起，就可以得到一个 n 位的串行进位加法器，如图 2-6 所示。

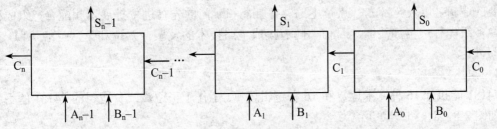

图 2-6　串行进位加法器

由图 2-6 可见，加法器每一位的进位直接依赖于前一级的进位，其进位的逻辑表达式为：

$$C_1=A_0B_0+(A_0 \oplus B_0)C_0$$
$$C_2=A_1B_1+(A_1 \oplus B_1)C_1$$

$$\cdots\cdots$$

$$C_n=A_{n-1}B_{n-1}+(A_{n-1} \oplus B_{n-1})C_{n-1}$$

设定两个辅助函数：

进位产生函数 $G_i=A_iB_i$

进位传递函数 $P_i=A_i \oplus B_i$

把它们代入串行进位的逻辑表达式，整理后可得：

$$C_1=G_0+P_0C_0$$
$$C_2=G_1+P_1C_1=G_1+P_1G_0+P_1P_0C_0$$
$$C_3=G_2+P_2C_2=G_2+P_2G_1+P_2P_1G_0+P_2P_1P_0C_0$$
$$C_4=G_3+P_3C_3=G_3+P_3G_2+P_3P_2G_1+P_3P_2P_1G_0+P_3P_2P_1P_0C_0$$

分析上式可知，每一个进位输出信号仅由进位产生函数 G_i、进位传递函数 P_i 以及最低位的进位 C_0 决定。对应的逻辑图如图 2-7 所示。

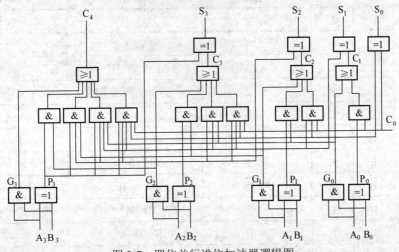

图 2-7　四位并行进位加法器逻辑图

2.4.4　多功能算术/逻辑运算单元（ALU）

ALU 又称多功能函数发生器。过去，大多数 ALU 是四位的，片内包括算术和逻辑运算所需要的逻辑，以及全部先行进位电路，并且能和专门的先行进位扩展器相配合，组成积木式多片多级先行进位加法器。目前，随着集成电路技术的发展，八位和十六位的 ALU 都已相继问世。

1. 74181 芯片

74181 能执行 16 种算术运算和 16 种逻辑运算。工作于正逻辑或负逻辑的 74181 的引脚图分别如图 2-8（a）和（b）所示。

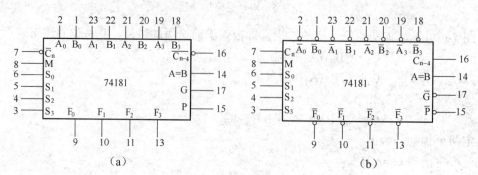

图 2-8   74181 芯片引脚图

表 2-6 给出了 74181 的算术/逻辑运算的功能选择表。

表 2-6   74181 的算术/逻辑运算功能表

S_3	S_2	S_1	S_0	M=H 逻辑运算	M=L 算术运算	
					$\overline{C}_n = 1$	$\overline{C}_n = 0$
L	L	L	L	$\overline{A}$	A	A+1
L	L	L	H	$\overline{A+B}$	A+B	(A+B)加 1
L	L	H	L	$\overline{A} \cdot B$	$A+\overline{B}$	$(A+\overline{B})$加 1
L	L	H	H	"0"	减 1	"0"
L	H	L	L	$\overline{A \cdot B}$	A 加 $(A \cdot \overline{B})$	A 加 $(A \cdot \overline{B})$ 加 1
L	H	L	H	$\overline{B}$	$(A \cdot \overline{B})$ 加(A+B)	$(A \cdot \overline{B})$ 加(A+B)加 1
L	H	H	L	$A \oplus B$	A 减 B 减 1	A 减 B
L	H	H	H	$A \cdot \overline{B}$	$(A \cdot \overline{B})$ 减 1	$A \cdot \overline{B}$
H	L	L	L	$\overline{A} + B$	A 加 $(A \cdot B)$	A 加 $(A \cdot B)$ 加 1
H	L	L	H	$\overline{A \oplus B}$	A 加 B	A 加 B 加 1
H	L	H	L	B	$(A \cdot B)$ 加$(A+\overline{B})$	$(A \cdot B)$ 加$(A+\overline{B})$加 1
H	L	H	H	$A \cdot B$	$(A \cdot B)$ 减 1	$(A \cdot B)$
H	H	L	L	"1"	A 加 A	A 加 A 加 1
H	H	L	H	$A+\overline{B}$	A 加(A+B)	A 加(A+B)加 1
H	H	H	L	A+B	A 加$(A+\overline{B})$	A 加$(A+\overline{B})$加 1
H	H	H	H	A	A 减 1	A

2. 74181 芯片的应用

74181 的 4 位作为一个小组,小组间可以采用串行进位,也可以采用并行进位。当采用串行进位时,只要把前片的 C_{n+4} 与下一片的 C_n 相连即可。当采用组间并行进位时,需要增加一片 74182,这是一个先行进位部件,74182 芯片引脚图如图 2-9 所示。74182 可以产生三个进位信号 C_{n+x}、C_{n+y}、C_{n+z},并且还产生进位产生函数 G^* 和进位传递函数 P^*,可供组成位数更长的多级先行进位 ALU 时用。

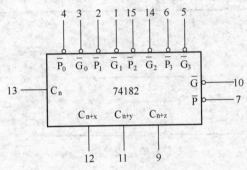

图 2-9 74182 芯片引脚图

图 2-10 是由 8 片 74181 和 2 片 74182 构成的 32 位两级行波 ALU,各片 74181 输出的组进位产生函数 G 和组进位传递函数 P 作为 74182 的输入,而 74182 输出的进位信号 C_{n+x}、C_{n+y}、C_{n+z} 作为 74181 的输入,74182 输出的大组进位产生函数 G^* 和大组进位传递函数 P^* 可作为更高一级 74182 的输入。

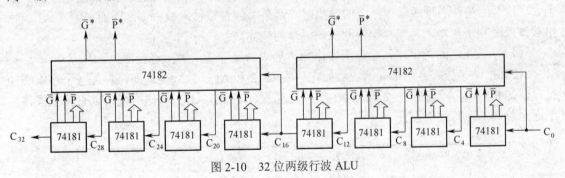

图 2-10 32 位两级行波 ALU

2.4.5 定点运算器的基本结构

运算器包括 ALU、阵列乘除器、寄存器、多路开关、三态缓冲器、数据总线等逻辑部件。

运算器的设计,主要是围绕 ALU 和寄存器同数据总线之间如何传送操作数和运算结果进行的。

在决定方案时,需要考虑数据传送的方便性和操作速度,在微型机和单片机中还要考虑在硅片上制作总线的工艺。计算机的运算器大体有如下三种结构形式:

1. 单总线结构的运算器

单总线结构的运算器如图 2-11 所示。由于所有部件都接到同一总线上,所以数据可以在任何两个寄存器之间,或者在任一个寄存器和 ALU 之间传送。如果具有阵列乘法器或除法器,那么它们所处的位置应与 ALU 相当。对这种结构的运算器来说，在同一时间内，只能有一个操作数放在单总线上。为了把两个操作数输入到 ALU，需要分两次来做，而且还需要 A、B 两个缓冲寄存器。这种结构的主要缺点是操作速度较慢。虽然在这种结构中输入数据和操作结果需要三次串行的选通操作，但它并不会对每种指令都增加很多执行时间。只有在对全都是 CPU 寄存器中的两个操作数进行操作时，单总线结构的运算器才会造成一定的时间损失。但是由于它只控制一条总线，故控制电路比较简单。

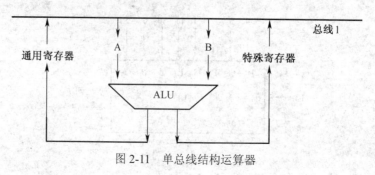

图 2-11　单总线结构运算器

2. 双总线结构的运算器

双总线结构的运算器如图 2-12 所示。在这种结构中，两个操作数同时加到 ALU 进行运算，只需一次操作控制，而且马上就可以得到运算结果。图中，两条总线各自把其数据送至 ALU 的输入端。特殊寄存器分为两组，它们分别与一条总线交换数据。这样，通用寄存器中的数就可进入到任一组特殊寄存器中去，从而使数据传送更为灵活。ALU 的输出不能直接加到总线上去。这是因为，当形成操作结果的输出时，两条总线都被输入数占据，因而必须在 ALU 输出端设置缓冲寄存器。为此，操作的控制要分两步完成：

（1）在 ALU 的两个输入端输入操作数，形成结果并送入缓冲寄存器；

（2）把结果送入目的寄存器。假如在总线 1、2 和 ALU 输入端之间再各加一个输入缓冲寄存器，并把两个输入数先放至这两个缓冲寄存器，那么，ALU 输出端就可以直接把操作结果送至总线 1 或总线 2 上去。

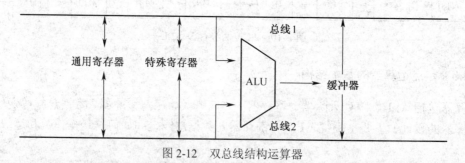

图 2-12　双总线结构运算器

3. 三总线结构的运算器

三总线结构的运算器如图 2-13 所示。在三总线结构中，ALU 的两个输入端分别由两条总线供给，而 ALU 的输出则与第三条总线相连。这样，算术逻辑操作就可以在一步的控制之内完成。由于 ALU 本身有时间延迟，所以打入输出结果的选通脉冲必须考虑到包括这个延迟。

另外，设置了一个总线旁路器。如果一个操作数不需要修改，而直接从总线 2 传送到总线 3，那么可以通过控制总线旁路器把数据传出；如果一个操作数传送时需要修改，那么就借助于 ALU。很显然，三总线结构的运算器的特点是操作时间快。

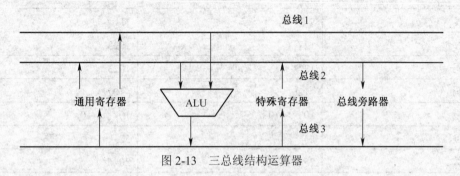

图 2-13 三总线结构运算器

2.5 浮点表示、浮点运算

本节给出浮点数编码标准 IEEE754 以及实现浮点数加法、减法、乘法和除法运算的基本公式以及在计算机中的有关实现技术。乘法和除法运算相对来说较简单。因为，浮点数中的尾数和阶码可以单独处理，但是浮点数的加法和减法运算较复杂，它们在对尾数相加减之前必须使两个浮点数的阶码相等。本节还对浮点运算中的规格化、警戒位、溢出情况和舍入问题进行讨论。

2.5.1 IEEE754

浮点数已有标准化的表示方法。被广泛采用的浮点数编码标准是 IEEE754 标准。在这个标准中，提供了 32 位单精度和 64 位双精度两种格式，如图 2-14 所示。另外，还提供了单、双精度两种格式的扩展形式。

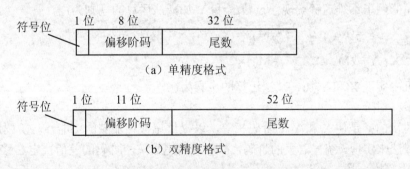

图 2-14 IEEE754 浮点数格式

格式中，基数隐含为 2；阶码用移码表示，偏置常数并不是通常 n 位移码所用的 2^{n-1}，而是（$2^{n-1}-1$），即分别为 127 和 1023；尾数用原码表示，利用基数为 2 的规格化数中的尾数第一位总为 1 的特点，在尾数中缺省了第一位的 1，因而单精度格式的 23 位尾数实际上表示了 24 位有效数字。双精度格式的 52 位尾数实际上表示了 53 位有效数字。表 2-7 总结了有关 IEEE754 各种格式的特征参数。

表 2-7 IEEE754 格式参数

参数	单精度	双精度
字宽（位数）	32	64
阶码宽度（位数）	8	11
阶码偏移量	127	1023
最大阶码	127	1023
最小阶码	−126	−1022
数的范围	10^{-38}，10^{+38}	10^{-308}，10^{+308}
尾数宽度	23	52
阶码个数	254	2046
尾数个数	2^{23}	2^{52}
值的个数	1.98×2^{31}	1.99×2^{63}

2.5.2 浮点加法、减法运算

设两个二进制浮点数 X 和 Y 可以表示为：

$$X = M_x \times 2^{E_x}，\quad Y = M_y \times 2^{E_y}$$

X±Y 的结果表示为 $M_b \times 2^{E_b}$。浮点数 X 和 Y 是按规格化数存放的，对它们进行运算后的结果也应该是规格化的。为讨论浮点数的加减法实现方法，我们先看下面一个十进制数的加法运算：

$$123\times 10^2 + 456\times 10^3$$

显然，我们不可以把尾数 123 和 456 直接相加，必须把 10 的阶码调整为相等的值后才可以实现两数相加。如下表示：

$$123\times 10^2 + 456\times 10^3 = 12.3\times 10^3 + 456\times 10^3 = (12.3 + 456)\times 10^3 = 468.3\times 10^3$$

从上面的例子不难理解实现浮点数 X 和 Y 加减法运算的规则为：

$$X + Y = (M_x \times 2^{E_x - E_y} + M_y \times 2^{E_y}，\text{不失一般性，设 } E_x \leqslant E_y$$

$$X - Y = (M_x \times 2^{E_x - E_y} - M_y)\times 2^{E_y}，$$

计算机中实现 X 和 Y 加、减法运算的步骤为：

第 1 步：对阶

对阶的目的就是使 X 和 Y 的阶码相等，以提供尾数相加减的可能性。阶码的比较是通过两阶码的减法来实现，统一取大的阶码，小阶码的尾数按两阶码的差值决定右移的数量。可以表示为：$\Delta E = E_x - E_y$，

若 $\Delta E \leqslant 0$，则 $E_b \leftarrow E_y$，$E_x \leftarrow E_y$，$M_x \leftarrow M_x \times 2^{E_x - E_y}$。

若 $\Delta E > 0$，则 $E_b \leftarrow E_x$，$E_y \leftarrow E_x$，$M_y \leftarrow M_y \times 2^{E_y - E_x}$。

对阶使得原数中较大的阶码成为两数的公共阶码。小阶码的尾数右移时应注意：

（1）原码形式的尾数右移时，符号位不参加移位，数值位右移，空出位补 0。补码形式的尾数右移时，符号位与数值位一起右移，空出位填补符号位的值。

（2）尾数的右移，使得尾数中原来 $|\Delta E|$ 位有效位移出。移出的这些位不要丢掉，应保留，并且参加后续运算。这对运算结果的精确度有一定影响。这些保留的多余的位数又称为警戒位。

第 2 步：尾数加减

完成上一步操作、将两数的阶码调整一致后，就可以实现尾数的加、减运算：

$$M_b \leftarrow M_x \pm M_y$$

至此，已完成浮点数加、减法运算的基本操作。但是，求得的浮点数结果的形式不能保证一定是规格化的，而且对结果的溢出情况也需进行讨论。因此，浮点数的加、减法运算进入结果的后处理阶段。

第 3 步：尾数规格化

假设浮点数的尾数用补码表示，且加、减运算时采用双符号位，则规格化形式的尾数应是如下形式：

尾数为正数时：001xx…x。其中，高位的 00 为双符号位，其后的 1 为最高数值位的值，再后面的数值位的值可以是任意值，这里用 x 表示。

尾数为负数时：110xx…x。其中，高位的 11 为双符号位，其后的 0 为最高数值位的值，再后面的数值位的值可以是任意值，这里用 x 表示。

尾数违反规格化的情况有以下两种可能：

（1）尾数加、减法运算中产生溢出。表现为尾数中符号位的异常。正溢出时，符号位为 01。负溢出时，符号位为 10。规格化采取的方法是：尾数右移一位，阶码加 1。这种规格化称为右规。可以表示为：$M_b \leftarrow M_b \times 2^{-1}$，$E_b \leftarrow E_b + 1$。

（2）尾数的绝对值小于二进制的 0.1。补码形式的尾数表现为最高数值位与符号位同值。

此时，规格化采取的方法是：符号位不动，数值位逐次左移，阶码逐次减 1，直到满足规格化形式的尾数，即最高数值位与符号位不同值为止。这种规格化称为左规。可以表示为：

$$M_b \leftarrow M_b \times 2^k，\ E_b \leftarrow E_b - k。$$

第 4 步：尾数的舍入处理

在第 2 步和第 3 步的右规中都可能产生警戒位，为提高数据的计算精度，需要对结果尾数进行舍入处理。常用的舍入方法有多种，每种方法都有各自的优点，要根据实际条件进行比较和选择。

（1）0 舍 1 入法。这是一种比较简单的舍入方法，相似于十进制中的四舍五入法。警戒位中的最高位为 1 时，就在尾数末尾加 1，警戒位中的最高位为 0 时，舍去所有的警戒位。这种方法的最大误差为 $\pm 2^{-(n+1)}$，n 为有效尾数位数。

（2）恒置 1 法。这是一种简单易行的舍入方法，又称冯诺依曼舍入法。舍入规则是：不论警戒位为何值，尾数的有效最低位恒置 1。恒置 1 法产生的最大误差为 $\pm 2^{-n}$，n 为有效尾数位数。

（3）恒舍法。恒舍法对尾数的处理是最简单的，无论警戒位的值是多少，都舍去。尾数的结果就取其有效的 n 位的值。对正数或负数来说，都是一种趋向原点的舍入，所以，又称为趋向零舍入（Round toward zero）。

采用以上几种简单的舍入方法对原码形式的尾数进行舍入处理，舍入的效果与真值舍入的效果是一致的。但对于补码形式的负的尾数来说，所进行的舍入处理将与真值的舍入效果可能不一致了。

例 17　已知有 X = − 0.101010，[X]$_{补}$=1010110，若有效小数位数为 4 位，分别对 X 和[X]$_{补}$采用 0 舍 1 入法进行舍入处理，可得：

　　X = − 0.1011　（入）

　　[X]$_{补}$=10110　（入），此时，对应的 X = − 0.1010

显然，对同一个值的真值及补码形式分别进行同一方法的舍入处理，两者处理后的值就不一致了。这是因为，负数的补码对原数值进行过取反处理，它对 0 和 1 的理解就不同于通常意义下的含义。对负数的补码来说，执行 0 舍处理使得原值变大，1 入处理反而使得原值变小。为了协调两者的差异，保持对舍入处理执行的效果一致，对补码进行舍入处理的规则要做适当的修改。对于 0 舍 1 入法，负数补码的舍入规则为：负数补码警戒位中的最高位为 1 且其余各位不全为 0 时，在尾数末尾加 1，其余情况舍去尾数。对正数补码的舍入处理仍采用前述的舍入规则。采用这种舍入规则对负数补码进行舍入处理后，其值将与真值的处理保持一致。

例如，在例 17 中重新对[X]$_{补}$舍入后得：[X]$_{补}$=10101（舍），此时，对应的 X = − 0.1011，等同与对真值 X 的舍入。

在舍入处理中，遇到入时，引起尾数的末尾加 1，这会带来舍入后的结果溢出现象。因此，舍入处理后需检测溢出情况。若溢出，需再次规格化（右规）。

第 5 步：阶码溢出判断

在第 3、4 步中，可能对结果的阶码执行过加、减法运算。因此，需要考虑结果阶码溢出情况。若阶码 E$_b$ 正溢出，表示浮点数已超出允许表示数范围的上限，置溢出标志。若阶码 E$_b$ 负溢出，则运算结果趋于零，置结果为机器零。否则，浮点数加、减法运算正常结束，浮点数加、减法运算结果为 M$_b$×2^{E_b}。

2.5.3　浮点乘法、除法运算

浮点数的乘、除法运算步骤相似于浮点数的加、减法运算步骤。两者主要区别是浮点数加、减法运算需要对阶，而对浮点数的乘、除法运算来说，免去了这一步。两者对结果的后处理是一样的，都包括结果数据规格化、舍入处理和阶码判断。

对两个规格化的浮点数 X = M$_x$×2^{E_x}，Y = M$_y$×2^{E_y}，实现乘、除法运算的规则如下：

$$X \times Y = (M_x \times 2^{E_x}) \times (M_y \times 2^{E_y}) = (M_x \times M_y) \times 2^{E_x + E_y}$$

$$X / Y = (M_x \times 2^{E_x}) / (M_y \times 2^{E_y}) = (M_x / M_y) \times 2^{E_x - E_y}$$

下面分别给出浮点数的乘法和除法的运算步骤。

1. 浮点数乘法的运算步骤

（1）两浮点数相乘。两浮点数相乘，乘积的阶码为相乘两数的阶码之和，尾数为相乘两数之积。可以表示为：

$$M_b = M_x \times M_y \quad E_b = E_x + E_y$$

（2）尾数规格化。M$_x$ 和 M$_y$ 都是绝对值大于或等于 0.1 的二进制小数，因此，两数乘积 M$_x$×M$_y$ 的绝对值是大于或等于 0.01 的二进制小数。所以，不可能溢出，不需要右规。对于左规来说，最多一位，即 M$_b$ 最多左移一位，阶码 E$_b$ 减 1。

（3）尾数舍入处理。M$_x$×M$_y$ 产生双字长乘积，如果只要求得到单字长结果，那么低位乘积就当作警戒位进行结果舍入处理。若要求结果保留双字长乘积，就不需要舍入处理了。

（4）阶码溢出判断。对 E_b 的溢出判断完全相同于浮点数加、减法的相应操作。

2. 浮点数除法的运算步骤

（1）除数是否为 0，若 $M_y = 0$，出错报告。

（2）两浮点数相除。

两浮点数相除，商的阶码为被除数的阶码减去除数的阶码。商的尾数为相除两数的尾数之商。可以表示为：$M_b = M_x / M_y$，$E_b = E_x - E_y$。

（3）尾数规格化。

M_x 和 M_y 都是绝对值大于或等于 0.1 的二进制小数，因此，两数相除 M_x/M_y 的绝对值是大于或等于 0.1 且小于 10 的二进制小数。所以，对 M_b 不需要左规操作。若溢出，执行右规：M_b 右移一位，阶码 E_b 加 1。

（4）尾数舍入处理。

（5）阶码溢出判断。

其中，（4）、（5）两步操作相同于浮点数加、减法的相应操作。

2.6　浮点运算器

2.6.1　浮点运算器的结构

浮点运算可用两个松散连接的定点运算器部件来实现，这两个定点运算部件就是图 2-15 所示的阶码部件和尾数部件。

尾数部件实质上就是一个通用的定点运算器，要求该运算器能实现加、减、乘、除四种基本算数运算。其中三个单字长寄存器用来存放操作数：AC 为累加器，MQ 为乘商寄存器，DR 为数据寄存器。AC 和 MQ 连起来还可组成左右移位的双字长寄存器 A-MQ。并行加法器用来完成数据的加工处理，其输入来自 AC 和 DR，而结果回送到 AC。MQ 寄存器在乘法时存放乘数，而除法时存放商数，所以成为乘商寄存器。DR 用来存放被乘数或除数，而结果（乘积或商与余数）则放在 AC-MQ 中。

对阶码部件来说，只要能进行阶码相加、相减和比较操作即可。在图 2-15 中，操作数的阶码部分放自爱寄存器 E1 和 E2，它们与并行加法器相连以便计算 E1+E2。浮点加法和减法所需要的阶码比较是通过 E1–E2 来实现的，相减的结果放入计数器 E 中，然后按照 E 的符号来决定哪一个阶码大。在尾数相加或相减之前，需要将其中一个尾数进行移位，这是由计数器 E 来控制的，目的是使 E 的值按顺序减到 0。E 每减一次 1，相应的尾数则移 1 位。一旦尾数调整完毕，它们就可按通常的定点方法进行处理。运算结果的阶码值仍放到计数器 E 中。

2.6.2　浮点运算器实例

1. CPU 之外的浮点运算器

80×87 是美国 Intel 公司为处理浮点数等数据的算术运算和多种函数计算而设计生产的专用算术运算处理器。由于它们的算术运算是配合 80×86CPU 进行的，所以又称为协处理器。

现以 80×87 浮点运算器为例，说明其特点和内部结构。

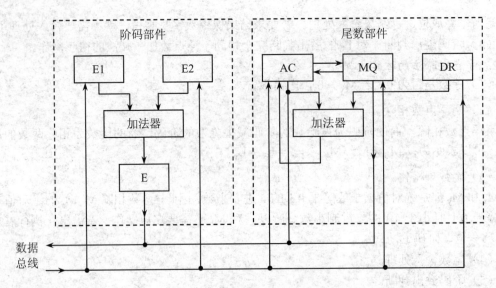

图 2-15   浮点运算器的逻辑结构

（1）以异步方式与 80386 并行工作，80×87 相当于 386 的一个 I/O 部件，本身有它自己的指令，但不能单独使用，它只能作为 386 主 CPU 的协处理器才能运算。因为真正的读写主存的工作不是 80×87 完成，而是由 386 执行的。如果 386 从主存读取的指令是 80×87 浮点运算指令，则它们以输出的方式把该指令送到 80×87，80×87 接受后进行译码并执行浮点运算。80×87 进行运算期间，386 可取下一条其他指令予以执行，因而实现了并行工作。如果在 80×87 执行浮点运算指令过程中 386 又取来了一条 80×87 指令，则 80×87 以给出"忙"的标志信号加以拒绝，使 386 暂停向 80×87 发送命令。只有待 80×87 完成浮点运算而取消"忙"的标志信号以后，386 才可以进行一次发送操作。

（2）可处理包括二进制浮点数、二进制整数和压缩十进制数串三大类数据，其中浮点数的格式符合 IEEE754 标准。各种数据类型在寄存器中表示如表 2-8 所示。

表 2-8   寄存器中各数据类型的表示

字整数（16 位）	S	15 位	（二进制补码）
短整数（32 位整数）	S	31 位	（二进制补码）
长整数（64 位整数）	S	63 位	（二进制补码）
短实数（32 位浮点数）	S	指数	尾数（23 位）
长实数（64 位浮点数）	S	指数	尾数（52 位）
临时实数（80 位浮点数）	S	指数	尾数（64 位）
十进数串（十进制 18 位）	S	——	$d_{17}d_{16}\ldots d_1d_0$

此处 S 为一位符号位，0 代表正，1 代表负。三种浮点数阶码的基值均为 2。阶码值用移码表示，尾数用原码表示。浮点数有 32 位、64 位、80 位三种。80×87 从存储器取数和向存储器写数时，均用 80 位的临时实数和其他 6 种数据类型执行自动转换。全部数据在 80×87 中均以 80 位临时数据的形式表示。因此 80×87 具有 80 位字长的内部结构，并有八个 80 位字长以

"先进后出"方式管理的寄存器组，又称寄存器堆栈。

图 2-16 为 80×87 的内部结构逻辑框图。由图看出，它不仅仅是一个浮点运算器，还包括了执行数据运算所需要的全部控制路线。就运算部分讲，有处理浮点数指数部分的部件和处理尾数部分的部件，还有加速移位操作的移位器路线，它们通过指数总线和小数总线与八个 80 位字长的寄存器堆栈相连接。这些寄存器按"先进后出"方式工作，此时栈顶被用作累加器；也可以按寄存器的编号直接访问任何一个寄存器。

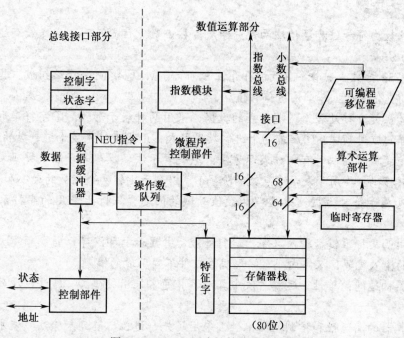

图 2-16　80×87 浮点计算器逻辑框图

为了保证操作的正确执行，80×87 内部还设置了三个各为 16 位字长的寄存器，即特征寄存器、控制寄存器和状态寄存器。

特征寄存器用每两位表示寄存器堆栈中每个寄存器的状态，即特征值为 00—11 四种组合时表明相应的寄存器有正确数据、数据为 0、数据非法、无数据四种情况。

控制字寄存器用于控制 80287 的内部操作。

状态字寄存器用于表示 80287 的结果处理情况，例如当"忙"标志为 1 时，表示正在执行一条浮点运算指令，为 0 则表示 80×87 空闲。状态寄存器的低 6 位指出异常错误的 6 种类型，与控制寄存器低 6 位相对应。当对应的控制寄存器位为 0（未屏蔽）而状态寄存器位为 1 时，因发生某种异常错误而产生中断请求。

2. CPU 之外的浮点运算器

奔腾 CPU 将浮点运算器包含在芯片内。浮点运算部件采用流水线设计。

指令执行过程分为 8 段流水线。前 4 段为指令预取（D_F）、指令译码（D_1）、地址生成（D_2）、取操作数（E_X），在 U、V 流水线中完成；后 4 段为执行 1（X_1）、执行 2（X_2）、结果写回寄存器堆（W_F）、错误报告（E_R），在浮点运算器中完成。一般情况下，由 U 流水线完成一条浮点数操作指令。

　　浮点部件内有浮点专用加法器、乘法器和除法器，有 8 个 80 位寄存器组成的寄存器堆，内部的数据总线为 80 位宽。因此浮点部件可支持 IEEE754 标准的单精度和双精度格式的浮点数。另外还使用一种称为临时实数的 80 位浮点数。对于浮点数的取数、加法、乘法等操作，采用了新的算法，其执行速度是 80486 的 10 倍多。

 **本章小结**

　　一个定点数由符号位和数值域两部分组成。按小数点位置不同，定点数有纯小数和纯正数两种表示方法。

　　按 IEEE754 标准，一个浮点数由符号位 S、阶码 E、尾数 M 三个域组成。其中阶码 E 的值等于指数的真值 e 加上一个固定偏移值。

　　为了计算机能直接处理十进制形式的数据，采用两种表示形式：①字符串形式，主要用在非数值计算的应用领域；②压缩的十进制数串形式，用于直接完成十进制数的算术运算。

　　数的真值变成机器码时有四种表示方法：原码表示法、反码表示法、补码表示法和移码表示码。其中移码主要用于表示浮点数的阶码 E，以利于比较两个指数的大小和对阶操作。

　　字符信息属于符号数据，是处理非数值领域的问题。国际上采用的字符系统是七位的 ASCII 码。

　　直接采用西文标准键盘输入汉字，进行处理，并显示打印汉字，是一项重大成就。为此要解决汉字的输入编码、汉字内码、字形码等三种不同用途的编码。

　　为运算器构造的简单性，运算方法中算术运算通常采用补码加、减法，原码乘除法或补码乘除法。

　　为了运算器的高速性和控制的简单性，采用了先行进位、阵列乘除法、流水线等并行技术措施。

　　定点运算器和浮点运算器的结构复杂程度有所不同。早期微型机中浮点运算器放在 CPU 芯片外，随着高密度集成电路技术的发展，现已移至 CPU 内部。

 **习题2**

1. 字符信息是符号数据，属于处理（　　）领域的问题，国际上采用的字符系统是七单位的（　　）码。

2. 数的真值变成机器码可采用原码表示法，反码表示法，（　　）表示法，（　　）表示法。

3. 在定点二进制运算器中，减法运算一般通过（　　）来实现。

　　A. 原码运算的二进制减法器　　　　　　B. 补码运算的二进制减法器

　　C. 原码运算的十进制加法器　　　　　　D. 补码运算的二进制加法器

4. 运算器的核心功能部件是（　　）。

　　A. 数据总线　　　　　　　　　　　　　B. ALU

　　C. 状态条件寄存器　　　　　　　　　　D. 通用寄存器

5. 某机字长 32 位，其中 1 位符号位，31 位表示尾数。若用定点小数表示，则最大正小数为（　　）。

　　A. $+(1-2^{-32})$　　　　B. $+(1-2^{-31})$　　　　C. 2^{-32}　　　　D. 2^{-31}

6．将十进制数+107/128 化成二进制数、八进制数和十六进制数。

$(+107/128)_{10} = ($ $)_2 = ($ $)_8 = ($ $)_{16}$

7．设浮点数阶码为 8 位（含 1 位阶符），尾数为 24 位（含 1 位数符），则 32 位二进制补码浮点规格化数对应的十进制真值范围是：最大正数为＿＿＿＿＿＿＿＿，最小正数为＿＿＿＿＿＿，最大负数为＿＿＿＿＿＿，最小负数为＿＿＿＿＿＿。

    A．$2^{127}(1-2^{-23})$ B．2^{-129} C．$2^{-128}(-2^{-1}-2^{-23})$ D．-2^{127}

8．一个浮点数，当其尾数右移时，欲使其值不变，阶码必须＿＿＿＿＿＿。尾数右移 1 位，阶码＿＿＿＿＿＿。

    A．增加   B．加 1

9．若采用双符号位，则发生正溢的特征是：双符号位为（   ）。

    A．00   B．01   C．10   D．11

10．下列数中，最小的数是（   ）。

    A．$(101001)_2$ B．$(52)_8$ C．$(2B)_{16}$ D．45

11．下列数中，最大的数是（   ）。

    A．$(101001)_2$ B．$(52)_8$ C．$(2B)_{16}$ D．45

12．下列数中，最小的数是（   ）。

    A．$(111111)_2$ B．$(72)_8$ C．$(2F)_{16}$ D．50

13．已知：X=−0.0011，Y=−0.0101。$(X+Y)_{补}=($ ）。

    A．1.1100   B．1.1010   C．1.0101   D．1.1000

14．若十进制数为 37.25，则相应的二进制数是（   ）。

    A．100110.01   B．110101.01   C．100101.1   D．100101.01

15．若$[x]_{反}$=1.1011，则 x=（   ）。

    A．−0.0101   B．−0.0100   C．0.1011   D．−0.1011

16．若采用双符号位补码运算，运算结果的符号位为 10，则（   ）。

    A．产生了负溢出（下溢）   B．产生了正溢出（上溢）

    C．运算结果正确，为负数   D．运算结果正确，为正数

17．设机器数字长为 8 位（含 1 位符号位），用补码运算规则计算下列各题。

    （1）A=9/64，B=−13/32，求 A+B；

    （2）A=19/32，B=−17/128，求 A−B；

    （3）A=−3/16，B=9/32，求 A+B；

    （4）A=−87，B=53，求 A−B；

    （5）A=115，B=−24，求 A+B。

18．设浮点数格式为：阶符 1 位、阶码 4 位、数符 1 位、尾数 10 位。写出 51/128、−27/1024、7.375、−86.5 所对应的机器数。要求按规格化形式写出：

    （1）阶码和尾数均为原码；

    （2）阶码和尾数均为补码；

    （3）阶码为移码，尾数为补码。

19．试比较逻辑移位和算术移位。

第 3 章 存储系统

内容导读

　　存储器是计算机的记忆部件，用来存放程序和数据。设计大容量、高速度、低成本的存储器一直是计算机硬件发展的重要课题。本章讲述存储器的分类、分级与存储器的技术指标；各种半导体存储器的工作原理及与 CPU 的连接；高速存储器；高速缓冲存储器和虚拟存储器。

学习目标

- 掌握存储器的基本知识，包括存储器的基本概念、存储器的分类和存储器的性能指标；
- 掌握各种半导体存储器的工作原理；存储器与 CPU 的连接；高速存储器；
- 掌握高速缓冲存储器（包括 Cache 的基本结构及工作原理、Cache-主存地址映像、替换算法）；
- 理解虚拟存储器的结构与调度算法。

3.1　存储器系统概述

3.1.1　存储器分类

　　存储器是计算机系统的记忆部件，用来存放程序和数据。目前，计算机所用存储器的种类越来越多，现介绍以下三种分类方法。

　　1. CPU 之外的浮点运算器

　　凡是明显具有两种稳定状态的物质和元器件，都可以用来存储二进制代码"0"和"1"。这些物质可以作为存储器的存储介质。而存储器存取速度的快慢又取决于存储介质物理状态的改变速度。

　　（1）半导体存储器。利用半导体器件组成的半导体存储器体积小、速度快，但当电源断电时，信息也随之消失，属于易丢失存储器。常用作主存、高速缓存器。

　　（2）磁表面存储器。利用磁层上不同方向的磁化区域表示信息，特点是容量大，非破坏性读出，长期保存信息，但速度慢，常用作外存。

　　（3）光盘存储器。利用光斑的有无表示信息。特点是容量很大，非破坏性读出，长期保存信息，速度慢。常用作外存。

2. 按存取方式分类

（1）随机存取存储器 RAM（Random Access Memory）。在随机存取存储器中，以任意次序读写任意存储单元所用的时间都相同，与存储单元的地址无关，如半导体存储器。通常意义上的随机存储器多指可读写存储器，即它的每个存储单元的内容，可根据程序的要求随机地读出或写入，所以实际上称它为可读写存储器更准确，然而习惯上都把它叫做随机存储器。

（2）只读存储器 ROM（Read Only Memory）。这种存储器在程序执行过程中，存储单元的内容只能读出不能写入。一般用来存放不变的程序或数据，如系统引导程序、监控程序等。RAM 和 ROM 合起来构成内存。

（3）顺序存取存储器 SAM（Sequential Access Memory）。在顺序存取存储器中，只能以某种预先确定的顺序来读写存储单元，存取时间与存储单元的物理位置（或地址）有关。例如磁带存储器就是顺序存取存储器。磁盘存储器则介于随机存取和顺序存取之间，它的读写机构磁头能直接指向一个很小的存储区域，然后在这个磁道内进行顺序存取操作。

3. 按存储器在计算机中的作用分类

（1）主存储器。主存储器简称主存，是计算机系统的主要存储器，用来存放正在执行的程序和数据。它可以直接与 CPU 交换信息。其特点是存取速度较快，但存储容量较小且价格较高。目前主要采用半导体存储器，采用随机存取方式。因其设在主机内部，又称为内存储器（简称内存）。

（2）辅助存储器。辅助存储器简称辅存，它用来存放当前不使用的程序和数据，一般不能与 CPU 直接交换信息，CPU 要使用其中的某些程序和数据时，要事先将其调入主存储器，然后 CPU 直接访问。因其设在主机外部，属于输入输出的外围设备，又称为外存储器（简称外存）。其特点是存储容量大，价格低，可永久地保存信息，但存取速度慢。

辅助存储器分为磁表面存储器和光存储器。现在使用的磁表面存储器主要是磁带和磁盘，光存储器主要是光盘。

（3）高速缓冲存储器。高速缓冲存储器介于 CPU 和主存这两个工作速度不同的部件之间，当 CPU 和主存进行信息交换时起缓冲作用。高速缓存用来存放当前最可能频繁使用的程序和数据。其特点是速度快，但容量小，每位价格高。

存储器的分类如图 3-1 所示。

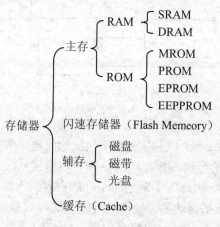

图 3-1　存储器分类图

3.1.2　三级存储体系结构

存储器的 3 个主要性能指标：容量、速度和每位价格（简称位价）。半导体存储器速度快，但容量不可能很大，且成本较高。磁表面存储器和光盘存储器成本低，容量可以很大，但速度低，与 CPU 高速处理能力不匹配。从整个计算机技术的发展来看，存在着这样一个明显的事实，即主存的工作速度总是落后于 CPU 的需要，主存的容量总是落后于软件的需求。因此，单从改进主存存储技术的途径来提高存储器性能，很难满足计算机系统对存储器提出的速度快、容量大和成本低的要求。为了解决这一问题，目前在计算机系统中，通常采用三级存储体系结构，即使用高速缓冲存储器（Cache）、主存储器和外存储器，如图 3-2 所示。

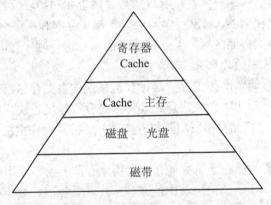

图 3-2　存储器分级结构图

图 3-2 中由上至下，速度越来越慢、容量越来越大、位价越来越低，CPU 访问的频度也越来越少。中央处理器能直接访问的存储器称为内存储器，它包括高速缓冲存储器和主存储器，中央处理器不能直接访问外存储器，外存储器的信息必须调入内存储器后才能为中央处理器进行处理。

实际上，存储系统层次结构主要体现在缓存－主存和主存－辅存这两个存储层次上，构成 Cache、主存和辅存三级存储结构，如图 3-3 所示。

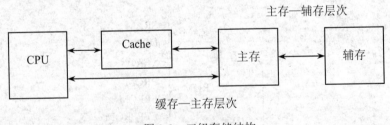

图 3-3　三级存储结构

缓存－主存层次主要解决 CPU 和主存速度不匹配的问题。由于缓存的速度比主存的速度高，只要将 CPU 近期要用的信息调入缓存，CPU 便可以直接从缓存中获取信息，从而提高访存速度。但由于缓存的容量小，因此需不断地将主存的内容调入缓存，使缓存中原来的信息被替换掉。主存和缓存之间的数据调动是由硬件自动完成的，对程序员是透明的。

主存－辅存层次主要解决存储系统的容量问题。辅存的速度比主存的速度低，而且不能和 CPU 直接交换信息，但它的容量比主存大得多，可以存放大量暂时未用到的信息。当 CPU 需要用到这些信息时，再将辅存的内容调入主存，供 CPU 直接访问。主存和辅存之间的数据调动是由硬件和操作系统共同完成的。

从 CPU 角度来看，缓存－主存这一层次的速度接近于缓存，高于主存；其容量和位价却接近于主存，这就从速度和成本的矛盾中获得了理想的解决办法。主存－辅存这一层次，从整体分析，其速度接近于主存，容量接近于辅存，平均位价也接近于低速、廉价的辅存价位，这又解决了速度、容量、成本这三者的矛盾。现代的计算机系统几乎都具有这两个存储层次，构成了缓存、主存、辅存三级存储系统。

3.1.3　主存储器的基本结构

主存储器（简称主存）的基本结构已在第 1 章介绍过，如图 3-4 所示。来自地址总线的存储器地址由地址译码器译码（转换）后，找到相应的存储单元，由读/写控制电路根据相应的读、写命令来确定对存储器的访问方式，完成读写操作。数据总线则用于传送写入内存或从内存取出的信息。

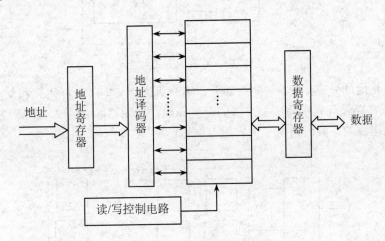

图·3-4　存储器基本结构图

1. 存储单元的编址方式

一个存储单元可能存放一个字，也可能存放一个字节，这是由计算机的结构确定的。对于字节编址的计算机，最小寻址单位是一个字节，相邻的存储单元地址指向相邻的存储字节；对于字编址的计算机，最小寻址单位是一个字，相邻的存储单元地址指向相邻的存储字。

存储单元是 CPU 对主存可访问操作的最小存储单位。

例如，IBM 370 机是字长为 32 位的计算机，主存按字节编址，每一个存储字包含 4 个单独编址的存储字节，字地址即是该字高位字节的地址，其字地址总是等于 4 的整数倍，正好用地址码的最末两位来区分同一个字的四个字节。PDP-11 机是字长为 16 位的计算机，主存也按字节编址，每一个存储字包含 2 个单独编址的存储字节，它的字地址总是 2 的整数倍，但却是用低位字节地址作为字地址，并用地址码的最末 1 位来区分同一个字的两个字节。

2. 存储器的译码方式

地址译码器的输入信息来自 CPU 的地址寄存器。地址寄存器用来存放所要访问（写入或读出）的存储单元的地址，中央处理器要选择某一存储单元，就在地址总线上输出此单元的地址信号给地址译码器，地址译码器把用二进制代码表示的地址转换成输出端的高电位，用来驱动相应的读写电路，以便选择所要访问的存储单元。

地址译码有两种方式：单译码方式和双译码方式。

单译码结构也称字结构。在这种方式中，地址译码器只有一个，译码器的输出叫字选线，如图 3-5 所示。

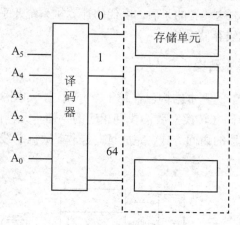

图 3-5　单译码方式

双译码方式将地址分成 x 向、y 向两部分，第一级进行 x 向（行译码）和 y 向（列译码）的独立译码，然后在存储阵列中完成第二级的交叉译码，如图 3-6 所示。双译码方式的优点是节省了译码器输出线的条数，适合于大容量存储器。

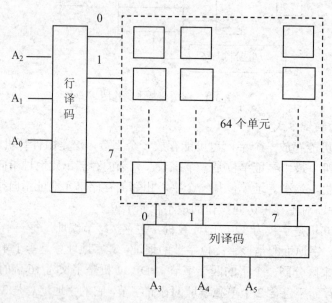

图 3-6　双译码方式

如 1K 存储单元，用单译码方式需要译码器输出 1024 条译码输出线；而采用双译码方式只需要 32+32=64 条输出线。

3.1.4　主存储器的主要技术指标

1. 存储容量

存储器可以容纳的二进制信息总量称为存储容量。容量越大，能存储的信息就越多，计算机系统的功能也就越强、使用越灵活。

存储容量常用字（Word）或字节（Byte）来表示，如 64K 字、512KB 等。也就是说，存储容量可用存储单元数×存储单元长度（即字长）来表示。例如，一个存储器的存储单元数为 4K，字长为 16 位，则存储容量可用 4096×16 来表示。字长越长，能存放的数的精度就越高。

存储容量的单位还有 MB、GB 和 TB，它们之间的关系是：

$$1TB=1024GB=2^{40}B$$
$$1GB=1024MB=2^{30}B$$
$$1MB=1024KB=2^{20}B$$
$$1KB=1024B=2^{10}B$$

2. 速度

衡量存储器速度的指标主要有三个：

（1）存储器存取时间。存储器存取时间指启动一次存储器操作（即收到读或写操作的命令）到完成该操作所需的时间，也称为存储器访问时间。

目前，大多数存储器的存取时间在 ns 级（$1ns=10^{-9}s$）。

（2）存储周期。存储周期指连续启动两次独立的存储器操作所需的最小时间间隔，也就是存储器进行一次完整的读写操作所需的全部时间。存储周期时间通常大于存取时间，这是因为存储器读写之后，还需要一定的时间来完成一些内部操作。

（3）存储带宽。单位时间内存储器所存取的信息量，通常以位/秒或字节/秒做度量单位。

3. 价格

价格是存储器的一个经济指标，一般用每位价格来表示。存储器的价格与存储容量、速度成正比。

衡量存储器性能的其他指标有功耗、可靠性、体积等。这些指标之间往往互相制约。在设计制造存储器时，应尽量提高存储器的性能价格比。

3.2　随机存取存储器

目前广泛适用的内存储器是半导体存储器。根据存储信息机理不同，分为静态读写存储器（SRAM）和动态读写存储器（DRAM）。按信息存储方式分，半导体存储器分为随机读写存储器和只读存储器。

3.2.1　SRAM

1. SRAM 存储元

我们把存放一个二进制位的物理器件称为存储元，它是存储器的最基本构件。

静态 RAM 是利用双稳态触发器记忆信息。六管静态 MOS 记忆单元电路中的 $T_1 \sim T_6$ 管构成一个记忆单元的主体，能存放一位二进制信息，其中：T_1、T_2 管构成存储二进制信息的双稳态触发器，如图 3-7 所示。

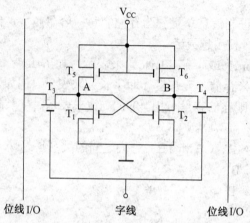

图 3-7 六管静态 MOS 记忆单元电路

由于静态是用触发器工作原理存储信息，因此即使信息读出后，它仍保持其原状态，不需要再生。但电源掉电时，原存信息丢失，故它属易失性半导体存储器。

2. 四管动态 MOS 记忆单元电路

动态 RAM 是利用栅极电容上的电荷记忆信息。四管动态记忆单元电路中的 T_0、T_1 管不再构成双稳态触发器，而靠 MOS 电路中的栅极电容 C_0、C_1 来存储信息，如图 3-8 所示。

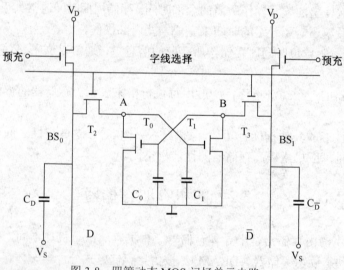

图 3-8 四管动态 MOS 记忆单元电路

3. 单管动态记忆单元电路

单管动态记忆单元由一个 MOS 管 T_1 和一个存储电容 C 构成。单管动态记忆单元是破坏性读出，必须采取重写（再生）的措施。进一步减少记忆单元中 MOS 管的数目可形成更简单的三管动态记忆单元或单管动态记忆单元，如图 3-9 所示。

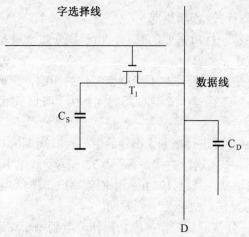

图 3-9　单管动态记忆单元电路

3.2.2　动态 RAM 的刷新

1. 刷新间隔

为了维持 MOS 型动态记忆单元的存储信息，每隔一定时间必须对存储体中的所有记忆单元的栅极电容补充电荷，这个过程就是刷新。

一般选定 MOS 型动态存储器允许的最大刷新间隔为 2ms，也就是说，应在 2ms 内将全部存储体刷新一遍。

2. 刷新方式

如前所述动态存储器是靠电容来储存信息的，电荷量会随着时间和温度而减少，所以必须定期刷新，以保证它们信息的正确性。刷新间隔主要根据栅极电容电荷的泄放速度来决定。典型标准时每隔 8ms 到 16ms 必须刷新一次，而某些器件的刷新周期可以更大。

刷新的过程实质上是先将原存信息读出，再由刷新放大器形成原信息并重新写入。然而通常情况下，人们不能准确地预知读操作出现的频率，因此无法阻止数据丢失。在这种情况下，必须对 DRAM 进行定期刷新。

常见的刷新方式有集中式、分散式和异步式三种：

（1）集中刷新方式。集中刷新方式在允许的最大刷新间隔内，按照存储芯片容量的大小集中安排若干个刷新周期，刷新时停止读写操作，如图 3-10 所示。

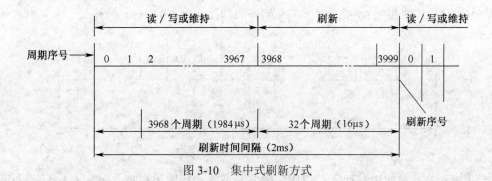

图 3-10　集中式刷新方式

刷新时间=存储体矩阵行数×刷新周期

这里刷新周期是指刷新一行所需要的时间，由于刷新过程就是"假读"的过程，所以刷新周期就等于存取周期。

集中刷新方式的优点是读/写操作时不受刷新工作的影响，因此系统的存取速度比较高。缺点是在集中刷新期间必须停止读/写，这一段时间称为"死区"，而且存储容量越大，死区就越长。

如果对 32×32 的存储芯片进行刷新。该存储器的存取周期为 0.5μs，刷新周期为 2ms（占4000 个存取周期）。采用集中式刷新方式，每行（32 个单元）占用一个周期，共需 16μs（32个周期）完成全部单元的刷新，其余 1984μs 用来读/写或维持信息，如图 3-10 所示。由于在16μs 时间内不能进行读写操作，故称为"死时间"。

（2）分散刷新方式。分散刷新是指把刷新操作分散到每个存取周期内进行，此时系统的存取周期被分为两部分，前一部分时间进行读/写操作或保持，后一部分时间进行刷新操作。一个系统存取周期内刷新存储矩阵中的一行，如图 3-11 所示。

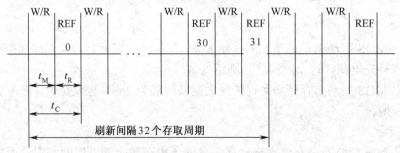

图 3-11　分散式刷新方式

分散刷新方式没有死区，这是它的优点，但是，它也有很明显的缺点：第一是加长了系统的存取周期，如存储芯片的存取周期为 0.5μs，则系统的存取周期应为 1μs，降低了整机的速度；第二是刷新过于频繁，尤其是当存储容量比较小的情况下，如 32×32 的矩阵，他们的刷新间隔只有 32μs，没有充分利用所允许的最大刷新间隔（2ms）。

（3）异步刷新方式。异步刷新方式（如图 3-12 所示）可以看成前述两种方式的结合，它充分利用了最大刷新间隔时间，把刷新操作平均分配到整个最大刷新间隔时间内进行，故有：

相邻两行的刷新间隔=最大刷新间隔时间/行数

对于 32×32 矩阵，在 2ms 内需要将 32 行刷新一遍，所以相邻两行的刷新时间间隔=2ms/32=62.5μs，即每隔 62.5μs 安排一个刷新周期，在刷新时封锁读/写。

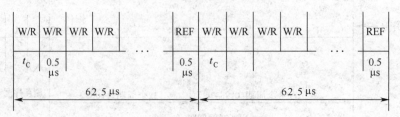

图 3-12　异步式刷新方式

异步刷新方式虽然也有死区，但比集中刷新方式的死区小得多，仅为 0.5μs。这样可以避免使 CPU 连续等待过长的时间，而且减少了刷新次数，是比较实用的一种刷新方式。

3. 刷新控制

当刷新请求和访问存储器的请求同时发生时，应优先进行刷新操作。

MOS 型动态 RAM 的刷新要注意以下几个问题：

（1）刷新对 CPU 是透明的。

（2）刷新通常是逐行进行，每一行中各记忆单元同时被刷新，故刷新操作时仅需要行地址，不需要列地址。

（3）刷新操作类似于读出操作。

（4）因为所有芯片同时被刷新，所以在考虑刷新问题时，应当从单个芯片的存储容量着手，而不是从整个存储器的容量着手。

3.3 半导体只读存储器

只读存储器电路比 RAM 简单，因而集成度更高，成本更低。各类 ROM 均以非破坏性读出方式工作，而且是非易失性存储器。因此，半导体只读存储器 ROM 主要用来存放一些不需要修改的程序和数据，如一些系统软件和常数等，并可作为主存的一部分。

一种双极型的 ROM 存储单元电路如图 3-13 所示。字线通常处于低电平。若一个字被选中，则对应字线上的电压暂时升高，使得发射极连接到相应位线上的所有晶体管导通。从电源传到位线上的电流可由读出电路检测，有电流读出的单元读出 1，其余读出 0。所以发射极到位线连接的组合方式决定了给定字的内容。MOS 型电路也可组成类似的 PROM。

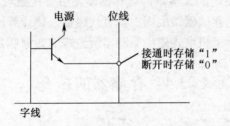

图 3-13 双极型的 ROM 存储单元电路

根据制造工艺的不同，半导体只读存储器可分为 ROM、PROM 和 EPROM 等几类。

掩膜只读存储器（ROM）是由制造厂家按照事先设计好的线路生产出来的，即所需的程序和数据是在制造时写入的，其存储的内容已经固化在 ROM 中，不能再修改。它适用于已经定型的、成批生产的产品，一般机器的自检程序、初始化程序，基本输入输出设备的驱动程序等都可放在 ROM 中。

可编程只读存储器（PROM）允许由用户把已调试好的程序和数据写入其中，但只能写入一次，写入之后就再也不能更改了。在发射极与位线之间接上熔丝即可做成 PROM。这时该存储器内容全部是 1。编程时需要哪些位为 0，只须用大电流脉冲将镕丝熔断即可。当然一旦熔断就不能再恢复了。这种存储器主要用于厂家针对用户的专门需要来烧制其中的内容。

可擦除可编程的只读存储器（EPROM）可以多次修改其中的内容，即允许擦除所存信息，然后再存放新的程序和数据，使用起来非常方便，在系统开发中得到了广泛的应用。根据擦除方式的不同，又可分为紫外线擦除的 EPROM 和用电擦除的 E2PROM（一般称为 EEPROM）。在 EPROM 芯片上有一个石英玻璃窗口，紫外线通过这个窗口照在内部的硅片上，即可擦除原来存储在整个芯片的内容，EPROM 的写入是通过专用的 EPROM 写入器来完成的。E2PROM 是用电擦除，而且可以在线擦除，不必像 EPROM 那样把芯片在计算机、擦除器、写入器之间来回移动，解决了 EPROM 擦除信息不方便的缺点，另外，E2PROM 是按字节单元擦除信息，因此，写入时只需写入所需的单元即可，大大地节省了时间。

进入到 20 世纪 80 年代，又出现了一种闪速存储器（Flash Memory），称快擦型存储器，它是在 EPROM 和 EEPROM 工艺基础上产生的一种新型的存储器。与传统的固态存储器相比，Flash 存储器的主要特点如下：

（1）非易失性。这一特点与磁存储器相似，Flash 存储器不需要后备电源来保持数据。所以，它具有磁存储器无需电能保持数据的优点。

（2）易更新性。Flash 存储器具有电可擦除特点。相对于 EPROM（电可编程只读存储器）的紫外线擦除工艺，Flash 存储器的电擦除功能为开发者节省了时间，也为最终用户更新存储器内容提供了可能。

（3）成本低、密度高、可靠性好。与 EEPROM（电可擦除可编程的只读存储器）相比较，Flash 存储器的成本更低、密度更高、可靠性更好。

在需要周期性地修改存储信息的应用场合，闪速存储器是一个极为理想的器件，因为它至少可以擦写及编程 10,000 次，这足以满足用户的需要。它比较适合于作为一种高密度、非易失的数据采集和存储器件。在便携式计算机、工控系统及单片机系统中得到大量应用，近年来已将它用于微型计算机中存放输入输出驱动程序和参数等。

非易失性、长期反复使用的大容量闪速存储器还可替代磁盘。例如，在笔记本手掌型袖珍计算机中都大量采用闪速存储器做成固态盘替代磁盘，使计算机平均无故障时间大大延长，功耗更低，体积更小，消除了机电式磁盘驱动器所造成的数据瓶颈。

3.4　存储器的扩充

3.4.1　主存储器与 CPU 的连接

主存储器与 CPU 的连接时需要注意的几个问题：

1. 存储芯片的类型选择

RAM 最大的特点是其存储的信息可以在程序中用读/写指令随机读写，但掉电时信息丢失。所以 RAM 一般用于存储用户的调试程序（或程序存储器中的用户区）、程序的中间运算结果及掉电时无需保护（存）的 I/O 数据及参数等。

ROM 中的内容掉电不易失，但不能随机写入，故一般用于存储系统程序（监控程序）和无需在线修改的参数等。

2. CPU 总线的负载能力

通常 CPU 总线的直流负载能力（也称驱动能力）等同于一个 TTL 器件或 20 个 MOS 器件。因存储器基本上是 MOS 电路，直流负载很小，所以在小型系统中 CPU 可直接与存储器芯片连接。

而当 CPU 总线上需挂接的器件超过上述负载时，就应考虑在其总线与挂接的器件间加接缓冲器或驱动器，以增加 CPU 的负载能力。

3. CPU 的时序和存储器的存取速度之间的配合问题

CPU 在取指令和读写操作、存储器芯片读/写都有相应的固定时序。

选用存储芯片时，必须考虑它的存取时间与 CPU 的固定时序之间的匹配问题，即时序配合问题。

4. 存储芯片与 CPU 芯片连接时要特别注意的问题

（1）地址线的连接。

存储芯片的容量不同，其地址线数也不同，CPU 的地址线数往往比存储芯片的地址线数多。

通常总是将 CPU 地址线的低位与存储芯片的地址线相连。CPU 地址线的高位或在存储芯片扩充时用，或做其他用途，如片选信号等。

（2）数据线的连接。

同样，CPU 的数据线数与存储芯片的数据线数也不一定相等。此时，必须对存储芯片扩位，使其数据位数与 CPU 的数据线数相等。

（3）读/写命令线的连接。

CPU 读/写命令线一般可直接与存储芯片的读/写控制端相连，通常高电平为读，低电平为写。有些 CPU 的读/写命令线是分开的，此时 CPU 的读命令线应与存储芯片的允许读控制端相连，而 CPU 的写命令线则应与存储芯片的允许写控制端相连。

（4）片选线的连接。

片选线的连接是 CPU 与存储芯片正确工作的关键。存储器由许多存储芯片组成，哪一片被选中完全取决于该存储芯片的片选控制端 $\overline{CS}$ 是否能接收到来自 CPU 的片选有效信号。片选有效信号与 CPU 的访存控制信号 $\overline{MRER}$（低电平有效）有关，因为只有当 CPU 要求访存时，才需选择存储芯片。若 CPU 访问 I/O，则 $\overline{MRER}$ 为高电平，表示不要求存储器工作。此外，片选有效信号还和地址有关，因为 CPU 的地址线往往多于存储芯片的地址线，故那些未与存储芯片连上的高位地址必须和访存控制信号共同产生存储芯片的片选信号。通常需用到一些逻辑电路，如译码器及其他各种门电路，来产生片选有效信号。

常用的片选控制译码方法有线选法、全译码法。

1）线选法。当存储器容量不大，所使用的存储芯片数量不多，而 CPU 寻址空间远远大于存储器容量时，可用高位地址线直接作为存储芯片的片选信号，每一根地址线选通一块芯片，这种方法称为线选法。

2）全译码法。全译码法可以提供对全存储空间的寻址能力。当存储器容量小于可寻址的存储空间时，可从译码器输出。

3.4.2 位扩展

通常实际存储器容量比存储芯片的容量大。假定存储芯片容量为 $mk \times n$ 位/片，设计的存储器容量为 $Mk \times N$ 位。

根据实际应用情况，容量扩展有以下三种形式：位扩展、字扩展和字位同时扩展。

位扩展就是位数扩充，加大字长，以满足存储器字长的要求，而存储器的字数与存储芯片的字数一致。例如要组成 $mk \times N$ 位的存储器，需要 N/n 个 $mk \times n$ 位的存储芯片。

例 1 设有 32 片 256K×1 位的 SRAM 芯片。

（1）采用位扩展方法可构成多大容量的存储器？

（2）如果采用 32 位的字编址方式，该存储器需要多少地址线？

（3）画出该存储器与 CPU 连接的结构图，设 CPU 的接口信号有地址信号、数据信号和控制信号 MREQ#、R/W#。

解：（1）32 片 256K×1 位的 SRAM 芯片可构成 256K×32 位的存储器。

（2）如果采用 32 位的字编址方式，则需要 18 条地址线，因为 2^{18}=256K。

（3）用 MREQ#作为芯片选择信号，R/W#作为读写控制信号，该存储器与 CPU 连接的结构图如图 3-14 所示。

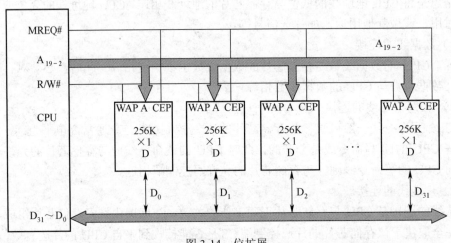

图 3-14   位扩展

3.4.3 字扩展

字扩展是增加存储器的字数，即存储单元个数，而存储器的位数即每个存储单元的位数与存储芯片的位数一致。字扩展通常是通过控制片选端来实现。例如存储器的容量为 Mk×n 位，则需要 M/m 个存储芯片。

例 2 设有若干片 256K×8 位的 SRAM 芯片。

（1）采用字扩展方法构成 2048KB 的存储器需要多少片 SRAM 芯片？

（2）该存储器需要多少地址线？

（3）画出该存储器与 CPU 连接的结构图，设 CPU 的接口信号有地址信号、数据信号和控制信号 MREQ#、R/W#。

解：（1）该存储器需要 2048K/256K=8 片 SRAM 芯片；

（2）21 条地址线，因为 2^{21}=2048K，其中高 3 位用于芯片选择，低 18 位作为每个存储器芯片的地址输入。

（3）用 MREQ#作为译码器芯片的输出许可信号，译码器的输出作为存储器芯片的选择信号，R/W#作为读写控制信号。CPU 访存的地址为 A_{20}～A_0。该存储器与 CPU 连接的结构图如图 3-15 所示。

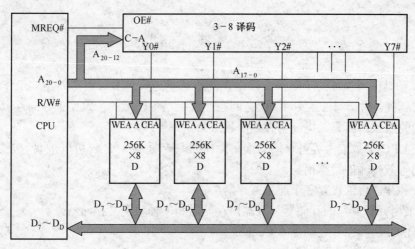

图 3-15　字扩展

3.4.4　字和位同时扩展

就是在选定存储芯片的基础上通过字和位同时扩展而成。

例 3　设有若干片 256K×8 位的 SRAM 芯片，请构成 2048K×32 位的存储器。

（1）需要多少片 RAM 芯片？

（2）该存储器需要多少地址线？

（3）画出该存储器与 CPU 连接的结构图，设 CPU 的接口信号有地址信号、数据信号和控制信号 MREQ#、R/W#。

解：（1）采用字位扩展的方法。该存储器需要(2048K/256K)×(32/8) = 32 片 SRAM 芯片，其中每 4 片构成一个字的存储器芯片组（位扩展），8 组芯片进行字扩展。

（2）用字寻址方式，需要 21 条地址线，其中高 3 位用于芯片选择，低 18 位作为每个存储器芯片的地址输入。

（3）因为存储器容量为 2048K×32=2^{23}KB，所以 CPU 访存的字地址为 A_{22}～A_2。用 MREQ# 作为译码器芯片的输出许可信号，译码器的输出作为存储器芯片的选择信号，R/W#作为读写控制信号，该存储器与 CPU 连接的结构图如图 3-16 所示。

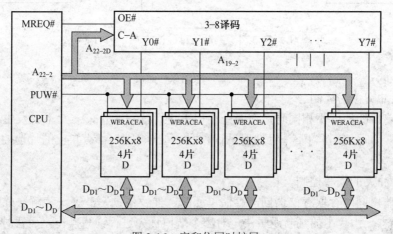

图 3-16　字和位同时扩展

3.5   高速存储器

随着计算机应用领域的不断扩大，处理的信息量越来越多，对存储器的工作速度和容量要求也越来越高。此外，主存和 CPU 之间在速度上是不匹配的，致使主存的存取速度已成为计算机系统的瓶颈。可见，提高访存速度也成为刻不容缓的任务。

为了使 CPU 不致因为等待存储器读写操作的完成而无事可做，可以采取一些加速 CPU 和存储器之间有效传输的特殊措施：

（1）在 CPU 内部设置多个通用寄存器；

（2）采用并行操作的存储器，双端口存储器和多模块交叉存储器；

（3）在 CPU 和主存之间插入 Cache；

（4）采用更高速的存储芯片。

3.5.1   双端口存储器

普通的存储器器件为单端口，也就是数据的输入输出只利用一个端口，设计了两个输入输出端口的就是双端口 SRAM。双端口存储器是指同一个存储器具有两组相互独立的读写控制线路，由于进行并行的独立操作，是一种高速工作的存储器。

如图 3-17 所示，双端口 RAM 提供了两个相互独立的端口，即左端口和右端口。它们分别具有各自的地址线、数据线和控制线，因而可以对存储器中任何位置的数据进行独立的存取操作。当两个端口的地址不相同时，在两个端口上进行读写操作，一定不会发生冲突。当任一端口被选中驱动时，就可对整个存储器进行存取，每一个端口都有自己的片选控制和输出驱动控制。

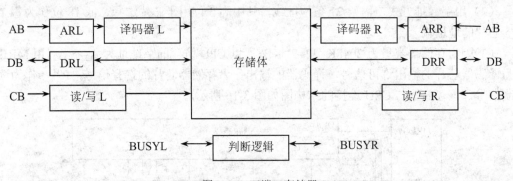

图 3-17   双端口存储器

（1）无冲突读写控制。

当两个端口的地址不相同时，在两个端口上进行读写操作，一定不会发生冲突。当任一端口被选中驱动时，就可对整个存储器进行存取，每一个端口都有自己的片选控制和输出驱动控制。

（2）有冲突的读写控制。

当两个端口同时存取存储器同一存储单元时，便发生读写冲突。为解决此问题，特设置了 BUSY 标志。由片上的判断逻辑决定对哪个端口优先进行读写操作，而暂时关闭另一个被延迟的端口。

总之，当两个端口均为开放状态（BUSY 为高电平）且存取地址相同时，发生读写冲突。此时判断逻辑可以使地址匹配或片选使能匹配下降至 5ns，并决定对哪个端口进行存取。

双端口存储器的应用场合：

（1）实现 CPU 与 DMA（或 IOP）同时访问内存。

（2）在多机系统中，实现彼此间的信息交换。

（3）为运算器的两个输入端并行提供数据。

（4）双端口结构的 Cache，可同时与 CPU 和主存交换信息。

3.5.2 多模块存储器

1. 存储器的模块化组织

多模块存储器每个模块都有自己的地址寄存器，数据寄存器，读写控制电路及存储体，它们共用一个总线控制器以实现信息的输入输出。

在这种多模块存储器结构中，有两种编址方式：一种是顺序方式，一种是交叉方式。

顺序编址方式如图 3-18 所示，常规存储器多采用该设计。图中存储器容量为 32 字，分为 M_0、M_1、M_2、M_3 四个模块，每个模块 8 个字。从 M_0 模块开始顺序编址，接着为下一个模块分配地址。这样，存储器 32 个字可由 5 位地址寄存器指示，其中高位地址可以表示模块号，低位地址表示模块内地址。

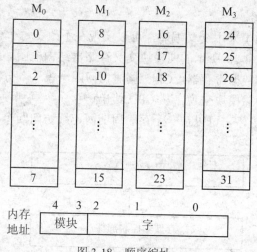

图 3-18　顺序编址

程序地址一般在低位连续推进，然后再传送到高位。程序选中一个模块后，等到该模块访问完毕后，才能跳到下一个模块工作。因此，只要调度合理，当一个模块用于执行程序时，另一个模块实现存储器与外部设备直接存储器访问（DMA）。在这种意义上讲，这种结构具有并行工作的能力，存储器总的吞吐量就提高了。这种编址方式由于一个体内的地址是连续的，有利于存储器的扩充，而且某块存储体出现故障不会影响其他存储器模块工作。

交叉编址方式如图 3-19 所示，即将单元地址依次排列在各个存储体中。如 M_0 体的地址为 $0,4,8,\cdots,4i+0$；M_1 体的地址为 $1,5,9,\cdots,4i+1$；M_2 体地址为 $2,6,10,\cdots,4i+2$；M_3 体的地址为

3,7,11,…,4i+3。采用这样的编址方法，会使 4 个存储体对应的二进制地址最后两位的数码分布为它们的模块号 00，01，10 和 11。因而使用地址码的低位字段经过译码选择不同的存储体，而高位字段指向相应的存储体内部的存储字。这样连续地址分布在相邻的不同存储体内，而同一个存储体内的地址都是不连续的。在理想情况下如果程序段和数据块都是连续地在主存中存放或读取，那么将大大地提高共存的有效访问速度。

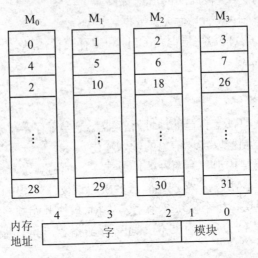

图 3-19　交叉编址

2. 多模块交叉存储器

多模块交叉存储器由于采用交叉编制，可以实现在不改变每个模块存取周期的前提下，提高存储器的带宽。如图 3-20 所示的四模块交叉存储器结构框图。每个模块都有自己的读写控制电路、地址寄存器和数据寄存器。CPU 同时访问四个模块，分时使用数据总线进行数据传递。这样，对每一个存储模块来说，从 CPU 给出访存命令直到读出信息仍然使用一个存取周期时间，而对 CPU 来说，它可以在一个存取周期内连续访问四个模块。

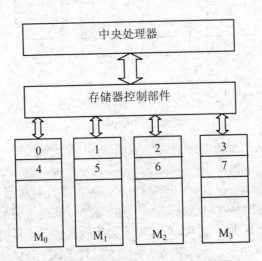

图 3-20　四模块交叉存储器结构图

假设每个体的存储字长和数据总线的宽度一致，并假设多体交叉存储器模块数为 m，存取周期为 T，总线传输周期为τ，即成块传送每经τ时间延迟后启动下一个模块。那么当采用流水线方式存取时，应满足 T=m*τ。为了保证启动某体后，经 m*τ时间再次启动该体时，它的上次存取操作已完成，要求低位交叉存储器的模块数大于或等于 m。以四体低位交叉编址的存储器为例，采用流水方式存取的示意图如图 3-21 所示。

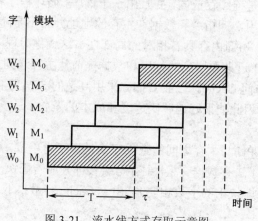

图 3-21　流水线方式存取示意图

例 4　设存储器容量为 64 字，字长 32 位，模块数 m=4，分别用顺序方式和交叉方式进行组织。存储周期=200ns，数据总线宽度为 64 位，总线传送周期τ=50ns。问顺序存储器和交叉存储器的带宽各是多少？

解：顺序存储器和交叉存储器连续读出 m=4 个字的信息总量都是：

$$q = 32M \times 4 = 128 \text{ 位}$$

（1）顺序方式和交叉方式读出 4 个字所需时间分别是

$$t_1 = mT = 4 \times 200 = 800 \text{ （ns）}$$

$$t_2 = T + (m-1)\tau = 200 + 3 \times 50 = 350 \text{ （ns）}$$

（2）顺序方式和交叉方式的带宽分别是

$$B_1 = q/t_1 = 128 \div (800 \times 10-9) = 16 \times 107 \text{ （位/秒）}$$

$$B_2 = q/t_2 = 128 \div (350 \times 10-9) = 36.5 \times 107 \text{ （位/秒）}$$

3.6　高速缓冲存储器（Cache）

3.6.1　Cache 的基本原理

1. Cache 的功能

为弥补主存速度的不足以便使主存更好地与高速 CPU 匹配，在 CPU 与主存之间需设置一个速度较高、容量较小的缓冲存储器（Cache），构成 Cache－主存存储层次，目标是使得从 CPU 执行指令的角度来看，存储器速度接近于 Cache，而容量接近于主存。从功能上看，它是主存的缓冲存储器，由高速的 SRAM 组成。为了追求高速，包括管理在内的全部功能由硬件实现，能够实现对程序员的透明性。

　　随着半导体器件集成度的进一步提高，CPU 内部集成了 1~2 个 Cache，称为片内 Cache，而 CPU 外的称为片外 Cache。某些机器甚至有二级三级缓存，每级缓存比前一级缓存速度慢且容量大。而这时，一开始的高速小容量存储器就被人称为一级缓存。

　　Cache 的出现使 CPU 可以不直接访问主存，而与高速 Cache 交换信息。通过大量典型程序的分析，发现从主存取指令或取数据，在一定时间内，只是对主存局部地址区域的访问。由于指令和数据在主存内都是连续存放的，并且由于子程序、循环程序和一些常数的存在有些指令和数据往往会被多次调用，即指令和数据在主存的地址分布不是随机的，而是相对的集中，使得 CPU 在执行程序时，访问内存具有相对的局部性，这就称为程序访问的局部性原理。根据这一原理，只要将 CPU 近期要用到的程序和数据提前从主存送到 Cache，那么就可以做到 CPU 在一定时间内只需访问 Cache。一般 Cache 采用高速的 SRAM 制作，其价格比主存贵，但因其容量远小于主存，因此能很好地解决速度和成本的矛盾。

　　2. Cache 的命中率

　　CPU 与 Cache 以及 CPU 与主存之间的数据交换是以字为单位，而 Cache 与主存之间的数据交换是以块为单位。为了进行数据交换，主存与缓存都分成若干块，每块内又包含若干个字，并使它们的块大小相同（即块内的字数相同）。由于 Cache 容量小于主存，所以 Cache 包含的块数小于主存块数。

　　任何时刻都有一些主存块处在缓存块中。欲读取主存某字时，有两种可能：一种是所需要的字已在缓存中，即可直接访问 Cache，这种情况为 CPU 访问 Cache 命中；另一种是所需的字不在 Cache，这种情况为 CPU 访问 Cache 不命中，此时需将该字所在的主存整个字块一次调入 Cache 中。

　　Cache 命中率是指 CPU 要访问的信息已经在 Cache 中的比率。Cache 的容量与块长是影响 Cache 命中率的重要因素。从 CPU 来看，增加 Cache 的目的就是在性能上使主存的平均读出时间尽可能接近 Cache 的读出时间，这就要求 Cache 的命中率应尽量接近于 1。由于程序访问的局部性，实现这个目标是可能的。

　　在一个程序执行期间，设 N_c 表示 Cache 完成存取的总次数，N_m 表示主存完成存取的总次数，h 定义为命中率，则有

$$h = \frac{N_c}{N_c + N_m}$$

　　3. Cache 的基本结构

　　Cache 的基本结构如图 3-22 所示，它由 Cache 控制器和 Cache 数据存储器两大部分组成。Cache 控制器包括 Cache－主存地址映像变换机构、替换控制及总线控制。Cache 数据存储器由高速 SRAM 组成，用于存放 CPU 所需要的、从主存复制过来的信息。Cache－主存地址的变换机构与映像方式有关。地址映像变换机构内含地址映像表，其任务是接收主存地址中的标记和块号信息并与内部的映像表作比较，当命中时输出 Cache 地址的块号，不命中时对 Cache 块替换逻辑输出"不命中"信号。

　　Cache 的工作原理如下所示：

　　（1）CPU 通过地址总线给出访问主存的字地址；

　　（2）主存地址中的块号及标记信息输入到 Cache 地址映像变换结构，与其内部的地址映像表的有关项目进行相联比较，以判定该访问字是否在 Cache 中；

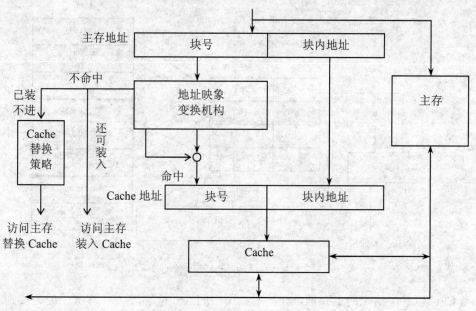

图 3-22 Cache 的基本结构

（3）如果访问字在 Cache 中（命中），则将块号及主存地址中的块内地址送入 Cache 地址寄存器，以该地址访问 Cache 数据存储器，并与 CPU 进行单字宽的信息传送；

（4）如果访问字不在 Cache 中（不命中），则块替换及控制逻辑检测是否还有块空闲，若有，则访主存并通过多字宽通路将包含该字的一块信息调入 Cache；

（5）如果访问字不在 Cache 中，Cache 数据存储器又已装满，即发生块冲突、这就需要按既定的替换算法选择被替换的块，并访主存调入新的块将其替换，然后修改地址映像表；

（6）对 Cache 块写入的信息，必须与被映射的主存块内的信息完全一致。目前主要采用写直达法和写回法。

3.6.2 地址映射

为了把信息放到 Cache 存储器中，必须应用某种函数把主存地址映像到 Cache，称作地址映像。在信息按照这种映像关系装入 Cache 后，执行程序时，应将主存地址变换成 Cache 地址，这个变换过程叫做地址变换。地址的映像和变换是密切相关的。

1. 直接映像

在直接映像方式中，主存和 Cache 中字块的对应关系如图 3-23 所示。

Cache 块号 i（$0 \leqslant i \leqslant 2^c - 1$）与主存块号 j（$0 \leqslant i \leqslant 2^m - 1$）之间有如下关系：

$$i = j \bmod 2^c$$

显然，主存块与缓存块是多对一的关系。主存的第 $0, C(C = 2^c), \ldots, 2^m - C$ 块只能映射到 Cache 的第 0 行；主存的第 $1, C+1, \ldots, 2^m - C + 1$ 块只能映射到 Cache 的第 1 块。

在直接映射方式中，主存地址被分为如图 3-14 所示三部分：最低字段为块内字地址共 b 位（主存和缓存块同样包含 2^b 个字），中间字段为映射的 Cache 字块地址共 c 位，最高字段是主存字块标记共 m－c 位，它被记录在建立了对应关系的缓存块的"标记"位中。

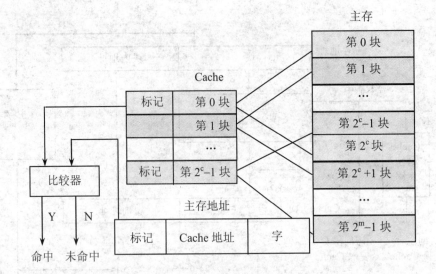

图 3-23 直接映像示意图

当 CPU 以一个给定的主存地址访问时，用中间的 c 位字段（若为 00...01）找到 Cache 的第 1 块，然后比较缓存字块 1 中的标记是否与主存地址中的高 m-c 位是否一致，如果一致则命中，否则未命中。

直接映像的优点是实现简单，只需利用主存地址按某些字段直接判断，即可确定所需字块是否已在 Cache 存储器中。

直接映像方式的缺点是不够灵活，即主存的每个字块只能对应唯一的 Cache 存储器字块，因此，即使 Cache 存储器别的许多地址空着也不能占用。这使得 Cache 存储空间得不到充分利用，并降低了命中率。

2. 全相联映像

全相联映像方式是最灵活但成本最高的一种方式，如图 3-24 所示。它允许主存中的每一个字块映像到 Cache 存储器的任何一个字块位置上，也允许从确实已被占满的 Cache 存储器中替换出任何一个旧的字块，这是一个理想的方案。

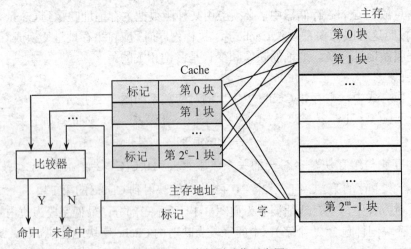

图 3-24 全相联映像示意图

与直接映射相比，它的主存字块标记即主存块号，这就使 Cache "标记"的位数增多，而且访问 Cache 时主存字块标记需要和 Cache 的全部"标记"位进行比较，才能判断出所访问主存地址的内容是否已在 Cache 内。这种比较通常采用"按内容寻址"的相联存储器来完成。

3. 组相联映像

组相联映像方式是直接映像和全相联映像方式的一种折衷方案。按这种映像方式，组间的字块为直接映像，而组内的字块为全相联映像方式。组相联映像方式的性能与复杂性介于直接映像与全相联映像两种方式之间。

Cache 字块地址字段变为组地址字段 q 位，且 $q=c-r$。其中 2^c 表示的总块数，2^q 表示 Cache 的分组个数，2^r 表示组内包含的块数。为了便于理解，假设 c=5，q=4，则 r=1。其实际含义为 Cache 共有 32 个字块，共分为 16 组，每组内包含 2 块。组内 2 块的组相联映射又称为二路组相联。

缓存组号 i 与主存块号 j 之间的关系为：

$$i=j \bmod 2^q$$

某一主存模块按照模 2^q 映射到缓存的第 i 组内，如图 3-25 所示。

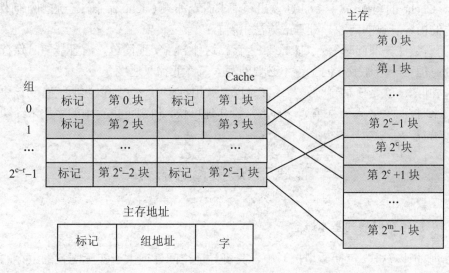

图 3-25　组相联映射示意图

根据上述假设条件，组相联映射的含义是：主存的某一字块可以按模 16 映射到 Cache 某组的任一字块中。即主存的第 0,16,32,… 字块可以映射到 Cache 第 0 组 2 个字块中的任一字块；主存的第 15,31,47,… 字块可以映射到 Cache 第 15 组中的任一字块。显然，主存的第 j 块会映射到 Cache 的第 i 组内，两者之间一一对应，属直接映射关系；另一方面，主存的第 j 块可以映射到 Cache 的第 i 组内中的任一块，这又体现出全相联映射关系。可见，组相联映射的性能及其复杂性介于直接映射和全相联映射两者之间，当 r=0 时是直接映射方式，当 r=c 时是全相联映射。

3.6.3　替换算法

在采用全相联映像和组相联映像方式，从主存向 Cache 传送一个新的块，而 Cache 中的可用位置已被占满时，就产生了替换算法的问题，常用的方法有下述两种：

（1）先进先出（FIFO）算法。FIFO 算法的思想是：按照调入 Cache 的先后决定淘汰的顺序，即在需要更新时，将最先进入 Cache 的块作为被替换的块。这种方法不需要随时记录各个块的使用情况，容易实现，而且系统开销小。其缺点是可能会把一些需要经常使用的程序块（如循环程序）也作为最早进入 Cache 的块替换掉。

（2）近期最少使用（LRU）算法。LRU 算法是把 CPU 近期最少使用的块作为被替换的块。这种替换方法需要随时记录 Cache 中各块的使用情况，以便确定哪个块是近期最少使用的块。LRU 算法相对合理，但实现起来比较复杂，系统开销较大。通常需要对每一块设置一个称为"年龄计数器"的硬件或软件计数器，用以记录其被使用的情况。

3.6.4　Cache 的写策略

（1）Cache 的读操作。当 CPU 发出读请求时，如果 Cache 命中，就直接对 Cache 进行读操作，与主存无关；如果 Cache 未命中，则仍需访问主存，并把该块信息一次从主存调入 Cache 内，若此时 Cache 已满，则需根据某种替换算法，用这个块替换掉 Cache 中原来的某块信息。

（2）Cache 的写操作。当 CPU 发出写请求时，如果 Cache 命中，会遇到如何保持 Cache 与主存中的内容一致的问题，处理的方法主要有：

1）写直达法。即同时写入 Cache 和主存。这种方法实现简单，而且能随时保持主存数据的正确性。但可能增加多次向主存不必要的写入，降低存取速度。

2）写回法。就是信息暂时只写入 Cache，并用标志将该块加以注明，直到该块从 Cache 中替换出来时，才一次写入主存。这种方法操作速度快，但由于主存中的字块未经随时修改而有可能出错。

3.7　虚拟存储器

3.7.1　虚拟存储器的基本概念

在当前的计算机（包括微型机）中，其可寻址空间远远大于实际配置的主存的容量。例如 386PC 机，其地址位为 32，则可寻址的空间为 2^{32}=4GB，但实际配备的主存仅有 8MB 或 16MB 等。另一方面程序设计人员希望有一个大于（或等于）整个主存的空间供编程使用。这样就提出了虚拟存储器的概念。

由操作系统将辅存的一部分当作主存使用，因而扩大了程序可控制的空间。通常这种由主存和部分辅存组成的存储系统称为虚拟存储器。或者说，在主存和辅存之间，增加部分软件和必要的硬件支持，使主存和辅存形成一个有机整体，称为虚拟存储器，简称虚存。

从原理角度看，虚拟存储器和 Cache－主存体系有很多相似之处。虚存所采取的映像方式和 Cache－主存一样，也具有全相联映像，直接映像和组相联映像三种方式。两者也都采用 LRU 替换算法，即最近最少使用算法，即把存储器最近最少使用的存储块替换出去，以便将新的存储块调入。

但两者也有明显区别，主存－Cache 体系访问时间少，传送的信息块也小；虚存访问时间长，传送的信息块（段、页）比较大。

通常把能访问虚拟空间的指令地址码称为虚拟地址或逻辑地址，而把实际的地址称为物理地址或实存地址。物理地址对应的存储容量称为主存容量或实存容量。同时，为协调程序的局部性和存储区间管理，可以按程序的模块大小将存储器分割成不定长的块—段，也可以将存储器分割成定长的块—页，或者将段、页结合。因而可以形成常用的段式、页式、段页式多种虚拟存储器。下面分别予以介绍。

3.7.2　页式虚拟存储器

以页为基本信息传送单位的虚拟存储器称之为页式虚拟存储器。页式虚拟存储器把虚存空间、主存空间和辅存空间都分成固定大小的块，称为页面，简称页。各类计算机页面的大小设置不同，一页最少 512B，最大几 KB，通常为 2 的整数次幂。CPU 对虚拟存储器的每次访问，都要进行虚地址、实地址的变换。当所需信息不在主存时，还需将信息所在页从辅存调入主存，此时需将虚拟地址变换为辅存实地址。为实现这两种变换和页调度，需内页表、页式快表、外页表和主存页面表等多种数据结构。

1. 页表

页式虚拟存储器，实存地址由实页号和页内地址组成，页内地址为低位，位数由页面大小决定；实页号为高位，位数取决于主存容量。如主存容量为 128KB，字节编址，每页 2KB，则页内地址占低 11 位，实页号占高 6 位，该主存分为 64 个实页。虚存空间也按主存页面大小划分，虚地址由虚页号和页内地址组成，且虚存、实存页内地址位数相等，因虚存空间比主存空间大得多，所以虚页号位数比实页号位多。CPU 访问页式虚拟存储器时，送出的是程序虚地址，此时必须判断地址中的存储内容是否已调入主存，若未调入，则将该内容所在页按某种替换算法装入主存指定页，然后 CPU 才能执行；若已装入主存，就要找出在主存哪一页，这两种情况都要求建立一张虚页号与实页号的对照表，这张表称内页表，简称页表（Page table）。

页表是操作系统根据程序运行情况建立的，对应用程序员完全透明。页表存放在系统固定区域，每个程序都有一张页表，如表 3-1 所示。页表由页表项构成，程序的每个虚页对应一个页表项，记录与该页有关的信息。通常页表项应包括装入位、修改位、替换控制位、实页号和其他控制位。

表 3-1　页表结构

装入位	修改位	替换控制位	实页号	其他控制位
1			3	
1			5	
1			2	
1			8	

页表放在主存中，当 CPU 访存时，首先得访问页表，以实现虚、实地址变换，如图 3-26 所示。

2. 虚地址和实地址的映射

例 1　某计算机的页式虚存管理中采用长度为 32 字的页面。页表内容如表 3-2 所示，求当 CPU 程序按下列二进制虚拟字地址访存时产生的实际字地址。

（1）00001101。

（2）10000000。

（3）00101000。

解：页面长度为 32 字，则页内地址 5 位，8 位地址码中的高 3 位为虚页号，从表中查出 2 位实页号，与页内地址合并构成 7 位实际物理内存的地址。

虚页号为 000，查得实页号 01，与页内地址 01101 合并，得 0101101。

虚页号为 100，查得实页号 10，与页内地址 00000 合并，得 1000000。

虚页号为 001，查得该页未装入内存，没有相应的内存地址。

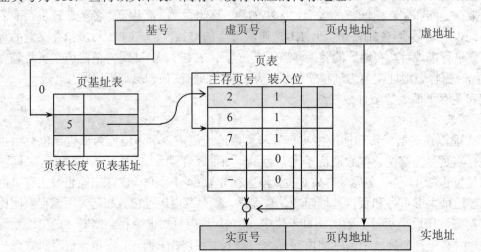

图 3-26　页式虚拟存储器虚实地址的变换

表 3-2　页表内容

虚页号	实页号	装入位
000	01	1
001	-	0
010	11	1
011	00	1
100	10	1
101	-	0
110	-	0
111	-	0

3. 页式虚拟存储器的优缺点

页式虚拟存储器页长度固定且可顺序编号，页表设置方便。页表可按页提供虚实映像关系，因此一个程序所占的各实页之间不必连续。当一个程序运行结束，所释放的页又可以以页为单位分配给其他程序。显见，因而页式虚拟存储器有利于存储空间的利用与调度，操作简单，且开销少。

但由于页长度固定，程序不可能正好是页面的整数倍，最后一页的零头无法利用而可能造成浪费。同时，机械地划分页面很难反映程序的逻辑结构。在逻辑上独立的程序模块本应作为一个整体处理，却可能被机械地划分开，甚至出现一条指令或一组相关数据跨页的情况。这就增加了查页表次数和页面失效的可能性，同时也会给保护、共享及其他存取控制带来麻烦。

3.7.3 段式虚拟存储器

编制程序大都采用模块化，复杂程序按逻辑可分成一系列相互关联且功能独立的简单模块。程序的执行过程也是从一个功能模块转到另一个功能模块的过程。段式虚拟存储器是适应模块化程序设计的一种结构，虚存和主存空间不再是机械地按固定的页划分，而是依程序的逻辑功能而定。每一段可以是主程序段、通用数据段、专用数据段、子程序段、堆栈段等，显然各段长度可能不相等。一般情况下，编程使用的虚地址由高位段号和低位段内地址两部分构成。

1. 段表

段式虚拟存储器需设置段表。每一程序都有一张段表。段表由段表项构成，程序的每一段对应一个段表项，记录该段的有关信息。系统在主存固定区域存放段表，在程序装入时填写段表。段表项通常包括装入位、段长、其他控制位和主存始地等内容。装入位为"1"表示该段已装入主存；为"0"，表示该段尚未装入主存。主存始地指出该段装入主存后的起始地址。段长给出该段程序的长度，以便在主存选择适当的空间定位。其他控制位主要为操作系统提供必要的信息，可用来指出段的类型，如是数据段、程序段或是零段区，也可作为保护码，共享控制等。

2. 虚地址和实地址的映射

虚实地址和变换如图 3-27 所示。

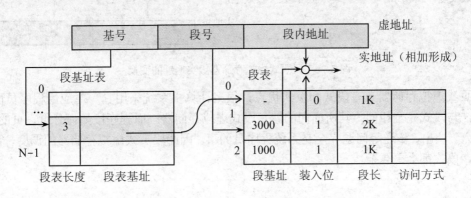

图 3-27　段式虚拟存储器虚实地址的变换

3. 段式虚拟存储器的优缺点

段式虚拟存储器面向程序的逻辑结构分段，段独立编址可大可小，因此程序可由多人分段并行编写。程序可以分段调试，思路清晰，容易检查错误，段的修改、增删对其他段也不会产生影响。存储空间的分段外以段为单位进行调度、传送、定位使得程序执行时命中率高且利于程序的共享与保护。

段式虚拟存储器段的大小可变，导致地址变换、存储空间的管理与调度都比较复杂。如段内信息必须连续存放，而各段首、尾地址又没有一定规律，访主存的地址需相加才能求得。

又如，当一个段的程序执行完，若新调入的程序段远小于现有的段空间时，段间就出现较大零头而造成较大浪费。若新段稍大于现有的段空间，则不能装入新段，程序不得不挂起，显著降低了计算机效率。

3.7.4　段页式虚拟存储器

段页式虚拟存储器对主存空间的管理与安排同页式虚拟存储器，而对逻辑空间则先依程序的逻辑结构分段，然后每一段再依主存空间页的大小划分成页。每个程序设一个段表，每段都有一张页表。段表由段表项构成，程序的每个段对应一个段表项，记录该段有关信息。程序的每一页都对应一个页表项，记录该页的有关信息。

系统在主存固定区域存放段表和页表，装入程序时填写段表和页表。

段页式虚拟存储器虚地址、主存实地址变换，首先通过段表查相应段的页表始地，再通过页表找到主存实页号，最后和页内地址排接成访主存的实地址。其变换过程如图3-28所示。

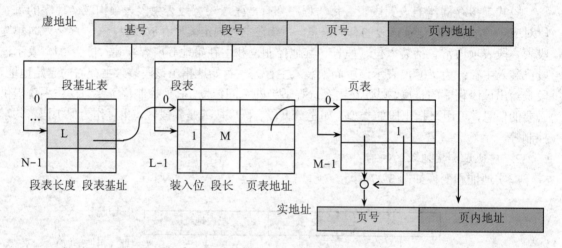

图 3-28　段页式虚拟存储器虚实地址的变换

段页式虚拟存储器兼有段式和页式优点，很多计算机系统采用它。对应用程序员而言，编程方法与段式完全相同，其所面向的就是段式虚拟存储器。而程序段如何分页、页的大小，页的调入、调出、传送等问题完全是系统程序员的事。因此段页式虚拟存储器的调度、管理将比页式、段式都会更复杂。

本章小结

对存储器的要求是容量大、速度快、成本低。为了解决这三方面的矛盾，计算机采用多级存储体系结构，即 Cache、主存和外存。CPU 能直接访问内存（Cache、主存），但不能直接访问外存。存储器的技术指标有存储容量、存取时间、存储周期、存储器带宽。

广泛使用的 SRAM 和 DRAM 都是半导体随机读写存储器，前者速度比后者快，但集成度不如后者高。二者的优点是体积小，可靠性高，价格低廉，缺点是断电后不能保存信息。只读存储器正好弥补了 SRAM 和 DRAM 的缺点，即使断电也仍然保存原先写入的数据。特别是闪速存储器能提供高性能、低功耗、高可靠性以及瞬时启动能力，因而有可能使现有的存储器体系结构发生重大变化。

单片存储芯片的容量总是有限的，利用若干存储芯片连在一起构成足够容量的存储器可以采用位扩展、字扩展和字位扩展法。另外，存储器在与 CPU 连接时，要注意地址线、数据线和控制线的连接方法。

双端口存储器和多模块交叉存储器属于并行存储结构。前者采用空间并行技术，后者采用时间并行技术。

Cache 是一种高速缓冲存储器，是为了解决 CPU 和主存之间速度不匹配而采用的一项重要的硬件技术，并又发展为多级 Cache 体系。要求 Cache 的命中率接近于 1。主存与 Cache 的地址映射有全相联、直接、组相联三种方式。其中组相联方式是前二者的折衷方案，适度地兼顾了二者的优点又尽量避免其缺点，从灵活性、命中率、硬件投资来说较为理想，因而得到了普遍采用。

虚拟存储器指的是主存—外存层次，它给用户提供了一个比实际主存空间大得多的虚拟地址空间。因此虚拟存储器只是一个容量非常大的存储器的逻辑模型，不是任何实际的物理存储器。按照主存外存层次的信息传送单位不同，虚拟存储器有页式、段式、段页式三种。

习题 3

1. 存储器的主要功能是什么？为什么要把存储系统分成若干个不同层次？主要有哪些层次？

2. 什么是半导体存储器，它有什么特点？

3. 存储器的地址译码方式有几种？试分析它们各自的特点和应用场合。

4. 一般存储芯片都设有片选信号/CS，它有什么用途？

5. 什么是高速缓冲存储器？它与主存是什么关系？其基本工作过程如何？

6. 什么叫虚拟存储器？采用虚拟存储技术能解决什么问题？

7. 假定有两种静态 RAM 芯片：1K×1 位 32 片，4K×1 位 8 片，RAM 芯片有/CS 和/WE 信号控制端；CPU 控制信号有 R/WE（读/写）和/MREQ（当存储器进行读或写操作时，该信号指示地址总线上的地址是有效的）。试用这些芯片构成 4K×16 位的存储器（要求所画出的 RAM 与 CPU 连接图能表明所用扩展法的三总线具体连接方法）。

第 4 章　指令系统

指令、指令系统是计算机系统中一个最基本的概念。指令是指示计算机执行某些操作的命令，一台计算机的所有指令的集合构成该机的指令系统。指令系统是计算机的主要属性，位于硬件和软件的交界面上。本章将讨论一般计算机的指令系统所涉及的基本问题。

- 掌握指令的基本格式；
- 掌握扩展操作码指令的格式设计；
- 理解数据寻址和指令寻址的区别；
- 掌握常见寻址方式（立即寻址、直接寻址、寄存器寻址、间接寻址、寄存器间接寻址、变址寻址、相对寻址）的特点。

一台计算机能执行的机器指令全体称为该机的指令系统。它是软件编程的出发点和硬件设计的依据，它衡量机器硬件的功能，反映硬件对软件支持的程度。

4.1　指令系统的基本概念

4.1.1　指令系统的发展

计算机的程序是由一系列的机器指令组成的，如图 4-1 所示。

```
START:MOV ASR,ASI        ;保存源数组的起始地址
MOV ADR,ADI              ;保存目标数组的起始地址
MOV NUM,CNT              ;保存数据的个数
LOOP:MOV  @SI,@DI        ;用间接寻址方式传送数据
INC SI                   ;源数组的地址增量
INC DI                   ;目标数组的地址增量
DEC CNT                  ;个数减 1
BGT LOOP                 ;数据是否传送完毕
HALT                     ;停机
```

图 4-1　程序示例

指令就是要计算机执行某种操作的命令。从计算机组成的层次结构来说，计算机的指令有微指令、机器指令和宏指令之分。微指令是微程序级的命令，它属于硬件；宏指令是由若干条机器指令组成的软件指令，它属于软件；而机器指令则介于微指令与宏指令之间，通常简称为指令。每一条指令可完成一个独立的算术运算或逻辑运算操作。

一台计算机所有机器指令的集合，称为这台计算机的指令系统。指令系统是表征计算机性能的重要因素，它的格式与功能不仅直接影响到机器的硬件结构，也直接影响到系统软件和机器的适用范围。

二十世纪五六十年代，由于受器件限制，计算机的硬件结构比较简单，所支持的指令系统只有定点加减法、逻辑运算、数据传送等几十条指令。20 世纪 60 年代后期，随着集成电路的出现，硬件功能不断增强，指令系统越来越丰富，并新设置了乘除运算、浮点运算等指令，指令数多达一二百条，寻址方式也日趋多样化。

随着集成电路的发展和计算机应用领域的不断扩大，20 世纪 60 年代出现了系列计算机。所谓系列计算机，是指基本指令系统相同、基本体系机构相同的一系列计算机。系列机解决了各机种的软件兼容问题，因为同一系列的各机种有共同的指令集，并且新推出的机种指令系统一定包含旧机种的全部指令。

20 世纪 70 年代末期，计算机硬件结构随着 VLSI 技术的飞速发展而越来越复杂化。大多数计算机的指令系统多达几百条，称之为复杂指令系统计算机，简称 CISC。但如此庞杂的指令系统不但使计算机的研制周期变长，不易调试维护，并且非常浪费硬件资源。为此人们又提出了便于 VLSI 技术实现的精简指令系统计算机，简称 RISC。

4.1.2　对指令系统性能的要求

指令系统的性能如何，决定了计算机的基本功能。一个完善的指令系统应满足下面四个要求。

1. 完备性

指令系统的完备性是指用指令系统中的指令编制各种程序时，指令系统直接提供的指令足够使用，而不必用软件实现。换句话说：要求指令系统内容丰富、功能齐全、使用方便。在指令系统中有一部分指令是基本的必不可少的，例如：传送指令、加法指令等。指令系统中还有一部分指令，例如：乘法指令、除法指令、浮点运算指令等，既可以用硬件实现，由指令系统直接提供这类指令，也可以用其他指令编程实现，但这两种不同的实现方法在执行时间和编写程序的难易程度上差别很大。

2. 有效性

指令系统的有效性是指该指令系统所编制的程序能够高效率地运行。高效率主要体现在该指令系统编制的程序静态占存储空间小、动态执行速度快两个方面。

3. 规整性

指令系统的规整性包括指令系统的对称性、匀齐性和指令格式与数据格式的一致性。

指令系统的对称性是指在指令系统中，所有的寄存器和存储器单元都可同等对待；所有的指令都可使用各种寻址方式。指令的这一性质对于简化汇编程序设计，提高程序的可读性非常有用。

指令系统的匀齐性是某种操作性质的指令可以支持各种数据类型，如算术运算指令可支持字节、字和双字整数运算，十进制数运算和单、双精度浮点运算等。指令的这种性质，可以使汇编程序设计和高级语言编译程序无需考虑数据类型而选用指令可提高编程的效率。

指令格式与数据格式的一致性是指：指令长度与数据长度有一定的关系，通常指令长度与数据长度均为字节的整数倍。

4. 兼容性

兼容性是指某机器上的软件可以不加任何修改能在另一台机器上正确运行。指令系统的兼容性可以使大量已有的软件得到继承，减少软件的开发费用，使新机种一出现就能继承老机种的丰富软件，深受广大新老用户的欢迎。

4.2　指令格式

机器指令必须规定硬件要完成的操作，并指出操作数或操作数地址。指令一般的格式如下：

操作码 OP	地址码 D

4.2.1　操作码

指令的操作码表示该指令进行什么性质的操作。它一般出现在指令的左端。

指令的操作码性质如下：

（1）每条指令都要规定一个操作码；

（2）不同的指令采用不同的编码，CPU 通过指令译码器来解释每个操作码；

（3）操作码的位数由指令系统规模决定。

操作码一般分为等长操作码和非等长操作码两种：

等长操作码：（指令规整，译码简单）例如 IBM 370 机，该机字长 32 位，16 个通用寄存器 $R_0 \sim R_{15}$，共有 183 条指令；指令的长度可以分为 16 位、32 位和 48 位等几种，所有指令的操作码都是 8 位固定长度。

非等长操作码：（设计复杂，功能强大）主要根据 Huffman 编码和扩展操作码法进行设计。

4.2.2　地址码

根据一条指令中地址码的个数，可将该指令称为几地址指令或几操作数指令。

1. 三地址指令

最初的机器指令包含 3 个地址，存放第一个操作数的单元地址、存放第二个操作数的单元地址和存放操作结果的单元地址，格式如下：

OP	D1	D2	D3

执行 (D1) OP (D2)→D3

表示地址为 D1 的单元内容，和地址为 D2 的单元内容执行 OP 操作，结果存入地址为 D3 所指出的单元。

三地址指令中的地址太多，使得指令字长，占存储器空间多，运行效率低，现在不常使用。

2. 二地址指令

操作结果可存回某一个操作数单元，这个操作数称为目标操作数，另一个操作数称源操作数，这样就产生二地址指令：

OP	D1	D2

执行 (D_1) OP $(D_2) \to D_2$

3. 单地址指令

如果用 CPU 中一个专用寄存器 A（称累加器）作为目标操作数，又可以省去一个地址，这样，就产生单地址指令：

OP	D

执行 (D) OP $(A) \to A$

单地址指令短，由于一个操作数已经在 CPU 内，所以执行速度也快。

4. 零地址指令

这类指令无操作数，所以无地址码。例如空操作、停机等不需要地址的指令，或者操作数隐含在堆栈中，其地址由栈指针给出。

从缩短程序长度、用户使用方便、增加操作并行度等方面来看，选用三地址指令较好；从缩短指令长度、减少访存次数、简化硬件设计等方面来看，一地址指令较好。对于同一个问题，用三地址指令编写的程序最短，但指令长度最长，而用二、一、零地址指令来编写程序，程序的长度一个比一个长，但指令的长度一个比一个短。

4.2.3 指令字长度

一个指令字中包含二进制代码的位数，称为指令字长度。而机器字长是指计算机能直接处理的二进制数据的位数，它决定了计算机的运算精度。机器字长通常与主存单元的位数一致。

计算机中指令字长有：单字长指令、半字长指令、双字长指令三种形式。若指令字长等于机器字长的指令，称单字长指令；若指令字长等于机器字长一半的指令，称半字长指令；若指令字长等于机器字长两倍的指令，称双字长指令。

例 1 某指令系统采用定长的指令格式，设指令字长为 16 位，每个地址码的长度为 6 位，指令分为二地址指令、一地址指令和零地址指令三类。若二地址指令为 K 种，零地址指令为 L 种，问一地址指令最多能设计多少种？

解：画出三类指令的指令格式如图 4-2 所示。

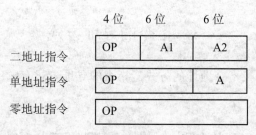

图 4-2 三类指令的指令格式

设一地址指令为 X 种，根据题意，有：

$$((2^4 - K) \times 2^6 - X) \times 2^6 \geqslant L$$

$$X \leqslant 2^{10} - K \times 2^6 - L \times 2^{-6}$$

所以，一地址指令最多能设计 $[2^{10} - K \times 26 - L \times 2^{-6}]$ 种（加括号"[ ]"表示取整）。

使用多字长指令的目的，在于提供足够的地址位来解决访问内存任何单元的寻址问题，但是使用多字长指令的一个主要缺点是必须两次或多次访问内存以取出一整条指令，这就降低了 CPU 的运算速度，同时又占用了更多的存储空间。

在一个指令系统中，如果各种指令字长度是相等的，称为等长指令字结构，他们可以都是单字长指令或半字长指令。这种指令字结构简单，且指令字长度是不变的。如果各种指令字长度随指令功能而异，比如有的指令是单字长指令，有的指令是双字长指令，就称为变长指令字结构。这种指令字结构灵活，能充分利用指令长度，但指令的控制较复杂。

4.2.4　指令助记符

由于硬件只能识别 0 和 1，所以采用二进制操作码是必要的，但是我们用二进制来书写程序却非常麻烦。为了便于书写和阅读程序，每条指令通常用 3 个或 4 个英文缩写字母来表示，这种缩写码叫做指令助记符，如表 4-1 所示。这里我们假定指令系统只有 7 条指令，所以操作码只需 3 位二进制。

表 4-1　典型的指令助记符

典型指令	指令助记符	二进制操作码
加法	ADD	001
减法	SUB	010
传送	MOV	011
跳转	JMP	100
转子	JSR	101
存储	STR	110
读数	LDA	111

需注意的是，在不同的计算机中，指令助记符的规定是不一样的。

我们知道，硬件除了能识别二进制码以外不懂别的语言。因此，指令助记符还必须转换成与它们相应的二进制操作码。这种转换借助汇编语言可以自动完成，汇编程序相当于一个"翻译"。

4.3　指令的寻址方式

指令的寻址方式是寻找指令地址的方式，指令的寻址方式有顺序寻址方式和跳跃寻址方式两种。

1. 顺序寻址方式

程序中的指令序列在主存中是顺序存放的，如果指令逐条顺序执行，即下条将要执行的指令就在本条指令的后面。这种指令的顺序执行过程称为指令顺序寻址。为了实现顺序寻址方式，一般在 CPU 中设置一个程序计数器 PC（Program Count），对指令地址进行顺序计数。PC 存放着指令地址，CPU 根据 PC 内容取出这条指令后，PC 中的内容会自动加 1，指出下一条将要执行指令的地址。

2. 跳跃寻址方式

当程序中出现分支或循环时，按指令功能及指令执行条件，可能会改变指令的执行顺序，需要采用跳跃寻址方式。所谓跳跃，就是指下一条将要执行的指令地址不是通过程序计数器 PC 内容加 1 获得的，而是由指令本身给出。指令系统中的无条件转移、条件转移、循环等指令就是为跳跃寻址方式而设置的。当执行 1001 单元内的指令后，(PC)+1→PC，(PC)=1002，当执行 1002 单元内的指令 JMP 2000 后，指令中给出的指令跳跃地址 2000 送给 PC。若 2000 单元内指令不是跳跃寻址方式指令时，PC 又开始顺序寻址。

4.4　操作数寻址方式

前面已经讲过，指令不仅要规定所执行的操作，还要给出操作数或操作数的地址。指令如何指定操作数或操作数地址称为寻址方式。寻址方式也是指令系统的一个重要内容。确定一台计算机指令系统的寻址方式时，有以下几点必须考虑：

（1）希望指令内所含地址尽可能短；

（2）希望能访问尽可能大的存储空间；

（3）寻址方法尽可能简单；

（4）在不改变指令的情况下，仅改变地址的实际值，从而能方便地访问数组、串、表格等较复杂数据。

常用的寻址方式有以下几类。

1. 立即寻址

指令直接给出操作数本身，这种寻址方式又称立即数寻址。

格式如下：

OP	操作数

在按字节编址的机器中，8 位和 16 位立即数指令的格式如图 4-3 所示。

存储器地址	存储器内容
n	操作码
n+1	8 位立即数
n+2	下条指令

（a）8 位立即数

存储器地址	存储器内容
n	操作码
n+1	立即数低 8 位
n+2	立即数高 8 位
n+3	下条指令

（b）16 位立即数

图 4-3　立即寻址指令

2. 直接寻址

指令直接给出操作数地址。

格式如下：

OP	操作数地址

在按字节编址并采用 16 位地址的机器中，直接寻址指令的格式如图 4-4 所示。

存储器地址	存储器内容
n	操作码
n+1	操作数地址低 8 位
n+2	操作数地址高 8 位
n+3	下条指令

图 4-4　直接寻址

3. 间接寻址

指令给出存放操作数地址的存储单元地址。

格式如下：

OP	@间接地址

其中@是间接寻址标志。单级间接寻址过程如图 4-5 所示。计算机中还可以有多重间址。指令在存储器中的存放形式与直接寻址类似。

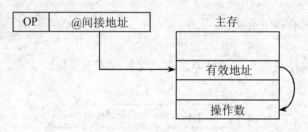

图 4-5　单级间接寻址

4. 寄存器（直接）寻址

操作数在指令指定的 CPU 的某个寄存器中。

格式如下：

OP	寄存器号

或者

OP	寄存器号 1	寄存器号 2

上面给出的两种格式中，前一种是单操作数指令，或者两个操作数中有一个是隐含给出（如累加器）；后一种为两个操作数均在寄存器中。

寄存器寻址有以下优点：

（1）CPU 寄存器数量远小于内存单元，所以寄存器编号比内存地址短，因而寄存器寻址方式指令短；

（2）操作数已在 CPU 中，不用访存，因而指令执行速度快。

5. 寄存器间接寻址

操作数地址在指令指定的 CPU 某个寄存器中。如：8086 指令 MOV AX,[BX]，将以寄存器 BX 内容为地址，读出该内存单元内容送入 AX 寄存器。寄存器间接寻址指令也短，因为只要给出一个寄存器号而不必给出操作数地址。指令长度和寄存器寻址指令差不多，但由于要访问内存，寄存器间接寻址指令执行的时间比寄存器寻址指令执行的时间长。

6. 寄存器变址寻址

指令指定一个 CPU 寄存器（称为变址寄存器）和一个形式地址，操作数地址是二者之和。一般格式如下：

OP	寄存器号	形式地址

如：8086 指令 MOV AL,[SI+1000H]。其中 SI 为变址器，1000 为形式地址（或称位移量）。变址寄存器的内容可以自动"+1"或"-1"，以适合于选取数组数据，如图 4-6 所示。形式地址指向数组的始址，变址器 SI 自动"+1"，可以选取数组中所有元素。另外，某些计算机中还允许变址与间址同时使用。如果先变址、后间址，称为前变址；而先执行间址，后再变址，则称为后变址。

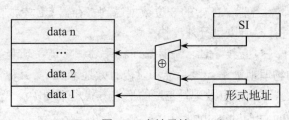

图 4-6 变址寻址

7. 相对寻址

相对寻址是把程序计数器 PC 的内容，加上由指令给出的形式地址而形成操作数地址。相对寻址实际上是规定了操作数和指令的相对位置，因而得名。采用相对寻址便于编制可浮动程序，这种程序随便放在内存什么位置，都能正常运行。和变址寻址计算地址的方法相比较，可以看出：相对寻址是以程序计数器 PC 作为变址寄存器的特殊变址寻址的情况。

8. 基址寻址

基址寻址是把由指令中给出的地址（或称位移量）与 CPU 中的某个基址寄存器相加而得到实际的操作数地址。

这种寻址方式看起来与变址寻址相同，两者都是某个寄存器内容和指令给出的地址之和，但实际用法却不同。

变址寻址主要解决程序内部的循环问题，例如"循环取数组中一个元素"等问题。而基址寻址则要求基址寄存器的内容能提供整个主存范围的寻址能力，指令给出的位移地址实际上指出了相对于基址的位移量。基址寻址为逻辑空间到物理空间的地址变换提供了支持，以便实现程序的动态再定位。例如，在多道程序运行环境下，每一个用户程序给定一个基地址，只要改变基址内容，就可以方便地实现程序的再定位。

9. 隐含寻址方式

指令没有明显地给出操作数地址，而在操作码中隐含着操作数地址。例如单地址指令中只给出一个操作数地址，另一个操作数规定为累加器，它的地址就是隐含的。另外，如堆栈指令，其操作数在堆栈内，指令中无需指出具体地址。

10. 其他寻址方式

有的计算机指令系统中还有更复杂的寻址方式，如基址变址寻址、位寻址、块寻址、串寻址等，这里不再赘述。

4.5 80X86 操作数的基本寻址方式举例

常用的 Intel 80X86 寻址方式有下面几种：

1. 操作数在指令字中——立即寻址（Immediate Addressing）

指令所需的操作数在指令代码中，由指令直接给出，立即寻址方式的操作数称为立即数。例如：指令 MOV BX,1234 的功能是将立即数 1234 送寄存器 BX。在指令中立即数只能作为源操作数，而不能作目的操作数。它主要用于给寄存器、主存单元赋初值。

2. 操作数在寄存器中——寄存器寻址（Register Addressing）

指令所需的操作数在 CPU 内部的寄存器（通用寄存器和段基址寄存器）中。例如：指令 MOV CL,AH 的功能是将寄存器 AH 中的 8 位数据送到寄存器 CL 中，由于存取这类操作数的操作完全在 CPU 内部进行，所以执行速度快。

3. 操作数在主存中——直接寻址、寄存器间接寻址、变址寻址和基址变址寻址方式

操作数在主存中的物理地址由：段基址和段内有效地址 EA（又称偏移量）两部分组成。操作数在主存中寻址方式不同，有效地址 EA 的形成方式也不同。

（1）直接寻址（Direct Addressing）。

直接寻址方式中，EA 由指令地址字段直接提供，可以是 16 位的，也可以是 8 位的。

例如：指令 MOV BL,[4321]的功能为将有效地址为 4321 的主存单元内容送寄存器 BL。

（2）寄存器间接寻址（Register Indirect Addressing）。

操作数的 EA 由寄存器 BX、BP、SI 或 DI 某个寄存器间接提供，即寄存器内容就是有效地址 EA。

例如：指令 MOV CX,[BP]的功能为将有效地址为（BP）主存单元内容送寄存器 CX。

（3）基址寻址（Based Addressing）和变址寻址（Indeed Addressing）。

操作数的有效地址 EA 是基址寄存器（BX 或 BP）或变址寄存（SI 或 DI）与指令给出的地址字段的位移量（8 位或 16 位）两个地址分量之和。这个位移量可以是常量，也可以是变量的偏移地址参加运算。使用 BX 或 BP 基址寄存器的寻址方式叫基址寻址，使用 SI 或 DI 变址寄存器的寻址方式叫变址寻址。

（4）基址加变址寻址（Based Indexed Addressing）。

操作数的有效地址 EA 是三个地址分量之和，一个是基址寄存器（BX 或 BP）内容，一个是变址寄存器（SI 或 DI），一个是指令字地址字段给出的位移量。

即：EA＝(SI)或(DI)+(BX)或(BP)+Disp8 或 Disp16

注意：这种寻址方式中两个基址寄存器 BX、BP 只能取一个，两个变址寄存器 SI、DI 亦只能取一个。

4.6　指令格式的设计

4.6.1　操作码优化法——霍夫曼（Huffman）编码

研究操作码的优化问题，就是要在足够表达全部指令的前提下，使操作码字段占用的位数最少。

最优化的编码方式是 Huffman 编码法，它编码的原则是：对使用频度（指在程序中出现的概率）较高的指令，分配较短的操作码字段；对使用频度较低的指令，分配较长的操作码字段。每条指令在程序中使用的频度，一般可通过大量的典型程序进行统计而求得。如果指令系统共有 n 条指令，则其平均码长较之等长操作码编码的平均码长短。

在进行操作码优化时，先构造 Huffman 树。

构造 Huffman 树的方法是：将所有指令的使用频度由小到大排序，每次选择其中两个频度最小的结点合并成一个频度是它们两者之和的新结点，再放到余下的结点之中，继续找出两个频度最小的结点再结合，直至全部频度结合完毕形成根结点为止。然后，对每个结点的两个分支分别用二进制的 0 和 1 来标识。这样，从根结点出发到不同频度的叶结点间所经过的 0、1 代码就是该指令的 Huffman 编码。

Huffman 编码的具体码值不唯一，但平均码长肯定是唯一的，而且是平均码长最短的二进制位编码。

例 1　某计算机有 10 条指令，它们的使用频率分别为

　　　　　　0.30, 0.20, 0.16, 0.09, 0.08, 0.07, 0.04, 0.03, 0.02, 0.01

（1）用霍夫曼编码对它们的操作码进行编码，并计算平均代码长度。

（2）用扩展霍夫曼编码法对操作码进行编码，限两种操作码长度，并计算平均代码长度。

答：（1）霍夫曼树如图 4-7 所示。

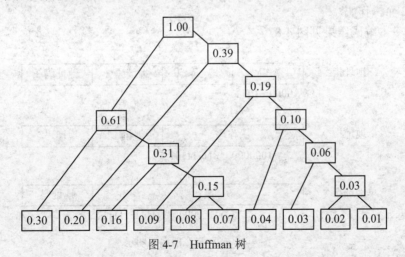

图 4-7　Huffman 树

霍夫曼编码的结果：

0.30	0.20	0.16	0.09	0.08	0.07	0.04	0.03	0.02	0.01
11	01	101	001	1001	1000	0001	00001	000001	000000

各编码的长度：

| 2 | 2 | 3 | 3 | 4 | 4 | 4 | 5 | 6 | 6 |

平均代码长度为：

$$(0.30+0.20)\times 2+(0.16+0.09)\times 3+(0.08+0.07+0.04)\times 4+0.03\times 5+(0.02+0.01)\times 6$$
$$=1+0.75+0.76+0.15+0.18=2.84$$

（2）采用长度为 2 和长度为 4 两种编码：

0.30	0.20	0.16	0.09	0.08	0.07	0.04	0.03	0.02	0.01
00	01	1000	1001	1010	1011	1100	1101	1110	1111

平均代码长度为：

$$(0.30+0.20)\times 2+(1-0.30-0.20)\times 4=3.0$$

4.6.2　地址码优化设计

地址码优化设计的原则如下：

（1）根据指令进行调整，综合考虑操作码与地址码（根据地址码数量调整操作码的长度）；

（2）保证指令长度为字长或字节的整数倍。

例 2　若某计算机要求有如下形式的指令：三地址指令 8 条，二地址指令 126 条，单地址指令 32 条（不要求有零地址指令）。设指令字长为 16 位，每个地址码长为 4 位，试用扩展操作码为其编码。

解：在三地址指令中三个地址字段占 $3\times 4=12$ 位。剩下 $16-12=4$ 位作为操作码，8 条指令的操作码分别为 0000、0001、…、0111。

在二地址指令中，操作码可以扩展到 8 位，其中前 4 位的代码是上述 8 个操作码以外的 8 个编码，即首位为 1。编码范围是 1xxxxxxx。共有 $2^7=128$ 个编码，取其前 126 个，10000000～11111101。剩下 2 个作为扩展用。

对于单地址指令，操作码扩展到 12 位，其中前 8 位剩下 2 个编码与后 4 位的 16 个编码正好构成 32 个操作码。

三种指令的编码结果见图 4-8。

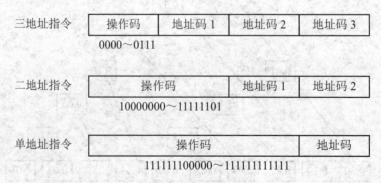

图 4-8　三种指令的编码图示

4.7　RISC 与 CISC

1. 背景

随着 VLSI 技术的迅速发展，计算机的硬件成本不断下降，软件成本不断上升。为此，人们在设计指令系统时增加了越来越多功能强大的复杂命令，以便使机器指令的功能接近高级语言语句的功能，给软件提供较好的支持。目前许多计算机的指令系统可包含几百条指令，十多种寻址方式，这对简化汇编语言设计，提高高级语言的执行效率是有利的。我们称这些计算机为"复杂指令集计算机"，简称 CISC（Complex Instruction Set Computer）。

使指令系统越来越复杂的出发点有以下几点：

（1）使目标程序得到优化：例如设置数组运算命令，把原来要用一段程序才能完成的功能，只用一条指令来实现；

（2）给高级语言提供更好的支持：高级语言和一般的机器语言之间有明显的语义差别。改进指令系统，设置一些在语义上接近高级语言语句的指令，就可以减轻编译的负担，提高编译效率；

（3）提供对操作系统的支持：操作系统日益发展，其功能也日趋复杂，这就要求指令系统提供越来越复杂的功能。

但是，复杂的指令系统使得计算机的结构也越来越复杂，这不仅增加了计算机的研制周期和成本，而且难以保证其正确性，有时还可能降低系统的性能。实践证明，各种指令的使用频率相当悬殊，在如此庞大的指令系统中，只有算术逻辑运算、数据传送、转移、子程序调用等几十条基本指令才是最常使用的，它们在程序中出现的概率占到 80%以上，而需要大量硬件支持的复杂指令的利用率却很低，造成了硬件资源的大量浪费。

2. 精简指令集计算机 RISC（Reduced Instruction Set Computer）

1975 年 IBM 公司开始研究指令系统的合理性问题，IBM 的 John.cocke 提出精简指令系统的想法。后来美国加州伯克莱大学的 RISC I 和 RISC II 机、斯坦福大学的 MIPS 机的研究成功，为精简指令系统计算机的诞生与发展起了很大作用。

精简指令系统计算机的着眼点不是简单地放在简化指令系统上，而是通过简化指令使计算机的结构更加简单合理，从而提高机器的性能。RISC 与 CISC 比较，其指令系统的主要特点为：

（1）指令数目较少，一般都选用使用频度最高的一些简单指令；

（2）指令长度固定，指令格式种类少，寻址方式种类少；

（3）多数指令可在一个机器周期内完成；

（4）通用寄存器数量多，只有存数/取数指令访问存储器，而其余指令均在寄存器之间进行操作。

例如加州大学伯克利分校研制的 RISC II 机只有 39 条指令，两种指令格式，寻址方式也只有两种。前面介绍的 PowerPC 为典型的 RISC 机，上述特点也是非常明显的。

采用 RISC 技术后，由于指令系统简单，CPU 的控制逻辑大大简化，芯片上可设置更多的通用寄存器，指令系统也可以采用速度较快的硬连线逻辑来实现，且更适合于采用指令流水技术，这些都可以使指令的执行速度进一步提高。指令数量少，固然使编译工作量加大，但由于指令系统中的指令都是精选的，编译时间少，反过来对编译程序的优化又是有利的。CISC 和 RISC 技术都在发展，两者都各有自己的优点和缺点。但是 RISC 技术作为一种新的设计思想，无疑对计算机的发展产生重大影响。

3. CISC 与 RISC 之争论

20 世纪 70 年代中期，IBM 公司、斯坦福大学、加州大学伯克利分校等机构分别先后开始对 CISC 技术进行研究，其成果分别用于 IBM、SUN、MIPS 等公司的产品中，成为第一代 RISC 计算机。到了 80 年代中期，RISC 技术蓬勃发展，广泛使用，并以每年翻番的速度发展，且先后出现了 PowerPC、MIPSR4400、MC88000、Super Spare、Intel0860 等高性能 RISC 芯片以及相应的计算机。这时也同时出现了不少赞美 RISC 优点的文章，甚至认为非 RISC 莫属。当然，这也遭遇到计算机结构主流派的反对。这种争论延续了数年，目前早已平息。这是因为 RISC 也随着速度、芯片密度的不断提高，使 RISC 系统日趋复杂，而 CISC 机也由于采用了部分 RISC 先进技术（如强调指令流水线、分级 Cache 和多设通用寄存器），其性能更加提高。

4.8 指令系统举例

4.8.1 IBM 370 系列机指令格式

IBM 370 系列机指令格式如图 4-9 所示，它分为 RR 型（RRE 型）、RX 型、RS 型、SI 型、S 型、SS 型及 SSE 型指令等几类。其中 RR 型指令为半个字长（16 位），SS 型（及 SSE 型）指令为一个半字长（48 位），其余指令为单字长指令（32 位）。

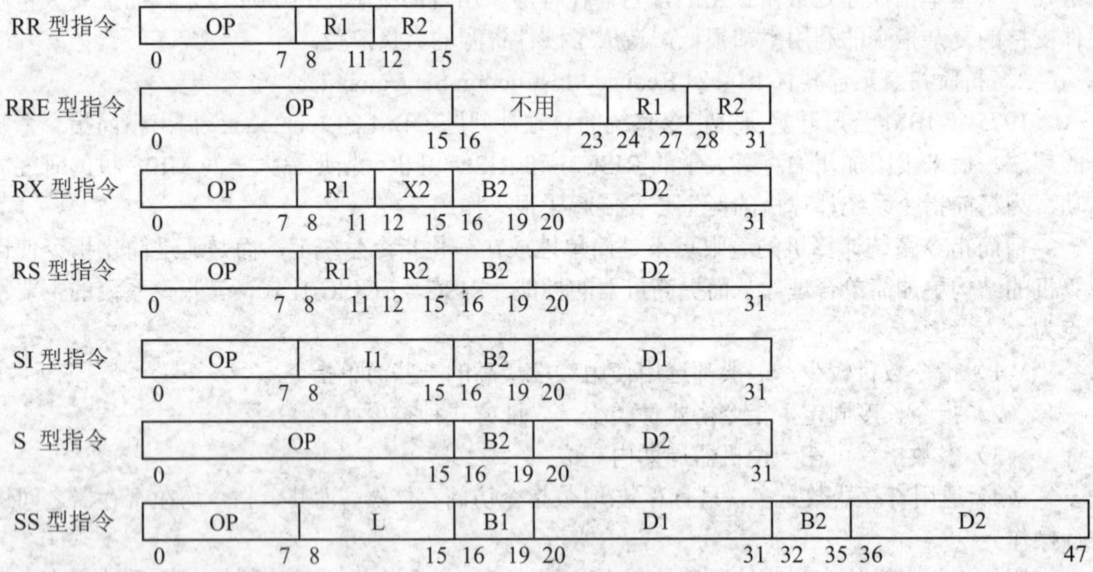

图 4-9 IBM 370 系列机指令系统

RRE、S、SSE 型指令的操作码为 16 位，其余指令的操作码均为 8 位。操作码的第 0 位和第 1 位组成四种不同的编码，代表四种不同的指令：

00 表示 RR 型指令，01 表示 RX 型指令，10 表示 RRE 型、RS 型、S 型及 SI 型指令，11

表示 SS 型和 SSE 型指令，RR 型指令和 RRE 型指令都是寄存器－寄存器型指令，即两个操作数都是寄存器操作数，其不同仅仅是 RRE 指令的操作码扩充为 16 位。

RX 型指令和 RS 型指令都是寄存器－存储器型指令，其中 RX 型是二地址指令：第一个操作数和结果放在 R1 中，另一个操作数在主存中，采用变址寻址方式，有效地址=(X2)+(B2)+D2，B2 为基址寄存器，D2 为位移量，x 为变址寄存器号。

RS 型是三地址指令：R1 存放结果，R2 放一个源操作数，另一个源操作数在主存中，其有效地址=(B2)+D2。

SI 型是立即数指令，S 型是单操作数指令。

SS 和 SSE 型指令是可变字长指令，用于字符串的运算和处理，L 为串之长度（或由 L1 与 L2 各 3 位组成）。SSE 指令与 SS 指令之差别是 SS 指令中的 L 字段（8～15 位）扩展成操作码。

4.8.2　PDP-11 指令格式

PDP-11 是一个具有 8 个寄存器（R0～R7）、16 位字长的小型计算机。其中，R0～R5 为通用寄存器，R7 是程序计数器 PC，R6 是栈指针 SP。为了便于 8 位运算，PDP-11 的存储器按字节编址。这样，每个字的地址都是偶数。

基本指令字长为 16 位，操作码字段长度不定。

双操作数指令：操作码 4 位，每个地址码 6 位，地址码由 3 位寄存器号和 3 位寻址方式字段构成，如图 4-10（a）所示：

单操作数指令：操作码 10 位，地址码 6 位。如图 4-10（b）所示。

转移指令：如图 4-10（c）所示，转移地址（相对转移）由 8 位位移量指出。

条件码操作指令：如图 4-10（d）所示，低 5 位为条件标志。

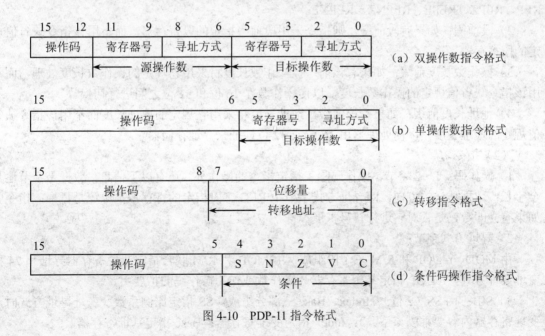

图 4-10　PDP-11 指令格式

　　由于寻址方式的规定，如果指令下一字单元或下两个字单元也算指令的一部分的话，PDP-11 指令格式中会出现 32 位和 48 位的指令。

4.8.3　Pentium 指令系统

1. 指令格式

Pentium 采用可变长指令格式，最短的指令只有一个字节，最长的指令可有十几个字节。其指令由以下几个部分组成：

前缀位于指令操作码前，各类前缀的字节数如图 4-11 所示。

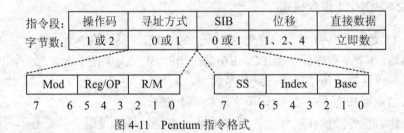

前缀类型：	指令前缀	段前缀	操作数长度	地址长度
字节数：	0 或 1	0 或 1	0 或 1	0 或 1

指令段：	操作码	寻址方式	SIB	位移	直接数据
字节数：	1 或 2	0 或 1	0 或 1	1、2、4	立即数

Mod	Reg/OP	R/M		SS	Index	Base
7	6 5 4 3	2 1 0		7	6 5 4 3	2 1 0

图 4-11　Pentium 指令格式

指令各部分的长度和含义如下：

（1）前缀。前缀不是每条指令必须有的。如果有的话，各种前缀也都是可选的。

1）指令前缀：指令前缀由 LOCK 前缀和重复操作前缀组成。LOCK 前缀在多机环境下规定是否对共享的存储器以独占方式使用；重复操作前缀表示重复操作的类型，有以下几种：REP、REPZ、REPE、REPNZ、REPNE。

2）段前缀：如果有段前缀，则指令采用段前缀指定的段寄存器，而不用该指令缺省值规定的段寄存器。

3）操作数长度前缀：如果有该前缀，操作数长度将采用它规定的操作数长度处理，而不用该指令缺省值规定的操作数长度，以便操作数在 16 位和 32 位之间进行切换。

4）地址长度前缀：如果有该前缀，地址长度将采用它规定的地址长度而不用该指令缺省值规定的地址长度，以便处理器用 16 位或 32 位地址来寻址存储器。

（2）指令。

1）操作码：1～2 字节，操作码除了指定指令的操作外，还有以下信息：数据是字节还是全字长；数据传送的方向，即寻址方式字节中 REG 字段指定的寄存器是源还是目标；指令中如果有立即数，是否对它进行符号扩展。

2）寻址方式字节：

由 MOD、reg/OP 和 R/M 三个段组成，由 MOD 和 R/M 联合指定 8 种寄存器寻址和 24 种变址寻址方式，reg/OP 指定某个寄存器为操作数或作为操作码的扩展用。

3）SIB：由 SS（2 位）、Index、Base 三部分组成。SS 指定比例系数（变址寻址方式时，变址寄存器内容要乘以该系数）；Index 指定变址寄存器；Base 指定基址寄存器。

4）位移量：指令中如果有位移量，可以是 1、2 或 4 个字节。

5）直接数据：指令中如果有立即数，可以是 1、2 或 4 字节。

2. 寻址方式

（1）Pentium 物理地址的形成。

Pentium 物理地址按图 4-12 所示方法形成。Pentium 的逻辑地址包括段和偏移量，段号经过段表直接得到该段的首地址和有效地址（即段内偏移）相加形成一维的线性地址。如果采用页式存储管理，线性地址再转化为实际的物理地址。后一个步骤与指令系统无关，由存储管理程序实现，对程序员来讲是透明的，因此下面讨论的寻址方式仅涉及线性地址的产生。

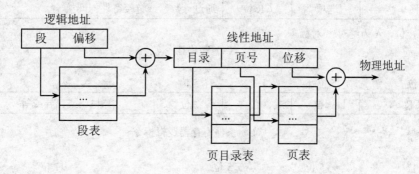

图 4-12　Pentium 物理地址的形成

（2）Pentium 的寻址方式。

表 4-2 列出了 Pentium 的主要寻址方式。

表 4-2　Pentium 的寻址方式

寻址方式	说明
立即寻址	指令直接给出操作数
寄存器寻址	指定的寄存器 R 的内容为操作数
位移	LA=(SR)+A
基址寻址	LA=(SR)+(B)
基址加位移	LA=(SR)+(B)+A
比例变址加位移	LA=(SR)+(I)×S+A
基址加变址加位移	LA=(SR)+(B)+(I)+A
基址加比例变址加位移	LA=(SR)+(B)+(I)×S+A
相对寻址	LA=(PC)+A

注：LA－线性地址；(X)－X 的内容；SR－段寄存器；PC－程序计数器；R－寄存器；A－指令中给定地址段的位移量；B－基址寄存器；I－变址寄存器；S－比例系数。

4.8.4　Power PC 指令系统

Power PC 为 RISC 计算机，而不像 Pentium 为 CISC 计算机，因此，其指令格式和寻址方式要比一般 CISC 机简单、规整。

1. 指令格式

Power PC 采用单一的 32 位指令长度，格式规整，主要指令列于表 4-3 中，采用这种规整的指令格式，有利于简化指令执行部件的设计。

表 4-3　Power PC 指令简表

6 位	5 位	5 位	16 位		
条件转移	选项	CR 位	转移位移量	A	L
条件转移	选项	CR 位	通过计数器或链接寄存器间接		L
无条件转移	选项	CR 位	通过计数器或链接寄存器间接		L

注：L 为连接位，A 为绝对/相对标志

（a）转移指令

6 位	5 位	5 位	5 位		
CR	目标位	源位	源位	与、或、异或等	/

（b）条件寄存器逻辑指令

6 位	5 位	5 位	11 位		
取数/存数间接	目标寄存器	基址寄存器	位移		
取数/存数间接	目标寄存器	基址寄存器	变址寄存器	大小、符号、更新	/
取数/存数间接	目标寄存器	基址寄存器	位移		XO

（c）取数/存数指令

6 位	5 位	5 位	16 位				
算术运算	目标寄存器	源寄存器	源寄存器	O	ADD、SUB 等		R
ADD SUB 等	目标寄存器	源寄存器	有符号立即数				
逻辑运算	目标寄存器	源寄存器	源寄存器	ADD、SUB 等			R
AND、OR 等	目标寄存器	源寄存器	有符号立即数				
环移	目标寄存器	源寄存器	移位量	屏蔽起点	屏蔽终点		R
环移 平移	目标寄存器	源寄存器	源寄存器	移位类型或屏蔽			R
环移	目标寄存器	源寄存器	移位量	屏蔽字		XO	S	R
环移	目标寄存器	源寄存器	移位量	屏蔽字		XO		R
平移	目标寄存器	源寄存器	源寄存器	类型或屏蔽			S	R

（d）整数算术/逻辑运算及环移/平移指令

浮点运算	目标寄存器	源寄存器	源寄存器	源寄存器	浮点加等	R

（e）浮点运算指令

注：A—绝对或 PC 相对；L—链接至子程序；O—将溢出标志记录到 XER 中；R—将状态标志记录到 CR1 中；XO—操作码扩展；S—移位量字段的一部分

所有指令的最高 6 位都是操作码，有的指令将其他一些位作为操作码扩展。取数/存数指令在操作码后为 2～3 个 5 位的寄存器字段，各自选取 32 个寄存器之一。

转移指令中有一位为链接指示（L），表示是否将紧接着该指令的指令地址送入链接寄存器（返回地址）。两种转移指令中还有一个 A 标志位，指明地址是绝对地址还是相对于 PC 的地址。CR 位字段指明转移条件要对条件寄存器（标志寄存器）中哪一位进行测试，选项字段指定的几个转移方法。

大多数运算类指令（定点算术、浮点算术和逻辑运算）都有一个 R 标志位，用来表示是否将运算结果的有关标志写入到条件寄存器中去，这在条件转移预测时很有用。

浮点运算指令有三个源寄存器字段，大多数情况下只用到两个寄存器，少数指令将两个数相乘然后加上或减去第三个数，这类指令在一些常见的运算（如矩阵内积计算）中很有用。

2. 寻址方式

Power PC 是 RISC 机，它采用较简单的寻址方式。

（1）取数/存数指令的寻址方式。

这类指令主要有两种寻址方式：间接寻址和间接变址寻址。间接寻址其有效地址 EA=(BR)+D，BR 为基址寄存器，任何一个通用寄存器均可为基址寄存器；D 为 16 位（有正负）的位移量。间接变址寻址其有效地址 EA=(BR)+(IR)，IR 为变址寄存器，任一通用寄存器也均可作为变址寄存器。

（2）转移指令的寻址方式。

转移指令有以下几种寻址方式：

1）绝对地址。无条件转移和条件转移：指令分别给出 24 位和 16 位地址，均扩展为 32 位后形成转移地址。扩展的方法是，最低端补两个零，高端进行符号扩展。

2）相对寻址。如果是无条件转移，指令给出 24 位地址，将它按前述方法扩展后和 PC 相加即为下条指令地址；如果是条件转移，指令给出 14 位地址，按前述方法扩展后和 PC 相加作为下条指令地址。

3）间接寻址。下条指令的有效地址存放于链接寄存器或计数寄存器中。注意，若采用计数寄存器，此时计数寄存器不能再作计数器用。

本章小结

一台计算机中所有机器指令的集合，称为这台计算机的指令系统。指令系统是表征一台计算机性能的重要因素，它的格式与功能不仅直接影响到机器的硬件结构，而且也影响到系统软件。指令格式是指令字用二进制代码表示的结构形式，通常由操作码字段和地址码字段组成。

操作码字段表征指令的操作特性与功能，而地址码字段指示操作数的地址。目前多采用二地址、单地址、零地址混合方式的指令格式。指令字长度分为：单字长、半字长、双字长三种形式。高档微机采用 32 位长度的单字长形式。

形成指令地址的方式，称为指令寻址方式。有顺序寻址和跳跃寻址两种，由指令计数器来跟踪。形成操作数地址的方式，称为数据寻址方式。操作数可放在专用寄存器、通用寄存器、内存和指令中。数据寻址方式有隐含寻址、立即寻址、直接寻址、间接寻址、寄存器寻址、寄存器间接寻址、相对寻址、基值寻址、变址寻址、块寻址、段寻址等多种。按操作数的物理位置不同，有 RR 型和 RS 型。前者比后者执行的速度快。

不同机器有不同的指令系统。一个较完善的指令系统应当包含数据传送类指令、算术运算类指令、逻辑运算类指令、程序控制类指令、I/O 类指令、字符串类指令、系统控制类指令。RISC 指令系统是目前计算机发展的主流，也是 CISC 指令系统的改进，它的最大特点是：① 指令条数少；②指令长度固定，指令格式和寻址方式种类少；③只有取数/存数指令访问存储器，其余指令的操作均在寄存器之间进行。

习题4

1．一条指令通常由哪两个部分组成？指令的操作码一般有哪几种组织方式？各自应用在什么场合？各自的优缺点是什么？

2．计算机指令中要用到的操作数一般可以来自哪些部件？如何在指令中表示这些操作数的地址？通常使用哪些寻址方式？

3．什么是形式地址？简述对变址寻址、相对寻址、基地址寻址应在指令中给出些什么信息？如何得到相应的实际（有效）地址？各自有什么样的主要用法？

4．CISC（复杂指令系统计算机）和 RISC（精简指令系统计算机）计算机的指令系统的区别表现在哪里？它们各自追求的主要目标是什么？

5．指出下列 8086 指令中，源操作数和目的操作的寻址方式。

（1）PUSH　AX　　　　　　　　（2）XCHG　BX,[BP+SI]

（3）MOV　CX,03F5H　　　　　　（4）LDS　SI,[BX]

（5）LEA BX,[BX+SI]　　　　　　（6）MOV　AX,[BX+SI+0123H]

（7）MOV　CX,ES:[BX][SI]　　　　（8）MOV　[SI],AX

（9）XCHG AX,[2000H]

6．以某个寄存器的内容为操作数地址的寻址方式称为_____寻址。

　　A．直接　　　　　　B．间接　　　　　　C．寄存器直接　　　　D．寄存器间接

7．以下四种类型指令中，执行时间最长的是_____。

　　A．RR 型指令　　　B．RS 型指令　　　C．SS 型指令　　　　D．程序控制指令

8．寄存器间接寻址方式中，操作数处在_____。

　　A．通用寄存器　　　B．主存单元　　　C．程序计数器　　　D．堆栈

9．指令系统中采用不同寻址方式的目的主要是_____。

　　A．实现存储程序和程序控制

　　B．缩短指令长度，扩大寻址空间，提高编程灵活性

　　C．可以直接访问外存

　　D．提供扩展操作码的可能并降低指令译码难度

10．某模型机有 8 条指令，使用频率分别为：0.3，0.3，0.2，0.1，0.05，0.02，0.02，0.01。试用霍夫曼（Huffman）编码方法对其操作码进行编码，并计算其平均编码长度比定长操作码（用普通编码法编码）的平均编码长度减少多少？

11．若某机要求有如下形式的指令：三地址指令 4 条，单地址指令 255 条，零地址指令 16 条（不要求

有二地址指令）。设指令字长为 12 位，每个地址码长为 3 位，问能否以扩展操作码为其编码？如果其中单地址指令为 254 条呢？说明其理由。

12．一条双字长的指令存储在地址为 W 的存储器中。指令的地址字段位于地址为 W+1 处，用 Y 表示。在指令执行中使用的操作数存储在地址为 Z 的位置。在一个变址寄存器中包含 X 的值。试叙述 Z 是怎样根据其他地址计算得到的，假定寻址方式为：

（1）直接寻址。

（2）间接寻址。

（3）相对寻址。

（4）变址寻址。

13．一条相对转移指令长 4 个字节，存储在存储器中地址为 750_{10} 的地方，转移目标地址为 500_{10}。问：

（1）指令执行之后 PC 的值为多少？

（2）指令的相对地址字段的值为多少？

（3）如果采用补码表示相对地址字段，该指令的相对地址字段需要多少二进制位？

第 5 章　中央处理器

本章主要讲述 CPU 的功能和组成，控制器的基本概念，指令的执行过程，时序产生和控制方式，微程序控制器的组成和工作过程，指令流水线的概念及其表示方法。最后介绍多核处理器的基本概念。

- 掌握 CPU 的组成及工作原理、指令的执行过程、指令流水线的相关知识和多核处理的基本概念；
- 理解时序产生和控制方式、微程序控制器的组成和工作原理。

5.1　CPU 的功能和组成

5.1.1　CPU 的功能

计算机的所有工作归根结底都是通过执行程序来完成的。程序是若干条指令的一个有序集合，指令由操作码和地址码组成。指令操作码部分告诉计算机应该执行什么操作，指令地址码部分告诉计算机操作数的位置。程序若需要运行，一定要把程序先装入内存储器，然后就可以由计算机部件来自动完成取指令和执行指令的任务。专门用来完成此项工作的计算机部件称为中央处理机，简称为 CPU（Central Processing Unit）。主要由运算器和控制器组成。

CPU 是整个计算机系统的核心部件，对整个计算机系统的运行是极其重要的，它具有如下四方面的基本功能：

1. 指令控制

程序的顺序控制，称为指令控制。由于程序是一个指令序列，这些指令的相互顺序不能任意颠倒，必须严格按程序规定的顺序进行，因此，保证机器按顺序执行程序是 CPU 的首要任务。

2. 操作控制

一条指令的功能往往是由若干个操作信号的组合来实现的。因此，CPU 管理并产生由内存取出的每条指令的操作信号，把各种操作信号送往相应的部件，从而控制这些部件按指令的要求进行动作。

3. 时间控制

对各种操作实施时间上的定时，称为时间控制。因为在计算机中，各种指令的操作信号均受到时间的严格定时。另一方面，一条指令的整个执行过程也受到时间的严格定时。只有这样，计算机才能有条不紊地自动工作。

4．数据加工

所谓数据加工，就是对数据进行算术运算和逻辑运算处理。完成数据的加工处理，是 CPU 的根本任务。

5.1.2　CPU 的基本组成

随着计算机应用领域的扩大和超大规模集成电路的发展，CPU 内集成了越来越多的功能部件，如浮点处理器 FPU（Floating Processing Unit）、高速缓冲存储器 Cache 等，使 CPU 的组成越来越复杂，功能越来越强大。现代计算机的 CPU 已不是传统意义上的 CPU，但从原理上分析，它的最基本部分还是运算器、控制器以及寄存器组等。

1．运算器

运算器由算术逻辑单元（ALU）、累加寄存器、数据缓冲寄存器和状态条件寄存器组成，它是数据加工处理部件。相对控制器而言，运算器接受控制器的命令而进行动作，即运算器所进行的全部操作都是由控制器发出的控制信号来指挥的，所以它是执行部件。运算器有两个主要功能：

（1）执行所有的算术运算；

（2）执行所有的逻辑运算，并进行逻辑测试，如零值测试或两个值的比较。

通常，一个算术操作产生一个运算结果，而一个逻辑操作则产生一个判决。

2．控制器

控制器由程序计数器、指令寄存器、指令译码器、时序产生器和操作控制器组成，它是发布命令的"决策机构"，即完成协调和指挥整个计算机系统的操作。控制器的主要功能如下有：

（1）从内存中取出一条指令，并指出下一条指令在内存中的位置。

（2）对指令进行译码或测试，并产生相应的操作控制信号，以便启动规定的动作。比如一次内存读/写操作，一个算术逻辑运算操作，或一个输入/输出操作。

（3）指挥并控制 CPU、内存和输入/输出设备之间数据流动的方向。

图 5-1 给出一个可能的 CPU 模型。图中虚线左侧的部分为运算的组成，主要包括算术逻辑部件 ALU、累加寄存器、数据缓冲寄存器 DR 和状态字寄存器 PSW。右侧的部分除了数据 Cache 和指令 Cache，其他部分为控制器的组成，主要包括指令寄存器、指令译码器、时序发生器、操作控制器和程序计数器。

5.1.3　CPU 的主要寄存器

不同型号的计算机，CPU 的组成也不尽相同，但是在 CPU 中至少要有六类寄存器，这些寄存器是：指令寄存器、程序计数器、地址寄存器、缓冲寄存器、累加寄存器和状态条件寄存器。

1．指令寄存器（IR）

指令寄存器用来保存当前正在执行的一条指令。以图 5-1 为例，当执行一条指令时，先把它从指令 Cache 中读出，然后再传送至指令寄存器。指令由操作码和地址码字段组成，由二进制数字组成。为了执行任何给定的指令，必须对操作码进行测试，以便识别所要求的操作。指令译码器的部件就做这项工作。指令寄存器中操作码字段的输出就是指令译码器的输入。操作码一经译码后，即可向操作控制器发出具体操作的特定信号。

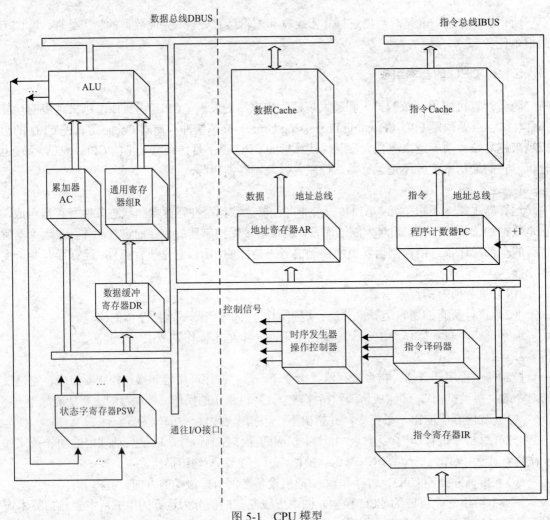

图 5-1　CPU 模型

2. 程序计数器（PC）

程序计数器（PC）通常又称为指令计数器。在程序开始执行前，必须将它的起始地址，即程序的第一条指令所在的内存单元地址送入 PC，因此 PC 的内容即是从内存提取的第一条指令的地址。当执行指令时，CPU 将自动修改 PC 的内容，以便使其保持的总是将要执行的下一条指令的地址。由于大多数指令都是按顺序来执行的，所以修改的过程通常只是简单的对 PC 加 1。

3. 地址寄存器（AR）

地址寄存器用来保存当前 CPU 所访问的数据 Cache 存储器中单元的地址。由于要对存储器阵列进行地址译码，所以必须使用地址寄存器来保持地址信息，直到内存的读/写操作完成为止。

4. 缓冲寄存器（DR）

数据缓冲寄存器用来暂时存放由内存储器读出的一条指令或一个数据字；反之，当向内存存入一条指令或一个数据字时，也暂时将它们存放在数据缓冲寄存器中。缓冲寄存器的作用如下：

（1）作为 CPU 和内存、外部设备之间信息传送的中转站；

（2）补偿 CPU 和内存、外围设备之间在操作速度上的差别；

（3）在单累加器结构的运算器中，数据缓冲寄存器还可兼作为操作数寄存器。

5. 累加寄存器（AC）

累加寄存器通常简称为累加器，它是一个通用寄存器。其功能是：当运算器的算术逻辑单元（ALU）执行算术或逻辑运算时，为 ALU 提供一个工作区。例如，在执行一个加法运算前，先将一个操作数暂时存放在 AC 中，再从内存中取出另一操作数，然后同 AC 的内容相加，所得的结果送回 AC 中，而 AC 中原有的内容随即被破坏。所以，顾名思义，累加寄存器是暂时存放 ALU 运算的结果信息。显然，运算器中至少要有一个累加寄存器。

6. 状态条件寄存器（PSW）

状态条件寄存器保存由算术指令和逻辑指令运行或测试的结果建立的各种条件码内容，如运算结果进位标志（C），运算结果溢出标志（V），运算结果为零标志（Z），运算结果为负标志（N）等。这些标志通常由 1 位触发器保存。

除此之外，状态条件寄存器还保存中断和系统工作状态等信息，以便使 CPU 和系统及时了解机器运行状态和程序运行状态。因此，状态条件寄存器是一个由各种状态条件标志拼凑而成的寄存器。

5.1.4　操作控制器与时序产生器

通常把许多寄存器之间传送信息的通路，称为数据通路。

操作控制器的任务就是在各寄存器之间建立数据通路。操作控制器的功能，就是根据指令操作码和时序信号，产生各种操作控制信号，以便正确地建立数据通路，从而完成取指令和执行指令的控制。

根据设计方法不同，操作控制器可分为时序逻辑型、存储逻辑型、时序逻辑与存储逻辑结合型三种。第一种称为硬布线控制器（又称组合逻辑控制器），它是采用时序逻辑技术来实现的；第二种称为微程序控制器，它是采用存储逻辑来实现的，第三种是前两种方式的组合。本书重点介绍微程序控制器。

操作控制器产生的控制信号必须定时，还必须有时序产生器。因为计算机高速地进行工作，每一个动作的时间是非常严格的，不能有任何差错。时序产生器的作用，就是对各种操作实施时间上的控制。

5.2　指令周期

计算机不管处理的是指令还是数据，都是二进制的代码，所以对于我们人来说，很难区分这些代码是指令还是数据。但是 CPU 却能识别这些二进制代码，它能准确地判别出哪些是指令字，哪些是数据字。通过指令执行过程的学习，我们就能够理解 CPU 的各个部件是如何来工作的，也就能理解 CPU 如何来识别指令字和数据字。

计算机不管处理复杂问题还是简单问题，都是通过执行指令来解决。CPU 总是从内存取出一条指令并执行；接着取下一条指令，执行下一条指令的这样一个周而复始的过程，若没有停机指令，这个循环会一直持续下去。CPU 每取出并执行一条指令，都要完成一系列的操作，这一系列操作所需的时间通常叫做指令周期。更简单地说，指令周期是取出并执行一条指令的时间。由于各种指令的操作功能不同，有的简单，有的复杂，因此各种指令的指令周期是不尽相同的。

指令周期常常用若干个 CPU 周期数来表示，CPU 周期也称为机器周期。由于 CPU 内部的操作速度较快，而 CPU 访问一次内存所花的时间较长，因此通常用内存中读取一个指令字的最短时间来规定 CPU 周期。这就是说，一条指令的取出阶段（通常称为取指）需要一个 CPU 周期时间。而一个 CPU 周期时间又包含有若干个时钟周期（通常称为节拍脉冲，它是处理操作的最基本单位）。

把一个 CPU 周期（机器周期）分为若干个相等的时间段，每一个时间段称为一个节拍，即时钟周期。节拍常用具有一定宽度的电位信号表示，称为节拍电位。节拍的宽度取决于 CPU 完成一次基本的微操作的时间。这些节拍的总和则规定了一个 CPU 周期时间的时间宽度。图 5-2 为采用定长 CPU 周期的指令周期示意图。由图我们可以看到，一条指令至少需要两个 CPU 周期才能完成，即取指令和执行指令各需要一个 CPU 周期。对于复杂指令来说，需要的 CPU 周期会更多。

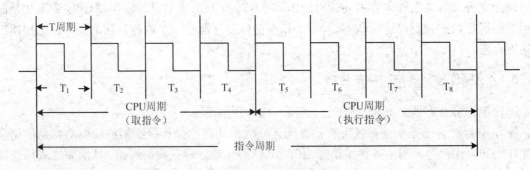

图 5-2　指令周期示意图

5.3　指令的执行过程

下面我们通过一个小程序来说明指令的执行过程。小程序中包括 5 条指令，如表 5-1 所示。这 5 条指令是有意安排的典型指令，既有算术运算指令，又有访存指令，还有程序转移指令。我们将通过 CPU 取出一条指令并执行这条指令的分解动作，来具体认识每条指令的指令周期。

表 5-1　五条典型指令组成的小程序

	八进制地址	指令助记符	说明
指令存储器	20	CLA	1．清零指令 CLA，执行结果累加器 AC 清零
	21	ADD 30	2．加法指令 ADD 执行为累加器(AC)+(30)→AC
	22	STA 40	3．存数指令 STA，将 AC 的内容存入数存 40 号单元中
	23	NOP	4．空操作指令 NOP，操作控制器不发出任何控制信号
	24	JMP 21	5．转移指令 JMP 改变程序的执行顺序到 21 号单元

续表

	八进制地址	八进制数据	说明
数据存储器	30 31 ⋮ 40	000 006 000 040 ⋮ 23→000 006	30 号单元中存放的内容为 6 执行 STA 指令后，数存 40 号单元的数据由 23 变成 6

5.3.1 CLA 指令的执行过程

CLA 指令的指令周期如图 5-3 所示。它需要两个 CPU 周期，其中取指周期需要一个 CPU 周期，执行周期需要一个 CPU 周期。

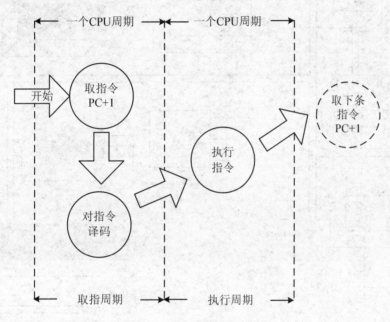

图 5-3 CLA 指令的指令周期

取指周期中 CPU 做的工作有：①从指存（指令 Cache 的简称）取出指令；②对程序计数器 PC 加 1，指示下一条指令的地址，为取下一条指令做准备；③对指令操作码进行译码或测试，以便确定该指令进行什么操作。

执行周期中 CPU 根据对指令操作码的译码或测试，进行指令所要求的操作。对 CLA 指令来说，执行周期中完成累加器 AC 清零的操作。

1. 取指周期

我们假定表 5-1 的小程序已经装入指存中，CLA 指令的取值周期如图 5-4 所示。在取指周期中，CPU 的动作如下：

（1）程序计数器 PC 中装入第一条指令地址 20（八进制）；

（2）PC 的内容被放到指令地址总线 ABUS（I）上，对指存进行译码，并启动读指令；

（3）从 20 号单元读出的 CLA 指令通过指令总线 IBUS 装入指令寄存器 IR；

（4）程序计数器 PC 的内容加 1，变成 21，为取下一条指令做准备；

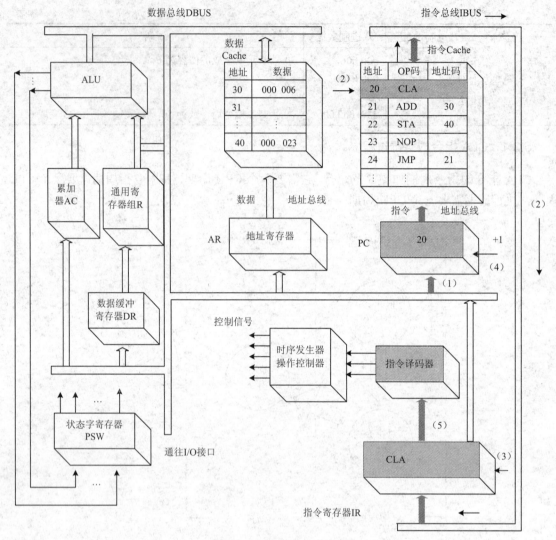

图 5-4   CLA 指令取指周期

（5）指令操作码（OP）部分送指令译码器进行译码；

（6）CPU 识别出 CLA 指令，取指周期结束。

2. 执行周期

CLA 指令的执行周期如图 5-5 所示，在此阶段，CPU 的动作如下：

（1）操作控制器 OC 送一控制信号给 ALU；

（2）ALU 响应控制信号，对 AC 清零，CLA 指令执行结束。

5.3.2   ADD 指令的执行过程

ADD 指令是加法指令，一个操作数来源于累加器 AC，另一个操作数来源于数存的 30 号单元，运算的结果存入 AC 中。指令周期需要两个 CPU 周期，与 CLA 指令周期相同，见图 5-3。其中一个是取指周期，ADD 指令以及下面的 STA、NOP、JMP 指令的取指周期与 CLA 的取指周期完全相同，见图 5-4。因此下面只讲执行周期，CPU 完成的动作如图 5-6 所示。

（1）操作控制器 OC 送出控制信号，将指令寄存器 IR 中的地址码放入地址寄存器 AR，该地址码为数存（数据 Cache 的简称）中存放操作数的地址；

（2）OC 发出操作命令，将地址寄存器 AR 中的操作数地址发送到地址总线上；

（3）OC 发出操作命令，读出操作数，并通过数据总线传送到数据缓冲寄存器 DR 中；

（4）OC 发出操作命令，ALU 响应控制信号，做加法运算；

（5）OC 发出操作命令，运算结果经过 DBUS 存入 AC 中，ALU 产生的进位信号保存在状态字寄存器 PSW 中。至此，ADD 指令执行结束。

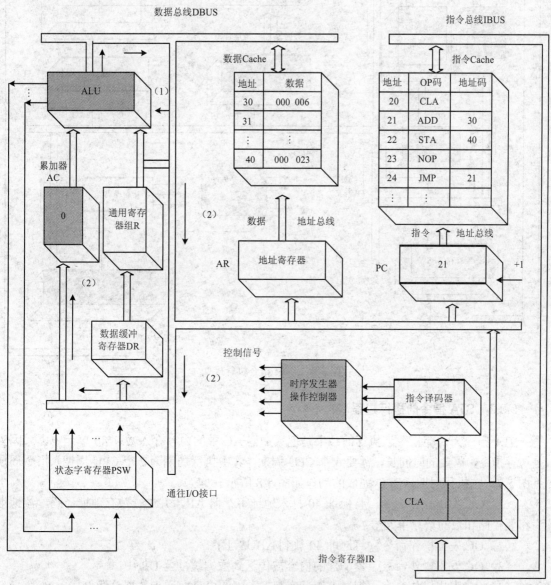

图 5-5 CLA 指令执行周期

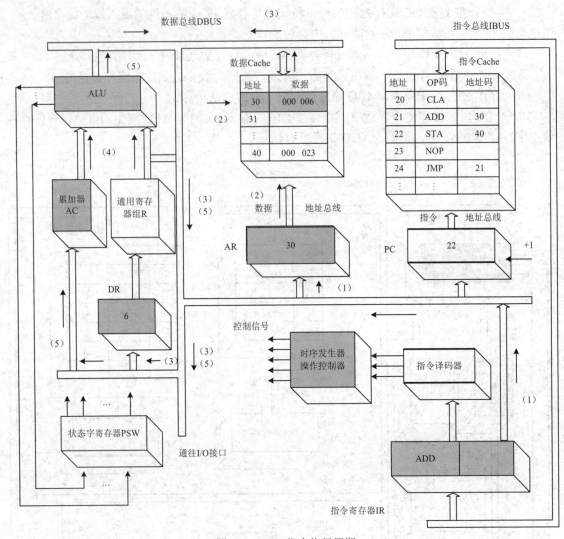

图 5-6 ADD 指令执行周期

5.3.3 STA 指令的执行过程

STA 指令为访存指令，执行的结果是把累加器 AC 中的内容存入数存 40 单元中去。因为是访存指令，需要的时间长，需要 3 个 CPU 周期，其中执行周期为 2 个 CPU 周期，指令周期见图 5-7。在执行周期，CPU 完成的动作如图 5-8 所示。

（1）OC 发出操作命令，将地址 40 打入地址寄存器 AR，并进行数存地址译码，该地址为将要存储和数的数存单元号；

（2）OC 发出操作命令，将地址 40 放到 ABUS 上；

（3）OC 发出操作命令，累加器的内容被传送到数据缓冲器 DR 中；

（4）OC 发出操作命令，把数据缓冲寄存器 DR 的内容发送到数据总线上；

（5）OC 发出操作命令，数据总线上的数写入到所选中的数存单元中，至此，STA 指令执行结束。

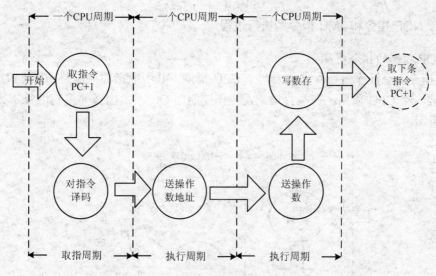

图 5-7 STA 指令的指令周期

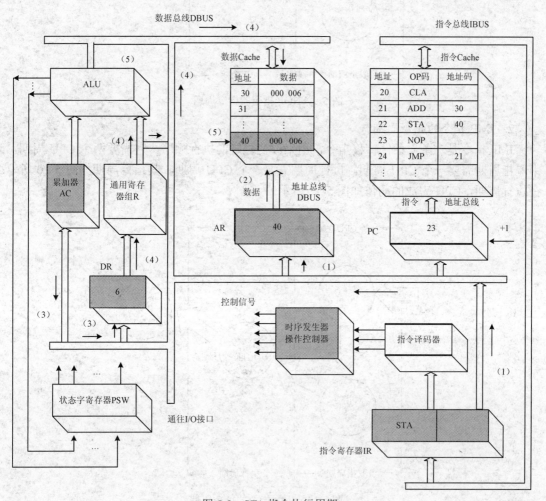

图 5-8 STA 指令执行周期

5.3.4 NOP 指令和 JMP 指令的执行过程

1. NOP 指令的指令周期

NOP 指令为空操作指令，它需要两个 CPU 周期，其中取指周期需要一个 CPU 周期，执行周期需要一个 CPU 周期。在执行周期，操作控制器 OC 不发出任何控制信号。其指令周期如图 5-9 所示。

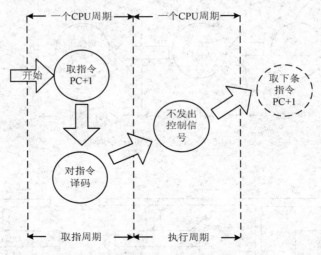

图 5-9　NOP 指令的指令周期

2. JMP 指令的指令周期

JMP 指令是一条无条件转移指令，用来改变程序的执行顺序。它需要两个 CPU 周期，其中取指周期需要一个 CPU 周期，执行周期需要一个 CPU 周期。其指令周期如图 5-10 所示。在执行周期，CPU 完成的动作如图 5-11 所示。

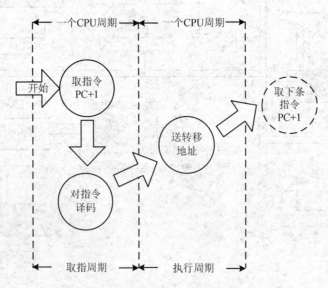

图 5-10　JMP 指令的指令周期

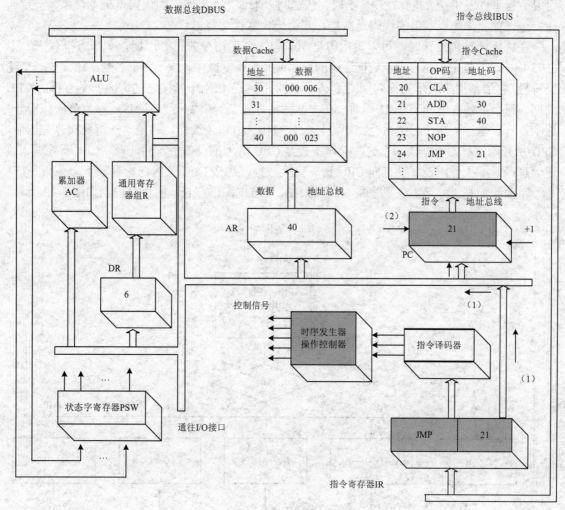

图 5-11 JMP 指令执行周期

（1）操作控制器 OC 发出操作控制命令，将 IR 中地址码 21 发送到 DBUS 上；

（2）OC 发出操作控制命令，将 DBUS 上的地址码 21 打入到程序计数器 PC 中，PC 的内容由原来的 25 更换为 21。下一条指令的地址变成从 21 号单元取出，至此 JMP 指令执行结束。

5.3.5 指令的执行过程总结

通过上一节五条典型指令的取指和执行过程，使我们对一条指令的取指周期和执行周期有了一个较深刻的印象。对于所有的指令，取指周期都是相同的，即 CPU 完成相同的动作。简单指令所需要的 CPU 周期少，而复杂指令需要的 CPU 周期多，主要体现在执行周期的不同，复杂指令在执行周期需要的 CPU 周期比简单指令要多，取指周期都是相同的。

我们在上一节中提出一个问题：用二进制码表示的指令和数据都放在内存里，那么 CPU 是怎样识别出它们是数据还是指令呢？通过这一节指令周期的学习，自然会得出如下结论：从时间上来说，取指令事件发生在指令周期的第一个 CPU 周期中，即发生在"取指令"阶段，而取数据事件发生在"执行指令"阶段。从空间上来说,如果取出的代码是指令,那么一定送往指令寄存器,如果取出的代码是数据,那么一定送往运算器。

在进行计算机设计时,可以采用方框图语言来表示指令的指令周期。一个方框代表一个CPU周期,方框中的内容表示数据通路的操作或某种控制操作。除了方框之外,还需要一个菱形符号,它通常用来表示某种判别或测试,不过时间上它依附于紧接它的前面一个方框的CPU周期,而不单独占用一个CPU周期。在方框图中,还有一个"─"符号,称为公操作符号。这个符号表示一条指令已经执行完毕,转入公操作。所谓公操作,就是一条指令执行完毕后,CPU所开始进行的一些操作,这些操作主要是CPU对外围设备请求的处理,如中断处理、通道处理等。如果外围设备没有向CPU请求交换数据,那么CPU又转向指存取下一条指令。

下面我们把上一节五条典型指令加以归纳,用方框图语言表示的指令周期如图5-12所示。

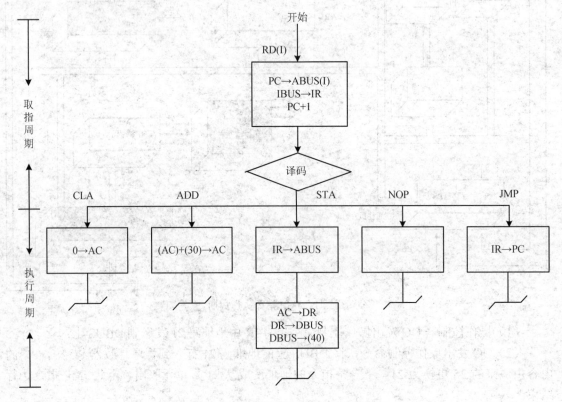

图5-12 用方框图语言表示指令周期

5.4 数据通路的功能和基本结构

1. 数据通路的基本功能

数据通路的基本功能是传送和运算数据,如选择一个或两个寄存器的内容作为ALU的操作数,将它们进行运算(如相加),然后将结果存回某个寄存器中。在微程序控制器的计算机上,这些功能是由微程序产生的控制信号控制的;而在硬布线控制器的计算机上,是直接由硬件产生的控制信号来控制的。

2. 数据通路的基本结构

CPU 内部寄存器及 ALU 之间通常用总线方式传送数据信息。但不同机器的 CPU 通路结构可能差别很大，下面介绍两种常见结构。

（1）单总线数据通路结构。

CPU 数据通路结构只采用一组内总线，它是双向总线，如图 5-13 所示。通用寄存器组、其他寄存器和 ALU 均连在这组内总线上。CPU 外部的系统总线通过主存数据寄存器 MDR（Memory Data Register）和主存地址寄存器 MAR（Memory Address Register）与 CPU 内总线相连。显然，CPU 内各寄存器间的数据传送必须通过内总线进行，ALU 通过内总线得到操作数，其运算结果也经内总线输出。

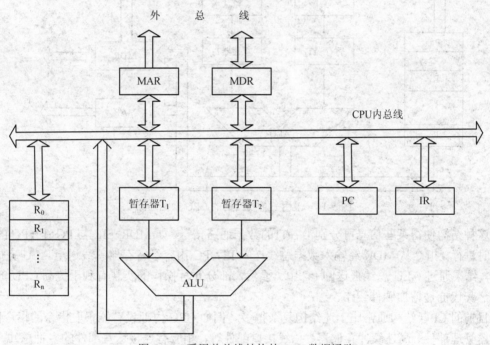

图 5-13 采用单总线结构的 CPU 数据通路

这种结构要求在 ALU 输入端设置两个暂存器。主要用于暂存提供给 ALU 的两个操作数。由于单总线一次只能传送一个数据，两个操作数则需两次总线传送。此外，暂存器还可作为通用寄存器之间传送的转存部件。通用寄存器组采用单口 RAM 结构，每次只能访问其中的一个寄存器。如完成 $R_i \rightarrow R_j$ 传送操作需分两步：首先将 R_i 内容读出经总线送至暂存器中，再由暂存器写入 R_j 中。

单总线结构连线较少，控制简单。但由于某一时刻只允许一个部件在总线上发送信息，因此其他需总线传送的部件只能等待总线空闲，这使 CPU 的整体工作速度降低。

（2）多组内总线结构。

为了提高 CPU 的工作速度，一种方法是在 CPU 内部设置多组内总线，使几个数据传送操作能够同时进行，即实现部分并行操作。

图 5-14 给出了一种三总线结构，三组总线均为单向总线。每组总线连接几个部件的输入

端，但只连接一个输出端，这使控制更简单。暂存器 T_1 和 T_2 的输入端各接一个多路开关，允许数据从输入数据总线或寄存器数据总线装入 T_1 和 T_2。通用寄存器之间的数据传送必须经 ALU 才能完成。

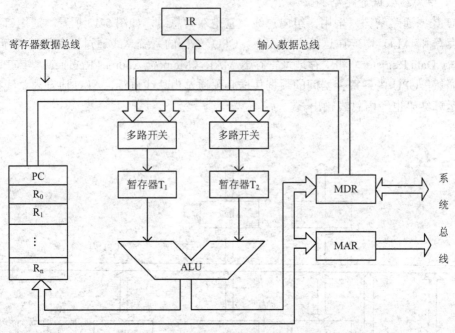

图 5-14　采用三总线结构的 CPU 数据通路

这种结构使得某些信息可分别沿各自的数据通路传送。如 MDR→IR 与 PC+1→PC 的操作可同时进行。指令从 MDR 经输入数据总线送入 IR；PC 内容经寄存器总线送至 ALU 完成加 1 运算，结果通过 ALU 总线再送回 PC 中。显然，部分并行操作的实现有利于提高 CPU 的执行效率，其代价是增加硬件线路。

目前的 CPU 结构通常比上述结构复杂得多。例如 CPU 内部设有能预取指令的指令队列、存储器管理部件、高速缓冲存储器、总线接口部件等，相应有连接这些部件的多种总线，在不同总线上分别传送数据、地址和指令代码信息，因此使 CPU 的功能及处理速度都大大提高。

5.5　硬布线控制器的工作原理

硬布线控制器又称为组合逻辑控制器，是早期计算机唯一可行的方案，当前在 RISC 结构的计算机、追求特别高性能的计算机中也被普遍选用。它的基本运行原理是使用大量的组合逻辑门线路，直接提供控制计算机各功能部件协同运行所需要的控制信号。这些门电路的输入信号是指令操作码、指令执行步骤编码，或许还有其他的控制条件，其输出就是提供给计算机各功能部件的一批控制信号。其优点是形成这些控制信号所必需的信号传输延迟时间短，对提高系统运行速度有利。其缺点是形成控制信号的电路设计比较复杂，再用与、或、非等组合逻辑门电路实现出来工作量较大，尤其是要变动一些设计时不太方便。随着大（超大）规模集成电路的发展，特别是各种不同类型的现场可编程器件的出现，性能杰出的辅助设计工具软件的应用，这一矛盾已在很大程度上得到缓解。

1. 硬布线控制器组成

模型机组合逻辑控制器的结构框图如图 5-15 所示，其内部结构主要由节拍触发器、控制单元等部件组成。

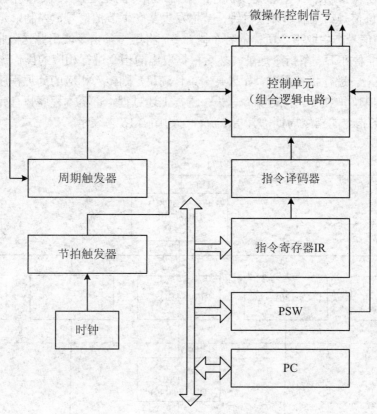

微操作控制信号　……

控制单元
（组合逻辑电路）

周期触发器　　指令译码器

节拍触发器　　指令寄存器IR

时钟　　PSW

PC

图 5-15　模型机硬连线控制器框图

（1）节拍触发器：在选用多指令周期的硬布线控制器中，提供指令执行步骤的部件是用一个类似计数器的电路实现的，称为节拍发生器。由它提供有次序关系的节拍电位信号和节拍脉冲信号，每个节拍对应指令的一个执行步骤时序信号。当指令处于不同的时间段时，执行不同的操作，则控制单元也必须受周期、节拍信号的控制。

（2）控制单元（控制信号产生部件 CU）：该部件是使用大量的逻辑门电路组成的。控制器要按照指令和指令所处的执行步骤向计算机各部件提供它们协同运行所需要的控制信号，这就是由控制信号产生部件承担的。它把指令的操作码（保存在 IR 中）、节拍发生器提供的执行步骤信号、某个（些）判别条件（例如 ALU 运算结果是否为 0）等作为输入信号，用与一或两级组合逻辑门电路快速地形成本节拍用到的全部控制信号作为输出，并送到计算机的各功能部件，在这些信号控制下，计算机各功能部件会完成预期的操作功能。请注意，如果这个电路的输入信号 IR 的内容变化了，表明取来了一条新的指令，体现的是两条指令之间的衔接关系；如果 IR 内容未变但节拍信号编码发生了变化，体现的是指令的两个执行步骤之间的切换关系。输入信号的变化必将引起输出的控制信号的变化，计算机各部件也将完成不同的处理功能。当然，在同一条指令的同一个执行步骤中，如果某些判断条件的当前值不相同，如按照标志位 C 决定是否转移（假定 C 为 1 就转移，为 0 则顺序执行），也需要 CU 提供不同的控制信号来选择并实现是转移还是顺序执行。

2. 指令执行过程

机器加电后产生的 Reset 信号将要执行的第一条指令的地址装入 PC，并且将取址周期触发器置 1。当复位信号结束后，开放时钟，节拍发生器产生节拍信号，控制单元则根据周期触发器状态和节拍信号产生取指令所需的各个微命令，将第一条指令取出并送到指令寄存器 IR，同时 PC 增 1，准备好下一条指令地址。然后根据取出的指令进行相应的操作，具体完成本条指令的功能。接着，进行状态测试。如果某一条件满足，则转入相应的处理程序进行处理，否则又转入取指周期，取指令，执行指令，……重复上述过程，直至本程序执行完毕为止。例如图 5-12 所示五条指令的指令周期，其指令流程可用图 5-16 来表示。

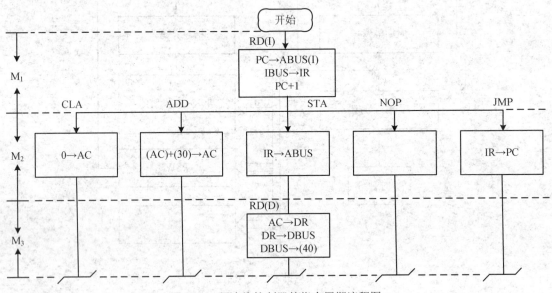

图 5-16　硬连线控制器的指令周期流程图

由图 5-16 可以看到，所有指令的取指周期放在 M_1 节拍。在此节拍中，操作控制器发出微操作控制信号，完成从指令存储器取出一条机器指令。指令的执行周期由 M_2、M_3 两个节拍来完成。CLA、ADD、NOP 和 JMP 指令只需一个节拍（M_2）即可完成。STA 指令需要两个节拍（M_2，M_3）。

3. 硬连线控制器设计步骤

硬连线控制器的设计一般按如下步骤进行：

（1）确定指令系统，包括指令格式、功能和寻址方式，设计指令操作码。

（2）根据指令系统的要求，确定数据通路结构及时序系统的构成。确定机器周期、主频时钟和节拍脉冲。

（3）分析每条指令的执行过程，列出微操作命令的操作时间表，画出流程图和控制时序图并写出其对应的微操作序列。

（4）列出每一个微操作命令的初始逻辑表达式，并经化简整理写出微操作命令的最简逻辑表达式。

（5）对应每个微操作命令画出逻辑电路图。

5.5.1　时序信号的作用和体制

1. 时序信号的作用

时间在我们日常生活中起着重要作用。我们的学习、工作都有一个严格的时间表。比如说学生，要求早晨 6:00 起床，8:00～12:00 上课，12:00～14:00 午休，……，每个学生都必须严格遵守这一规定，教师也必须在规定的时间上、下课，以保证正常的教学秩序。

计算机之所以能够准确、迅速、有条不紊的工作，是因为 CPU 工作也有严格的"时间表"，即时序信号。CPU 中有一个时序信号产生器，机器一旦被启动，即 CPU 开始取指令并执行指令时，操作控制器就利用定时脉冲的顺序和不同的脉冲间隔，有条理、有节奏地指挥机器的动作，规定在这个脉冲到来时做什么，在那个脉冲到来时又做什么，给计算机各部分提供工作所需的时间标志。为此，需要采用多级时序体制。

在一个 CPU 周期中，又把时间进一步细分，用更小的时间段来约束 CPU 的动作，以免造成丢失信息或导致错误的结果。时间的约束对于 CPU 来说至关重要，因此，时间进度既不能来得太早，也不能来得太晚。总之，计算机的协调动作需要时间标志，而时间标志则是用时序信号来体现的。

2. 时序信号的体制

组成计算机硬件的器件特性决定了时序信号最基本的体制是电位－脉冲制。在计算机中，电位和脉冲所起的控制作用是不同的。电位信号在数据通路传输中起开门或关门的作用；脉冲则作为打入脉冲加在触发器的输入端，起一个定时触发作用。通常，触发器使用"电位－脉冲"工作方式，电位控制信息送到触发器的 D 输入端，脉冲送到 CP 输入端，即可完成信息的装载。

硬布线控制器依靠不同的时间标志，使 CPU 分步工作，按常规采用工作周期、时钟周期、工作脉冲三级时序。也就是说，将一条指令从读取到执行完，按不同的操作阶段划分为若干工作周期（也称机器周期）；在每个工作周期中，又按不同的分步操作划分为若干时钟周期（也称节拍脉冲）；在每个时钟周期，再按所需的定时操作设置相应的工作脉冲。

在微程序控制器中，分步操作依据读取与执行不同的微指令，这些微指令在时序标志上并无区别，只是微指令的代码（微命令信息）不同。因此，微程序控制器的时序信号比较简单，一般采用工作周期、时钟周期二级时序。就是说，它只有一个工作周期，在工作周期中又包含若干个时钟周期。工作周期表示一个 CPU 周期的时间，也称为节拍电位。而时钟周期把一个 CPU 周期划分成几个较小的时间间隔。根据需要，这些时间间隔可以相等，也可以不等。

5.5.2　时序信号产生器

时序信号产生器的功能是用逻辑电路来实现时序的。各种计算机的时序信号产生电路是不尽相同的，但是不管是简单的还是复杂的，时序信号产生器最基本的构成是一样的。

图 5-17 所示为微程序控制器中使用的时序信号产生器的结构图，它由时钟源、环形脉冲发生器、节拍脉冲和读写时序译码逻辑、启停控制逻辑等部分组成。

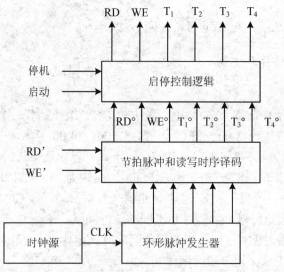

图 5-17　时序信号产生器框图

时钟源用来为环形脉冲发生器提供频率稳定且电平匹配的方波时钟脉冲信号。它通常由石英晶体振荡器和与非门组成的正反馈振荡电路组成，其输出送至环形脉冲发生器。

环形脉冲发生器的作用是产生一组有序的间隔相等或不等的脉冲序列，以便通过译码电路来产生最后所需的节拍脉冲（即时钟周期）。我们假定在一个 CPU 周期中产生四个等间隔的节拍脉冲 $T_1^\circ \sim T_4^\circ$，经过启停控制逻辑输出后，产生节拍脉冲信号 $T_1 \sim T_4$。每个节拍脉冲的脉冲宽度均为 200ns，因此一个 CPU 周期便是 800ns，在下一个 CPU 周期中，它们又按固定的时间关系重复。在硬布线控制器中，节拍电位信号是由时序产生器本身通过逻辑电路产生的，一个节拍电位持续时间正好包容若干个节拍脉冲。而在微程序设计的计算机中，节拍电位信号可由微程序控制器提供。一个节拍电位持续时间，通常也是一个 CPU 周期时间。图 5-18 示出节拍电位与节拍脉冲的时序关系。

机器一旦接通电源，就会自动产生原始的节拍脉冲信号 $T_1^\circ \sim T_4^\circ$，然而，只有在启动机器运行的情况下，才允许时序产生器发出 CPU 工作所需的节拍脉冲 $T_1 \sim T_4$。这就要求启停控制逻辑来控制 $T_1^\circ \sim T_4^\circ$ 的发送。另外设计启停控制逻辑电路时要注意：由于启动计算机是随机的，停机也是随机的。因此，当计算机启动时，一定要从第一个节拍脉冲前沿开始工作，而在停机时一定要在最后一个节拍脉冲结束后关闭时序产生器。只有这样，才能使发送出去的脉冲都是完整的脉冲。

5.5.3　控制方式

计算机执行一条指令的过程是通过执行一个确定的微操作序列来实现的。每条指令都对应一个微操作序列。这些微操作中有些可以同时执行，有些则必须按严格的时间顺序执行。如何在时间上对各个微操作进行控制就是控制方式的问题。实际上就是用怎样的时序方式来形成不同的微操作序列问题，它决定着 CPU 中时序控制部件的构成。控制方式就是形成控制微操作序列的时序控制信号的方法。

常用的控制方式有同步控制、异步控制和联合控制方式。

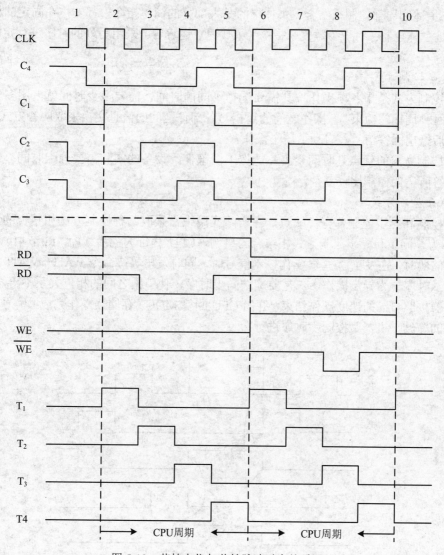

图 5-18 节拍电位与节拍脉冲时序关系图

1. 同步控制方式

同步控制方式是指任何指令的执行或指令中每个操作的执行都受事先确定的时序信号控制，每个时序信号的结束就意味着一个操作或一条指令已经完成，随即开始执行后续的操作或自动转向下一条指令的执行。根据不同情况，同步控制方式有如下几种可选方案：

（1）采用完全统一的机器周期执行各种不同的指令。由于不同的指令和不同的操作的执行时间可能不同，在这种同步控制方式中，需选择最长的指令和最长操作的执行时间作为计算标准，采用完全统一机器周期执行各种不同的指令。采用这种方式，时间短的指令和操作势必要等待，造成时间上的浪费。它的优点是时序关系比较简单，设计方便。

（2）采用不定长机器周期。将大多数操作安排在一个较短的机器周期内完成，对某些时间紧张的操作，则采取延长机器周期的办法来解决。因插入的机器周期数是事先确定的，因此本质上还是同步控制。

（3）主体和局部控制相结合。主体指的是大部分的简单指令，都安排在固定的机器周期完成，这是主体控制；对于少数复杂指令（乘、浮点运算等）采用另外的时序进行定时，称为局部控制。

2. 异步控制方式

异步控制方式是指各项操作按其需要选择不同的时间，需要多少时间就占用多少时间，不受统一时钟周期的约束；各操作之间的衔接与各部件之间的信息交换采取应答方式。前一个操作完成后给出回答信号，启动下一个操作。

异步控制方式的优点是时间紧凑，能按不同部件、设备的实际需要分配时间；缺点是实现异步应答所需的控制比较复杂。

3. 联合控制方式

同步控制和异步控制各有优缺点，在实际应用中常采取两种控制方法相结合的策略。图5-19 所示为一同步和异步控制方式相结合的事例，CPU 内部为同步（P_0、P_1 节拍）。当 CPU 要访问存储器时，在发出读/写微操作控制信号时，同时发出等待命令 WAIT，WAIT 命令的作用一是表示时序转为异步操作，二是要冻结同步时序，使节拍之间的相位关系不再发生变化，直到存储器按照自己的速度操作结束，并向 CPU 回答 MOC（存储器操作完成）信号才解除对同步时序的冻结，机器又按同步时序进行。

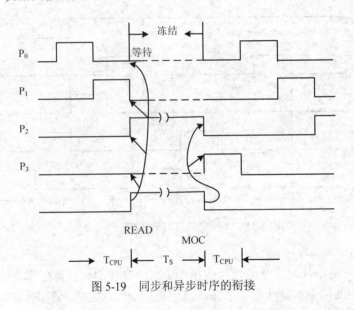

图 5-19　同步和异步时序的衔接

5.6　微程序控制器的工作原理

1. 微程序控制器的工作原理

我们前面介绍的硬连线控制器，因为其微操作控制信号全部用硬件产生，所以速度快，可用于构成高速计算机。但是也有如下的缺点：

（1）逻辑实现复杂。当代计算机的 CPU 功能越来越强大，因此设计也很复杂，需要控制单元产生的微操作控制信号的数量非常大，用组合逻辑电路实现所有的控制信号变得越来越困难。

（2）不易扩展和修改。一旦用组合逻辑电路设计好控制器，就很难修改和扩展，若想要增加几条指令或某一指令增加某种功能，几乎需要重新设计。

采用微程序设计的方法可以克服以上缺点。这种方法利用程序设计技术及存储逻辑的概念，称为微程序设计技术。这种技术将不规则的微操作命令变成了有规律的微程序，使控制单元的设计更科学更合理；简化了控制器的设计任务，不易出错且成本低，但是操作速度相对于硬连线控制器来说比较低。

微程序控制器的工作原理，是依据读来的机器指令的操作码，找到与之对应的一段微程序的入口地址，并按由指令具体操作功能所确定的次序，逐条从控制存储器中读出微指令，从而产生全机所需要的各种操作控制信号，以"驱动"计算机各功能部件正确运行。

2. 微程序控制器的组成

微程序控制器原理图如图 5-20 所示。主要由控制存储器 CM、微指令寄存器 μIR、微地址寄存器 μAR 和后继微指令地址形成电路组成。

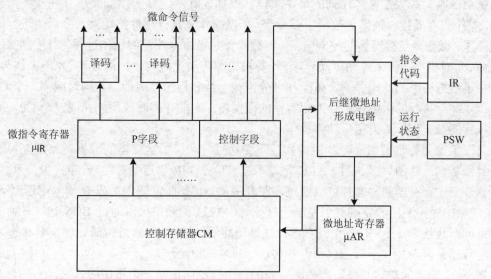

图 5-20 微程序控制器原理框图

（1）控制存储器 CM。控制存储器 CM 是组成微程序控制器的核心部件，用来存放实现全部指令系统的微程序，是一种只读型存储器，在制造 CPU 时写入微程序代码，一旦微程序固化，只读不写，以确保微程序内容不被破坏。它的每个单元存放一条微指令的代码，即一步操作所需要的微命令，通常需要几十位。

（2）微指令寄存器 μIR。用来存放从控制存储器 CM 中读出的微指令。微指令分为两部分：一部分提供微命令的微操作控制字段（也称微命令字段），它占据了微指令的大部分，其代码或直接作为微命令，或分成若干小字段经译码后产生微命令；另一部分称为顺序控制字段（也称微地址字段），它指明后继微指令地址的形成方式，用于控制微程序的连续执行。微指令寄存器将微命令字段送译码器，以便产生相应微命令；将地址字段送后继微地址形成电路，以便产生后继微地址。

（3）后继微地址形成电路。其功能是自动完成修改微地址的任务。一般情况下，微指令由控制存储器读出后直接给出下一条微指令的地址，通常简称微地址，这个微地址就存放在微地址寄存器 µAR 中。如果微程序不出现分支，则下一条微指令的地址就直接由微地址寄存器给出。若微程序出现分支，即微程序出现条件转移，这种情况下下一条微指令地址是通过微命令字段中的判别测试字段和执行部件的"状态条件"反馈信息，去修改微地址寄存器的内部，并按改好的内容去读下一条微指令。

5.6.1　微命令和微操作

一台计算机基本上可以划分为两大部分——控制部件和执行部件。控制器是控制部件，相对控制器来讲，运算器、存储器、外部设备是执行部件。

控制部件和执行部件通过控制线进行联系。控制部件通过控制线向执行部件发出各种控制命令，通常我们把这种控制命令叫做微命令。而执行部件接受微命令后所进行的操作，叫做微操作。执行部件的执行情况通过反馈线向控制部件反映，以便使控制部件根据执行部件的"状态"来下达新的微命令，这也叫"状态测试"。

微命令是构成控制信号序列的最小单位。例如，算术运算的加或减，打开或关闭某个控制门，某个寄存器接收数据等都属于微命令。而微操作是执行部件接受微命令后所进行的最基本的操作。微命令是微操作的控制信号，而微操作是微命令控制的操作过程。对控制部件来说是微命令，对执行部件来说是微操作，在计算机内部实质上是同一个信号，大家不要混为一谈。

由于数据通路的结构关系，微操作可分为相容性和相斥性两种。在同时或同一个 CPU 周期内可以并行执行的微操作，称为相容性的微操作。不能在同时或不能在同一个 CPU 周期内并行执行的微操作，称为相斥性微操作。

为了大家更好理解微命令和微操作，下面通过一个简单运算器的数据通路图来说明。简单运算器数据通路图见图 5-21。ALU 是算术逻辑单元，IR 为指令寄存器，R_1、R_2、R_3 为通用寄存器。三个寄存器的内容都可以通过多路开关从 ALU 的 A 输入端或 B 输入端送至 ALU，ALU 的输出受控制门的控制，当控制门打开时，ALU 的输出可以通过 BUS 送往任何一个寄存器或同时送往 R_1、R_2、R_3 三个寄存器。CJ 是最高进位触发器，有进位时该触发器状态为"1"。简单运算器只能做加（＋）、减（-）和传送（M）三种操作。

图 5-21 给定的数据通路中，多路开关的每个控制门仅是一个常闭的开关，它的一个输入端代表来自寄存器的信息，而另一个输入端则作为操作控制端。一旦两个输入端都有输入信号时，它才产生一个输出信号，从而在控制线能起作用的一个时间宽度中来控制信息在部件中流动。图中每个开关门由控制器中相应的微命令来控制，图中有两个三路开关，六个通路对应六个开关门，分别由对应的 1、2、3、4、5、6 的微命令控制。LDR_1、LDR_2、LDR_3 分别为把 BUS 的信息对应打入 R_1、R_2、R_3 寄存器的微命令。LDIR 为把 BUS 的信息打入 IR 中的微命令。LDC_J 为把进位信号打入 C_J 的微命令。

ALU 的三个操作（加、减和传送）在同一个 CPU 周期中只能选择一种，不能并行，因此＋、-和 M 三个微操作是相斥性的微操作。同理，1、3、5 三个微操作是相斥性的，2、4、6 三个微操作也是相斥性的。

ALU 的 A 输入端的微操作 1、3、5 中任意一个与 B 输入端的微操作 2、4、6 任意一个组合，是可以同时进行的操作，所以是相容性的微操作。LDR_1、LDR_2、LDR_3 也可以同时进行，也是相容性的微操作。

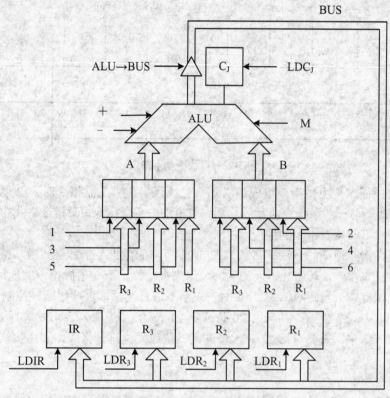

图 5-21　简单运算器数据通路图

5.6.2　微指令和微程序

微指令是指在机器的一个 CPU 周期中，一组实现一定操作功能的微命令的组合，以二进制编码形式存放在控制存储器的一个单元中。一条微指令的功能是给出完成指令某一步操作所需的微操作控制信息和后继微指令地址信息。

微程序是一系列微指令的有序集合。

微程序设计是将传统的程序设计方法运用到控制逻辑的设计中。控制逻辑的本质是控制计算机内部的信息传送以及它们之间的相互联系。因此，微程序设计就是用类似程序设计的方法，组织和控制计算机内部信息的传送和相互的联系。

1.　微指令基本格式

我们以图 5-21 所示的数据通路模型为例来表示一个具体的微指令结构，微指令结构图见图 5-22。微指令字长 25 位，它由操作控制和顺序控制两大部分组成。

操作控制部分用来发出管理和指挥全机工作的控制信号。如图 5-22 所示，操作控制字段为 19 位，每一位表示一个微命令，每个微命令的编号与图 5-21 所示的数据通路相对应，具体功能示于微指令格式的左上部。当操作控制字段某一位信息为"1"时，表示发出微命令；而某一位信息为"0"时，表示不发出微命令。例如，当微指令字第 1 位信息为"1"时，表示发出 $R_3 \rightarrow A$ 的微命令，寄存器 R3 的信息通过 A 输入端送入 ALU。同理，当微指令第 11 位信息为"1"时，则表示向 ALU 发出进行"-"的微命令，所以 ALU 就执行"-"的微操作。

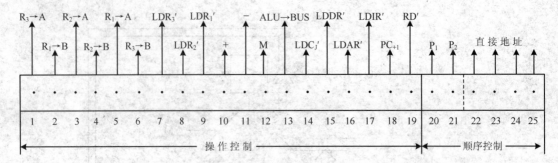

图 5-22　微指令基本格式

我们知道微程序是由微指令组成的，那么当执行当前一条微指令时，必须指出后继微指令的地址，以便当前一条微指令执行完毕后，取出下一条微指令。微指令格式中的顺序控制部分用来决定产生下一条微指令的地址。

决定后继微指令地址的方法有多种。图 5-22 所示的微指令基本格式中，微指令顺序控制字段由 6 位信息来决定。其中 4 位（22～25）用来直接给出下一条微指令的地址。第 20,21 两位作为判别测试标志。当此两位为"0"时，表示不进行测试，直接按顺序控制字段第 22～25 位给出的地址取下一条微指令；当第 20 位或第 21 位为"1"时，表示要进行 P_1 或 P_2 的判别测试，根据测试结果，需要对第 22～25 位的某一位或几位进行修改，然后按修改后的地址取下一条微指令。

2. 微程序举例

一条机器指令对应一个微程序，这个微程序是由若干条微指令序列组成的。因此，一条机器指令的功能是由若干条微指令组成的序列来实现的。

我们以一条"十进制加法"指令为例，具体讲述微程序控制的过程。

在计算机中，"十进制加法"指令实现是用 BCD 码来完成十进制数的加法运算。我们知道，在十进制运算中，当两数之和大于 9 时，便产生进位。用 BCD 码完成十进制数运算时，当和数大于 9 时，得到的十进制结果不正确，必须加 6 修正才可以得到正确结果；当和数小于 9 时，十进制结果是正确的，不需要修正。

假定指令存放在指存中，数据 x、y 及常数 6 已存放在图 5-21 中的 R_1、R_2、R_3 三个寄存器中，完成十进制加法指令的微程序流程图见图 5-23。执行周期要求先进行 x+y+6 运算，然后判断结果有无进位，当进位标志 $C_J=1$，表示有进位，不减 6；当 $C_J=0$，表示无进位，需减去 6，从而得到正确结果。

从图 5-23 看到，每一条微指令用一个长方框表示，十进制加法指令对应的微程序由四条微指令组成。第一条微指令为"取指"周期，它是一条专门用来取机器指令的微指令，执行的微操作有：一是从指存取出"十进制加法"指令，并将指令放到指令寄存器 IR 中；二是对程序计数器 PC 加 1，做好取下一条机器指令的准备；三是对机器指令的操作码用 P_1 进行判别测试，然后修改微地址寄存器内容，给出下一条微指令的地址。图 5-23 所示的微程序流程图中，每一条微指令的地址用数字示于长方框的右上角。需要注意的是，菱形框代表判别测试，它的动作依附于第一条微指令。第二条微指令完成 x+y 运算。第三条微指令完成 x+y+6 运算，同时又进行判别测试，不过这次的判别标志是 P_2，P_2 用来测试进位标志 C_J。根据测试结果，微程序或转向公操作，或转向第四条微指令。当微程序转向公操作（用符号 ╱ 表示）时，如果没有外围设备请求服务，那么又转向取下一条机器指令。因此，第三条微指令和第四条微指令的下一个微地址都是"0000"，都指向第一条微指令，即又进行"取指"微指令。

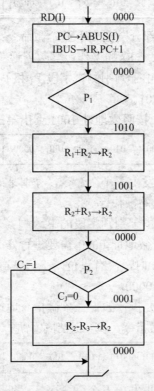

图 5-23 十进制加法微程序流程图

我们以图 5-21 所示的运算器做执行部件，假定已按微程序流程图编好了微程序，且已存入到控制存储器中。机器启动时，只要给出微程序在控制存储器的首地址，就可以调出所需要的微程序。因此，首先给出第一条微指令的地址 0000，经地址译码，控制存储器选中所对应的"取指"微指令，并将其读到微指令寄存器中。

第一条微指令的二进制编码是

000	000	000	000	000	1111	10	0000

在这条微指令中，操作控制字段有五个微命令：第 16 位发出 LDAR′，将 PC 内容通过 AR 送到指存地址总线 ABUS（I）；第 19 位发出 RD′，指存读命令，于是指存执行读操作，从指存单元取出"十进制加法"指令放到指令总线 IBUS 上。第 17 位发出 LDIR′，将取到的"十进制加法"指令打入到指令寄存器 IR。我们假定"十进制加法"指令的操作码为 1010，则指令寄存器 IR 的 OP 字段就是 1010。第 18 位发出 PC_{+1}，程序计数器加 1，为取下一条指令做好准备。

这条微指令的顺序控制字段指明下一条微指令的地址是 0000，但是由于判别字段第 20 位为 1，表明是 P_1 测试，因此 0000 不是下一条微指令的真正地址。P_1 测试的"状态条件"是指令寄存器的操作码字段，即用 OP 字段作为形成下一条微指令的地址，于是微地址寄存器的内容修改成 1010。

在第二个 CPU 周期开始时，按照 1010 微地址读出第二条微指令，它的二进制编码是

000	110	010	100	100	0000	00	1001

在这条微指令中，操作控制部分发出如下五个微命令：$R_1{\to}A$，$R_2{\to}B$，＋，$ALU{\to}BUS$，LDR_2'，于是运算器完成 $R_1+R_2{\to}R_2$ 的操作，其数据通路图参见图 5-21。

这条微指令的顺序控制字段由于判别测试字段 P_1 和 P_2 均为 0，表示不进行测试，于是直接给出下一条微指令的地址为 1001。

在第三个 CPU 周期开始时，按照微地址 1001 读出第三条微指令，它的二进制编码是

001	001	010	100	100	0000	01	0000

这条微指令的操作控制部分发出五个微命令，分别是：$R_2{\to}A$，$R_3{\to}B$，＋，$ALU{\to}BUS$，LDR_2'，运算器完成 $R_2+R_3{\to}R_2$ 的操作。

这条微指令的顺序控制字段由于判别字段的 P_2 为 1，表明进行 P_2 测试，测试的"状态条件"为进位标志 C_J。这就意味着微地址 0000 需要进行修改。我们假定用 C_J 的状态来修改微地址寄存器的最后一位：当 $C_J=0$ 时，没有进位，下一条微指令的地址为 0001；当 $C_J=1$ 时，有进位，下一条微指令的地址为 0000。

在这里，我们假定 $C_J=0$，则要执行的下一条微指令地址为 0001。在第四个 CPU 周期开始时，按微地址 0001 读出第四条微指令，其二进制编码是

001	001	010	010	100	0000	00	0000

这条微指令的操作控制部分也发出五个微命令，分别是：$R_2{\to}A$，$R_3{\to}B$，－，$ALU{\to}BUS$，LDR_2'，运算器完成 $R_2-R_3{\to}R_2$ 的操作。顺序控制部分直接给出下一条微指令的地址为 0000，按该地址取出的微指令是"取指"微指令。

如果第三条微指令进行测试时 $C_J=1$，那么微地址仍保持为 0000，将不执行第四条微指令而直接由第三条微指令转向公操作。

以上是由四条微指令序列组成的简单微程序。通过一段微程序的执行过程，我们就可以更好的理解微程序控制的主要思想及大概过程。

5.6.3　CPU 周期与微指令周期的关系

微指令周期通常指从控制存储器读取一条微指令并执行相应的微操作所需的时间。微指令执行可以采用串行方式，也可以采用并行方式。无论采用的是串行方式还是并行方式，执行一条微指令常需要多个微操作控制信号，这些控制信号在微指令周期的不同阶段起作用，因此，应该用时钟信号来同步这些控制信号，通常采用的同步方法是多相控制。所谓多相控制是把微指令周期划分为几个相，每相对应一个时钟周期，每个控制信号只在一个相中起作用。图 5-24 给出了串行方式下典型的三相时钟控制原理图。

图中 CP_1、CP_2、CP_3 为三相时钟，CP_1 用于同步将微地址打入到 μAR 并启动控制存储器的控制信号，CP_2 用于同步将微指令打入微指令寄存器 μIR 的控制信号，CP_3 用于同步置执行结果的控制信号。

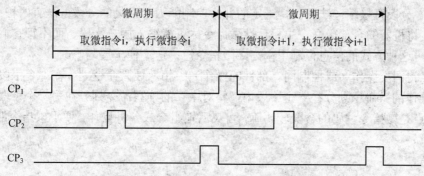

图 5-24　串行方式下三相时钟控制原理图

由此可以看出微程序控制的时序信号比较简单，微指令周期划分为几个相，就需要几个时钟周期来完成。CPU 周期也是由若干个时钟周期来构成的。为了保证整个机器控制信号的同步，在设计时可以将一个微指令周期时间设计得恰好和 CPU 周期时间相等。

5.6.4　微指令的编码方式

微指令编码的实质是解决在微指令中如何组织微命令的问题。微命令编码，是对微指令中的操作控制字段采用的表示方法，即将机器的全部微命令数字化，组合到微指令字中。

设计微指令结构时，所追求的目标是：有利于缩短微指令字长、减少微程序长度、提高微程序的执行速度等。由于各类机器的系统不同，则相应的编码方法也不同。常用的方法有以下几种。

1. 直接控制法（不译法）

直接控制法是指微指令的操作控制字段中，每一个微命令都用一位信息表示。设计微指令时，选用或不选用某个微命令，只要将表示该微命令的对应位设置成 1 或 0 就可以了。其结构图见图 5-22。因此，微命令的产生不需要译码。

这种编码的优点是简单、直观、执行速度快、操作并行性好，其缺点是微指令字长过长。一般机器的微命令都在几百个以上，采用此方法单是微命令字段就必须大于几百位。这会使控制存储器单元的位数过多。而且，在给定的任何一个微指令中，往往只需要部分微命令，因此只有部分位置 1，造成有效空间不能充分利用。因此在多数机器中，微指令中只有某些位采用不译法，而其他位采用编译法。

2. 分段直接编译法

在机器的实际操作中，大多数微命令不是同时都需要的，而且许多微命令是相斥的。例如，控制 ALU 操作的各种微命令＋、－、M 等是不能同时出现的，即在一条微指令中只能出现一种运算操作。又如主存储器的读命令与写命令也不能同时出现。

如果将微指令的操作控制字段分成若干小字段，把相斥性微命令组合在同一字段中，而把相容性微命令组合在不同的字段中。每个字段独立编码，每种编码代表一个微命令，且各字段编码含义单独定义，与其他字段无关，这就称为分段直接编译法。如图 5-25 所示。

分段直接编译法可以缩短微指令字长。例如，某机器指令系统共需要 256 个微命令，采用直接控制法，微指令的操作控制字段需 256 位。采用分段直接编译法，如将操作控制字段分成 4 位一段，共 16 个段，每个字段经一个译码器输出，则 64 位的操作控制字段就可产生 256

个微命令。分段直接编译法又保持一定的并行控制能力。常见的分段方法有两种：

（1）将机器的全部微命令中相斥性微命令尽可能编入同一字段，而不管它们是否属于同一类操作。这种方式的信息位利用率高，微指令短，但不便扩展与修改。

（2）将同类操作（或控制同一部件的操作）中相斥性微命令划分在一个字段内，如将控制 ALU 操作的微命令划分在一个字段内，将对主存的读写命令划分在另一个字段内。这种分段法的优点是微指令编码的含义较明确，可灵活地组合成各种操作，便于微指令的设计、修改和检查。

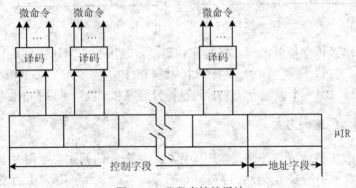

图 5-25　分段直接编译法

3. 分段间接编译法

分段间接编译法是在分段直接编译法的基础上进一步缩短微指令字长的一种编译法。在分段间接编译法中，一个字段的微命令编码要兼由另一字段的编码或某个标志位加以解释，以便用较少的信息位表示更多的微命令，如图 5-26 所示。

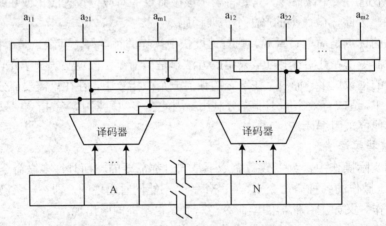

图 5-26　分段间接编译法

图中表示字段 A 的微命令还受字段 N 控制，当字段 N 发出 n_1 微命令时，字段 A 发出 $a_{11},a_{21},\dots,a_{m1}$ 中的一个微命令；而当字段 N 发出微命令 n_2 时，字段 A 发出 $a_{12},a_{22},\dots,a_{m2}$ 中的一个微命令。如果字段 A 为 2 位，字段 N 也为 2 位，则总共可表示 16 种微命令。而采用分段直接编译法则可产生 8 种微命令。

这种编译法能进一步缩短微指令字长，但是译码线路复杂，削弱了微指令的并行操作能力，通常只限于局部范围使用，作为直接编译法的一种辅助手段。

4. 常数源字段 E 的设置

在微指令中，一般设有一个常数源字段 E，就如同机器指令中的立即操作数一样，用来提供微指令所使用的常数（由设计者填写），如提供计数器初值，通用寄存器地址，转移地址等。字段 E 也可用来参与其他控制字段的间接编码，以减少微指令字长，增加微指令的灵活性。

除上述几种基本的编码方法外，还有一些常见的编码技术，如采用微指令译码与部分机器指令译码的复合控制等。对于实际机器的微指令系统，通常同时采用其中的几种方法，以满足速度要求并能缩短微指令字长。例如在同一条微指令中，某些位是直接控制，某些字段是直接编码，而个别字段根据需要采用间接编码方式。

5.6.5　微地址的形成方法

微指令执行的顺序控制问题，实际上是如何确定下一条微指令的地址问题。下面先介绍如何产生每条机器指令所对应的微程序入口地址，然后讨论后继微指令地址的形成方法。

1. 微程序入口地址的形成

我们知道，每条机器指令都对应一段微程序。首先由"取机器指令"微程序完成将一条机器指令从主存取出送到指令寄存器 IR。这段微程序是公用的，一般安排在控制存储器的 0 号或其他特定单元开始。取出机器指令后应根据机器指令的操作码转移到其对应的微程序入口地址。这是一种多分支（或称多路转移）情况。常用以下几种方式形成入口地址。

（1）如果操作码的位数与位置固定，则根据指令操作码可一次转移到相应的微程序入口。采取的方法是直接使操作码与微地址码的部分位相对应。例如，微地址码 12 位，4 位操作码直接与微地址的低 4 位对应，则入口地址=(00OP)$_{16}$。这样控存零页的一些单元被安排为各段微程序的入口地址，再通过无条件转移微指令使这些单元与自己的后续微程序相连接，这样可以一次转移成功。操作码也可以与微地址码的其他位相对应。此时，可有若干个后续单元用以存放该机器指令的微程序。当空出的单元不足以放下所有的微程序时，依旧可通过无条件转移微指令再与其他后续微程序相连接。

（2）如果每类指令的操作码位数与位置固定，而各类指令之间的操作码位数与位置不固定时，可采用分级转移的办法。先按指令类型转移到某条微指令，区分出是哪一大类，然后进一步按机器指令操作码转移，区分出是该类机器指令中的哪一种具体操作。

（3）如果操作码的位数和位置都不固定，可以采用可编程逻辑阵列 PLA 实现，将每条机器指令的操作码翻译成相应的微程序入口地址。也可用 PROM（可编程只读存储器）实现，该 ROM 以指令的操作码为地址，访问该单元，读出的内容即是该指令的微程序入口地址，又称为 MAPROM。

2. 后继微地址的形成

在转移到一条机器指令对应的微程序入口地址后，就开始执行微程序，这是每条微指令执行完毕时，需根据其中的顺序控制字段的要求形成后续微指令地址。形成后继微指令地址的方式很多，总的来说有两大基本类型。

（1）计数器方式（增量方式或顺序——转移型微地址）。

这种方式与用程序计数器产生机器指令地址很相似。在微程序控制器中，可设置一个微程序计数器 μPC，在顺序执行微指令时，后继微指令地址由当前微地址（即 μPC 内容）加上一个增量（通常为 1）来形成，遇到转移时，由微指令给出转移微地址，使微程序按新的顺序执行。

采用这种方式的微指令的顺序控制字段通常分为转移方式控制字段和转移地址字段。

增量方式可能有以下形态：

1）顺序执行。由转移方式字段指明。此时，μPC 加 1 给出后继微地址。为减少微指令长度，可将转移地址字段暂作为微命令字段；

2）无条件转移。由转移方式字段指明。转移地址字段提供微地址的全部；或给出低位部分，高位与当前微地址相同；

3）条件转移。有转移方式字段指明判别条件，转移地址字段转移成功的去向，不成功则顺序执行。机器中可作为转移判别的条件有多个，但每次只能选择一个测试判别源，所以一次只允许两路分支；

4）转微子程序。由转移方式字段指明。微子程序入口地址由转移地址字段（或与 μPC 组合）提供。在转微子程序之前，要将该条微指令的下一条微指令地址（μPC+1）送入返回地址寄存器中，以备返回微主程序。

5）微子程序返回。由转移方式字段指明。此时将返回地址寄存器内容作为后继微地址送入 μPC 中，从而实现从微子程序返回到原来的微主程序。此时，可将转移地址字段暂用作微命令字段。

计数器方式的优点是简单、易掌握，便于控制微程序，机器指令所对应的一段微程序一般安排在 CM 的连续单元中。其缺点是这种方式不利于解决两路以上的并行微程序转移，因而不利于提高微程序的执行速度。

（2）断定方式。

所谓断定型微地址是指后继微地址可由微程序设计者指定，或者根据微指令所规定的测试结果直接决定后继微地址的全部或部分值。

这是一种直接给定与测试断定相结合的方式，其顺序控制字段也分为两部分：非测试段和测试段。

1）非测试段。可由设计者直接给定，通常是后继微地址的高位部分，用以指定后继微指令在某个区域内。

2）测试段。根据有关状态的测试结果确定其地址值，占后继微地址的低位部分。这相当于在指定区域内断定具体的分支。所依据的测试状态可能是指定的开关状态、指令操作码、状态字等。

断定方式的优点是可以实现快速多路分支，提高微程序的执行速度，微程序在控制存储器的物理分配方便，微程序设计灵活；缺点是微指令字长，形成后继微指令地址机构比较复杂。

在实际使用中，在多数机器的微指令系统中，计数器方式和断定方式是混合使用的，以充分利用两者的优点，增加微程序编制的灵活性。

5.6.6 微指令格式

微指令的编码方式是决定微指令格式的主要因素。微指令格式设计是以机器系统要求、指令级功能部件与数据通路设计为依据的，不同机器具有不同的微指令格式，经综合分析可归纳为两大类，即水平型微指令与垂直型微指令。

1. 水平型微指令

一次能定义并执行多个并行操作微命令的微指令，叫做水平型微指令。5.6.2 节中讲到的微指令即是水平型微指令。一般来说它有如下特征：

（1）微指令较长，通常为几十位到上百位左右。机器规模越大、速度越快，其微指令字越长。

（2）微指令中的微操作具有高度并行性，这种并行操作能力是以数据通路中各部件间的并行操作结构为基础的。例如执行一条水平型微指令就能控制信息从若干源部件同时传送到若干目的部件。

（3）微指令编码简单，一般采用直接控制编码和分段直接编码，以减少微命令的译码时间。

水平型微指令的优点是执行效率高、灵活性好，微程序条数少，因此广泛应用于速度较快的机器中。但其微指令字较长，复杂程度高，难以实现微程序设计自动化。

2. 垂直型微指令

在微指令中设置微操作码字段，一次只能控制数据通路的一两种信息传送的微指令称为垂直型微指令。其特征如下：

（1）微指令较短。

（2）微指令的并行操作能力有限，一般一条微指令只能控制数据通路的一两种信息传送操作。

（3）微指令编码比较复杂。通常每条微指令都有一个微操作码字段，经过完全译码，微指令的各个二进制位与数据通路的各个控制点之间完全不存在直接对应关系。

采用垂直型微程序设计，设计者只需注意微指令的功能，而对数据通路结构则不用过多考虑，因此便于编制微程序。由此编制的微程序规整、直观、有利于设计的自动化。但垂直型微指令不能充分利用数据通路的并行操作能力，微程序长，因而效率低。

综上所述，水平型微指令与垂直型微指令各有所长，因此在实际应用中，为了兼顾两者的优点，也可采用混合型微指令，它能以不太长的微指令与一定的并行控制能力去实现机器的指令系统。

5.7 指令流水线

如何加快机器语言的解释执行是组成设计的基本任务，可以从两方面实现。一是通过选用更高速的器件、采取更好的运算方法、提高指令内各微操作的并行程度、减少解释过程所需要的拍数等措施加快每条机器指令的解释执行；二是通过控制机构同时解释两条、多条以至整段程序的方式加快整个机器语言程序的解释。指令流水线是其中常用的方式。

5.7.1 指令流水线的基本概念

1. 什么是指令流水线

一个产品要经过几个制作步骤，通过把制作过程安排在一条装配线上，多个产品能在各个阶段同时被加工，这种过程称为流水处理。因为在一条流水线上，当先前接收的输入已成为加工的结果出现在另一端时，新的输入又在一端被接收进来。

指令也可以分成几个阶段来执行，每个阶段与其他阶段并行进行，不同指令能在各个阶段同时被执行，指令流水线类似于工厂中装配线的使用，因此称为指令流水线。流水线技术是一种非常经济、对提高计算机的运算速度非常有效的技术。采用流水线技术只需增加少量硬件就能把计算机的运算速度提高几倍。从本质上讲，流水线技术是一种时间并行技术。

2. 指令的流水执行方式

一条指令执行过程可以分为多个阶段（或子过程），具体分法随计算机不同而不同。当多条指令在处理机中执行时，可以采用顺序执行、重叠执行和流水执行三种方式。如果我们将指令执行的过程分为取指令、分析指令和执行指令三个阶段，分别采用三种方式执行过程如下：

（1）顺序执行。

指令采取顺序方式执行时，一条指令执行完以后，才取下条指令执行，执行过程如图 5-27 所示。

图 5-27　顺序执行指令

顺序执行方式执行 n 条指令所用的时间为

$$T=\sum_{i=1}^{n}(t_{取指i}+t_{分析i}+t_{执行i}) \tag{5-1}$$

如果取指令、分析指令、执行指令的时间都相等，每段时间都为 t，则 n 条指令所用的时间为

$$T=3nt \tag{5-2}$$

顺序执行方式的优点是控制简单、节省设备，有利于实现程序转移；缺点是执行速度慢，而且在执行指令时，主存是空闲的，在时间上不能充分利用各部件。

（2）一次重叠执行方式。

为了能充分利用各部件，提高指令的执行速度，可以采用重叠执行方式，即在前一条指令分析执行完成之前，就开始取下一条指令。图 5-28 所示为一次重叠执行指令。

图 5-28　一次重叠执行指令

这种方式把执行第 K 条指令和取第 K+1 条指令同时进行。如果执行一条指令的 3 个阶段时间均相等，则执行 n 条指令所用的时间为

$$T=(2n+1)t \tag{5-3}$$

采用一次重叠执行方式，一是程序的执行时间缩短了近一半，二是功能部件的利用率明

显提高。主存基本上可以处于忙碌状态，其他功能部件的利用率也得到提高。但是需要增加一些硬件，控制过程也变得复杂一些。

（3）二次重叠执行方式。

为了进一步提高指令的执行速度，可以将指令二次重叠执行，如图 5-29 所示。

图 5-29　二次重叠执行方式

从上图我们可以看到，采用二次重叠方式，执行第 K 条指令、分析第 K+1 条指令和取第 K+2 条指令可以同时进行。如果执行一条指令的 3 个阶段时间均相等，则执行 n 条指令所用时间为

$$T=(n+2)t \tag{5-4}$$

与顺序方式相比，采用二次重叠执行方式能够使指令的执行时间缩短近 2/3。在理想情况下，处理机中同时有 3 条指令在执行。

将重叠方式进一步发展，采用类似工厂生产流水线方式控制指令的执行，就是指令执行的流水方式。在这种方式中，把指令的执行过程划分为若干个复杂程度相当、处理时间大致相等的阶段，每个阶段由一个独立的功能部件来完成。同一时间多个功能部件同时工作，完成对不同阶段的处理。

5.7.2　指令流水线的表示方法及性能指标

1. 指令流水线的表示方法

在计算机的流水线中，流水线的每一个阶段完成一条指令的一部分功能，不同阶段并行完成流水线中不同指令的不同功能。流水线中的每一个阶段称为一个流水阶段、流水步、流水级等。一个流水阶段与另一个流水阶段相连接形成流水线。指令从流水线的一端进入，经过流水线的处理，从另一端流出。

若我们把一条指令的执行过程分为取指令、译码、执行、保存结果 4 个流水段，用一种流水线的表示方法连接图来表示，如图 5-30 所示。

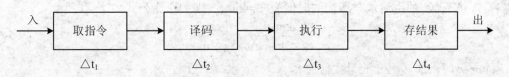

图 5-30　4 段指令流水线连接图

为了直观描述流水线的工作过程，最常用的一种方法是采用时空图。图 5-30 所示的指令流水线，用时空图表示时，如图 5-31 所示。

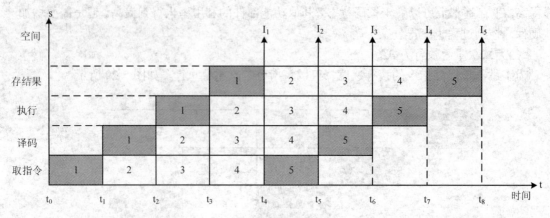

图 5-31 指令流水线时空图

在时空图中，横坐标表示时间，也就是输入到流水线中的各个任务在流水线中所经过的时间。当流水线中各个流水段的执行时间都相等时，横坐标被分割成相等长度的时间段。纵坐标表示空间，即流水线的每一个流水段（对应各执行部件）。

从图 5-31 可看出，第一条指令 I_1 在 t_0 时刻进入流水线，t_4 时刻流出流水线。第二条指令在 t_1 时刻进入流水线，t_5 时刻流出流水线。以此类推，当流水线满载时，每经过一个 Δt 时间，便有一条指令进入流水线，同时有一条指令流出流水线。图中所示为 $8\Delta t$ 的时间，执行完 5 条指令。如果串行执行指令，用 $8\Delta t$ 的时间只能执行完 2 条指令。可见流水线方式成倍地提高了计算机的工作速度。

2. 流水线的性能指标

衡量流水线的主要技术指标有吞吐率、效率和加速比。

（1）吞吐率（T_P）。

吞吐率是指在单位时间内流水线所完成的任务数或输出结果的数量。对于线性流水线来说，在各个子过程占用时间相同（都为 Δt）的情况下，T_P 的计算公式如下：

$$T_P = \frac{n}{k\Delta t + (n-1)\Delta t} = \frac{n}{(k+n-1)\Delta t} \tag{5-5}$$

式中：n 为指令数；k 为执行一条指令的子过程数（也称为流水线段数）；Δt 为执行一个子过程所需要的时间。当 $n \to \infty$ 时，吞吐率 T_P 的最大值为 $1/\Delta t$。

（2）加速比（S）。

加速比是指完成同样一批任务，不使用流水线所用的时间与使用流水线所用的时间之比。

如果流水线各段执行时间都相等，则一条 k 段流水线完成 n 个连续任务所需的时间为 $T_k=(k+n-1)\Delta t$。而不使用流水线所需的时间为 $T_0=kn\Delta t$，则加速比公式如下：

$$S = \frac{kn\Delta t}{(k+n-1)\Delta t} = \frac{kn}{k+n-1} \tag{5-6}$$

当 $n \to \infty$ 时，加速比 S 的最大值为 k，即为流水线的段数。

（3）效率（E）。

流水线的设备利用率称为流水线的效率。在时空图上，流水线的效率表现为：完成 n 个任务占用的时空区有效面积与 n 个任务所用的时间与 k 个流水段所围成的时空区总面积之比。

如果流水线的各段执行时间均相等，而且输入的 n 个任务是连续的，则一条 k 段流水线的效率用如下公式表示。当 n→∞ 时，效率 E 的最大值为 1。

$$E = \frac{kn\Delta t}{k(k+n-1)\Delta t} = \frac{n}{k+n-1}$$

5.7.3　超标量和静态、动态流水线的基本概念

1. 超标量处理机

假设一条指令包含取指令、译码、执行、存结果四个子过程，每个子过程经过时间为 Δt。常规的标量流水线单处理机是在每个 Δt 期间解释完一条指令，如图 5-31 所示。执行完 5 条指令共需 $8\Delta t$。这种流水机的度 m=1。

超标量处理机采用多指令流水线，每个 Δt 同时流出 m 条指令（称为度 m）。假如度 m 为 3 的超标量处理机的流水时空图如图 5-32 所示，每 3 条指令为一组，执行完 12 条指令只需 $7\Delta t$。

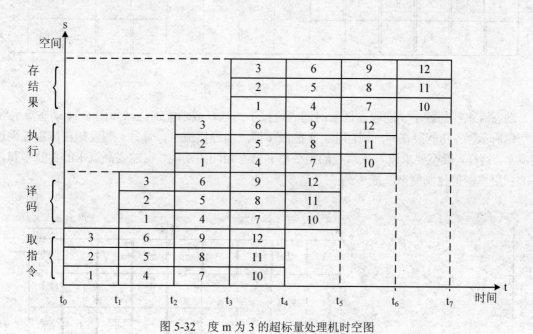

图 5-32　度 m 为 3 的超标量处理机时空图

2. 静态、动态流水线

静态流水线指在某一时间内各段只能按一种功能连接流水，只有等流水线全部流空后，才能切换成按另一种功能连接流水。就指令级流水而言，仅当进入的是一串相同运算的指令时，才能发挥出静态流水线的效能。若进入的是浮点加、定点乘、浮点加、定点乘等相间的一串指令时，静态流水线的效能会降低到比顺序方式的还要差。因此，在静态流水线机器中，要求程序员编制出（或是编译程序生成）的程序应尽可能调整成有更多相同运算的指令串，以提高其流水性能。为了更直观地理解静态流水线，其流水时空图如图 5-33 所示。浮点加有输入→减阶→对阶移位→相加→规格化→输出 6 个流水段。定点乘有输入→相乘→累加→输出 4 个流水段。

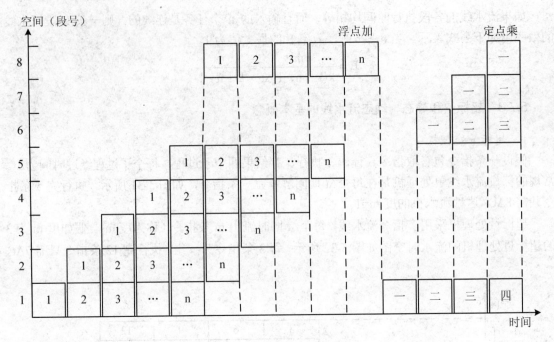

图 5-33　静态流水线时空图

动态流水线的各个功能段在同一时间内可按不同运算或功能连接。如图 5-34 动态流水线时空图所示，各功能段在同一时间里，某些段按浮点加连接流水，而另一些段却在按定点乘连接流水。这样，就不要求流入流水线的指令串非得有相同的功能，也能提高流水的吞吐率和设备的利用率，但控制复杂，成本高。

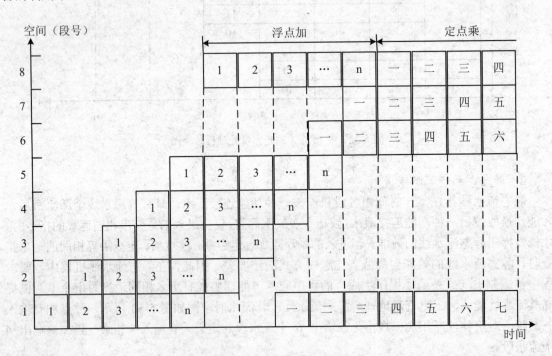

图 5-34　动态流水线时空图

5.8 多核处理器的基本概念

多核处理器也称为片上多处理器（Chip Multi-Processor，CMP）或单芯片多处理器。自1996 年美国斯坦福大学首次提出片上多处理器（CMP）思想和首个多核结构原型，到现在多核成为市场主流，多核处理器经历了十几年的发展。在这个过程中，多核处理器的应用范围已覆盖了多媒体计算、嵌入式设备、个人计算机、商用服务器和高性能计算机等众多领域，多核技术及其相关研究也迅速发展，比如多核结构设计方法、片上互连技术、可重构技术、下一代众核技术等。然而，多核处理器的技术并未成熟，多核的潜力尚未完全挖掘，仍然存在许多待研究的问题。

1. 多核处理器介绍

多核处理器指的是基于单个半导体芯片上拥有两个或多个一样功能、完整的处理核心。将多个完全功能的核心集成在同一个芯片内，整个芯片作为一个统一的结构对外提供服务，输出性能。多核处理器有如下几个特点：

- 通过集成多个单线程处理核心或者集成多个同时多线程处理核心，使得整个处理器可同时执行的线程数或任务数是单处理器的数倍，这极大地提升了处理器的并行性能。
- 多个核集成在片内，极大地缩短了核间的互连线，核间通信延迟变低，提高了通信效率，数据传输带宽也得到提高。
- 多核结构有效共享资源，片上资源的利用率得到了提高，功耗也随着器件的减少得到了降低。
- 多核结构简单，易于优化设计，扩展性强。

2. 多核处理器技术的发展趋势

从技术上来说，单核心处理器已经不能满足日益增长的对性能的要求了。多核处理器以其高性能、低功耗优势正逐步取代传统的单处理器，成为市场的主流。

多核处理器是单枚芯片（也称为"硅核"），能够直接插入单一的处理器插槽中，但操作系统会利用所有相关的资源，将它的每个执行内核作为分立的逻辑处理器。通过在两个执行内核之间划分任务，多核处理器可在特定的时钟周期内执行更多任务。

多核技术能够使服务器并行处理任务，多核系统更易于扩充，并且能够在更纤巧的外形中融入更强大的处理性能，这种外形所用的功耗更低、计算功耗产生的热量更少。多核架构能够使目前的软件更出色地运行，并创建一个促进未来的软件编写更趋完善的架构。尽管认真的软件厂商还在探索全新的软件并发处理模式，随着向多核处理器的移植，现有软件无需被修改就可支持多核平台。

在整体结构设计上多核处理器与传统的单处理器相比，多核内部结构没有固定的组织形式，可以有很多种实现方式。各个研究机构和厂商根据自己的应用目标设计出结构完全不同的多核结构。虽然如此，但在已有的多核处理器中仍存在几种比较典型的结构，它们分别代表了多核处理器结构中的某一类特点，Hydra、Cell 和 RAW 处理器就是 3 种典型的结构。

操作系统专为充分利用多个处理器而设计，且无需修改就可运行。为了充分利用多核技术，应用开发人员需要在程序设计中融入更多思路，但设计流程与目前对称多处理系统的设计流程相同，并且现有的单线程应用也将继续运行。

3. 多核处理器的优点

多核处理器具有如下几个主要优点：

（1）控制逻辑简单。相对超标量微处理器结构和超长指令字结构而言，单芯片多处理器结构的控制逻辑复杂性要明显低很多，相应的单芯片多处理器的硬件实现必然要简单得多。

（2）高主频。由于单芯片多处理器结构的控制逻辑相对简单，包含极少的全局信号，因此线延迟对其影响比较小，因此，在同等工艺条件下，单芯片多处理器的硬件实现要获得比超标量微处理器和超长指令字微处理器更高的工作频率。

（3）低通信延迟。由于多个处理器集成在一块芯片上，且采用共享 Cache 或者内存的方式，多线程的通信延迟会明显降低，这样也对存储系统提出了更高的要求。

（4）低功耗。通过动态调节电压/频率、负载优化分布等，可有效降低 CMP 功耗。

（5）设计和验证周期短。微处理器厂商一般采用现有的成熟单核处理器作为处理器核心，从而可缩短设计和验证周期，节省研发成本。

4. 多核技术应用前景

随着操作系统及应用软件对多核处理器的进一步支持及优化、芯片制造工艺的成熟、AMD 及 Intel 为代表的低功耗技术的发展、芯片级虚拟化技术的成熟等诸多因素，将推动服务器处理器多核化趋势的进一步彰显。多核技术将成为服务器技术的重要技术支点，更多的多核服务器处理器出现，包括 Intel 和安腾、AMD 的 4 核 OpterON、Sun 的 UltraSPARC 和 IBM 的 Cell 和 Power5 多核等，使得整个市场充斥着各种多核的技术。此外，国内的龙芯 3 也是专门面向服务器系统的 CPU，目前也在进行多核的研发，国内厂商曙光将在其新品中搭载龙芯多核处理器。

但是从目前来看，多核处理器的推广还受到一定程度的限制，如一些桌面应用尚不支持多线程、多核处理器价格相对偏高、应用开发工具不成熟等。随着应用需求的扩大和技术的不断进步，多核必将展示出其强大的性能优势。但是多核处理器是处理器发展的必然趋势，无论是移动与嵌入式应用、桌面应用还是服务器应用，都将采用多核的架构，因此我们可以肯定地说，多核技术应用前景广阔。

本章小结

CPU 也称为中央处理器，是计算机的重要组成部件之一，相当于人的"大脑"，管理和控制计算机的运行。CPU 具有指令控制、时间控制、操作控制、数据加工等基本功能。

早期的 CPU 由运算器和控制器两大部分组成。随着高密度集成电路技术的发展和对计算机性能要求的越来越高，现代计算机的 CPU 内集成了越来越多的功能部件，如浮点处理器 FPU（Floating Processing Unit）、高速缓冲存储器 Cache 等，使 CPU 的组成越来越复杂，功能越来越强大。CPU 中至少要有如下六类寄存器：指令寄存器、程序计数器、地址寄存器、数据缓冲寄存器、通用寄存器、状态条件寄存器。

时序信号产生器和操作控制器是 CPU 中控制器的其中两个组成部件。时序信号产生器提供 CPU 周期（也称为机器周期）所需的时序信号。操作控制器发出各种控制信号，并利用时序信号进行定时，有条不紊地取出一条指令并执行这条指令。

CPU 从存储器取出一条指令并执行这条指令的时间总和称为指令周期。由于各种指令的操作功能不同，各种指令的指令周期不尽相同，但是所有指令的取指周期都是相同的。划分指令周期，是设计操作控制器的重要依据。

控制器可以分为硬布线控制器和微程序控制器两种。硬布线控制器的基本思想是：某一微操作控制信号是指令操作码译码输出、时序信号和状态条件信号的逻辑函数，即用布尔函数写出逻辑表达式，然后用逻辑门电路实现。硬布线控制器实现控制信号延迟时间短，有利于提高计算机系统的运行速度，但是控制电路复杂且不好修改和扩展。但是随着大（超大）规模集成电路的发展，特别是各种不同类型的现场可编程器件的出现，硬布线控制器也得到越来越广泛的应用。微程序控制器设计技术是利用软件方法设计操作控制器的一门技术，具有规整性、灵活性、可维护性等一系列优点，因而在计算机设计中得到了广泛应用。

采用微程序控制器的 CPU，最基本的命令是微命令，最基本的操作是微操作。若干个微命令组成一条微指令，若干条微指令组成一段微程序。而一条机器指令是用一段微程序来解释执行的。微指令由操作控制字段（即微命令字段）和顺序控制器字段（微地址字段）两部分组成。微命令字段的编码方式有多种，微地址的形成方法也有多种情况。

不论是微型机还是超级计算机，并行处理技术已成为计算机技术发展的主流。并行处理技术可贯穿于信息加工的各个步骤和阶段。指令流水线是一种时间的并行，不同指令的不同阶段可并行进行，可大大提高计算机的速度。指令流水线最直观的表示方法是流水时空图，衡量的性能指标有吞吐率、加速比和效率。

从技术上来说，单核心处理器已经不能满足日益增长的对性能的要求了。多核处理器以其高性能、低功耗优势正逐步取代传统的单处理器成为市场的主流。多核处理器指的是基于单个半导体芯片上拥有两个或多个一样功能、完整的处理核心。

习题 5

1. CPU 的基本功能是什么？由此功能得出 CPU 主要由哪几部分组成？各部分的作用是什么？

2. 计算机为什么要设置时序部件？

3. 什么是同步控制、异步控制、联合控制？同步控制中常采用哪些具体做法？为什么说是同步控制？

4. 说明控制器如何区分从主存读出是信息、指令还是数据？

5. 试述指令周期、时钟周期、存储周期及三者之间的关系？

6. 试述微命令、微操作、微指令、微程序之间的关系？

7. 说明机器指令与微指令、工作程序与微程序有什么区别和联系？

8. 机器指令包含哪两个基本要素？微指令又包含哪两个基本要素？程序靠什么实现顺序执行？靠什么实现转移？微程序中顺序执行和转移依靠什么方法？

9. 什么是水平型微指令？什么是垂直型微指令？各有何特点？

10. 微指令字中微操作码字段（操作控制字段）有哪几种常见的编码方法？各有何特点？

11. 组合逻辑控制器和微程序控制器的设计思想有什么不同？

12. 画出组合逻辑控制器框图，根据指令处理过程，结合有关部件说明控制器的工作原理。

13. 画出微程序控制器框图，根据指令处理过程，结合有关部件说明控制器的工作原理。

14. CPU 结构如图 5.1 所示，其中有一个累加寄存器 AC、一个状态条件寄存器和其他四个寄存器，各部分之间的连线表示数据通路，箭头表示信息传递方向。

（1）标明图中四个寄存器的名称。

（2）简述指令从主存取到控制器的数据通路。

（3）简述数据在运算器和主存之间进行存/取访问的数据通路。

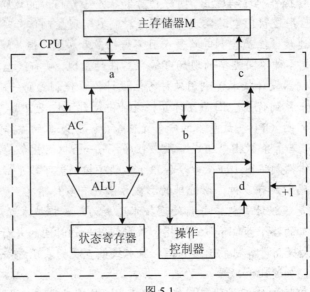

图 5.1

15．某 32 位机共有微操作控制信号 52 个，构成 5 个相斥类的微命令组，各组分别包含 4 个、5 个、8 个、15 个和 20 个微命令。已知可判定的外部条件有 CY 和 ZF 两个，微指令字长 29 位。

（1）给出采用断定方式的水平型微指令格式。

（2）控制存储器的容量应为多少位？

16．某机有 8 条微指令 $I_1 \sim I_8$，每条微指令所包含的微命令控制信号如表 5.1 所示。

表 5.1

微指令	微命令信号									
	a	b	c	d	e	f	g	h	i	j
I_1	√	√	√	√	√					
I_2	√			√		√	√			
I_3			√						√	
I_4				√						
I_5			√		√		√		√	
I_6	√							√		√
I_7			√	√				√		
I_8	√	√						√		

a～j 分别对应 10 种不同性质的微命令信号。假设一条微指令的控制字段为 8 位，请安排微指令的控制字段格式。

17．指令流水线有取指（IF）、译码（ID）、执行（EX）、访存（MEM）、写回寄存器堆（WB）五个过程段，共有 12 条指令连续输入此流水线。

（1）画出流水处理的时空图，假设时钟周期 100ns。

（2）求流水线的实际吞吐率（单位时间里执行完毕的指令数）。

（3）求流水处理器的加速比。

18．在流水处理中，把输入的任务分割为一系列子任务，并使各子任务在流水线的各个过程段并发地执行，从而使流水处理具有更强大的数据吞吐能力。请用定量分析法证明这个结论的正确性。

19．设机器 A 的主频为 8MHz，机器周期含 4 个时钟周期，且该机的平均指令执行速度是 0.4MIPS，试求该机的平均指令周期和机器周期，每个指令周期中含有几个机器周期？如果机器 B 的主频为 12MHz，且机器周期也含 4 个时钟周期，试计算 B 机的平均指令执行速度为多少 MIPS？

20．运算器结构图如图 5.2 所示，IR 为指令寄存器，$R_1 \sim R_3$ 是三个通用寄存器，其中任何一个可作为源寄存器或目标寄存器，A 和 B 是三选一多路开关，通路的选择分别由 AS_0，AS_1 和 BS_0，BS_1 控制（$BS_0BS_1=01$ 时选择 R_1，10 时选择 R_2，11 时选择 R_3）。S_1S_2 是 ALU 的操作性质控制端，功能如下：

$S_1S_2=00$ 时，ALU 输出 B

$S_1S_2=01$ 时，ALU 输出 A+B

$S_1S_2=10$ 时，ALU 输出 A–B

$S_1S_2=11$ 时，ALU 输出 $\overline{B}$

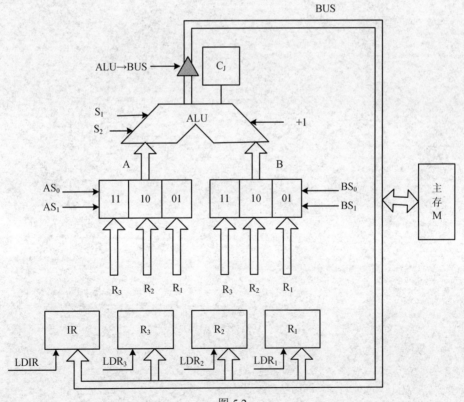

图 5.2

假设有如下四条机器指令，其操作码 OP 和功能如表 5.2 所示。

表 5.2

指令名称	OP	指令功能
MOV	00	从源寄存器传送一个数到目标寄存器
ADD	01	源寄存器内容与目标寄存器内容相加后送目标寄存器
COM	10	源寄存器内容取反后送目标寄存器
ADT	11	十进制加法指令，修正量 6 假定在 R_3，a，b 数在 R_1 和 R_2

要求：

（1）如机器字长 8 位，请设计四条指令的指令格式。

（2）如限定微指令字长不超过 14 位，请设计微指令格式（只考虑运算器数据通路的控制），假设控存 CM 容量仅 16 个单元。

（3）假定取指微指令完成从主存 M 取指令到 IR，画出四条指令的微程序流程图，标注微地址和测试标志。

第6章　总线与接口

内容导读

　　本章主要讲述微机总线与接口的基本概念，总线的分类、连接方式、仲裁、定时、数据传送模式等，接口的功能和基本结构、I/O 端口及其编址、I/O 地址空间及其编码等。最后介绍常用的几种总线及其性能指标和主要特点。

学习目标

- 掌握总线与接口的基本概念及其组成；
- 理解总线的分类、连接方式、仲裁、定时、数据传送模式；
- 掌握接口的功能及基本结构、I/O 端口及其编址、I/O 地址空间及其编码；
- 了解 PCI 等几种典型总线。

6.1　总线概述

　　微处理器要与一定数量的功能部件和外围设备连接，但如果将各部件和每一种外围设备都分别用一组线路与 CPU 直接连接，那么连线将会错综复杂，甚至难以实现。为了简化硬件电路设计、简化系统结构，常用一组线路，配置以适当的接口电路，与各部件和外围设备连接，这组共用的连接线路被称为总线。

　　自 1970 年美国 DEC 公司在其 PDP11/20 小型计算机上采用 Unibus 总线以来，随着计算机技术的迅速发展，推出了各种标准的、非标准的总线。总线技术之所以能够得到迅速发展，是由于采用总线结构在系统设计、生产、使用和维护上有很多优越性。概括起来主要有以下几点：

　　（1）便于采用模块结构设计方法，简化了系统设计；

　　（2）标准总线可以得到多个厂商的广泛支持，便于生产与之兼容的硬件板卡和软件；

　　（3）模块结构方式便于系统的扩充和升级；

　　（4）便于故障诊断和维修，同时也降低了成本。

6.1.1　总线的基本概念

　　总线（BUS）是计算机各种功能部件之间传送信息的公共通信干线，它是由导线组成的传输线束。总线是构成计算机系统的互连内部结构，它是 CPU、内存、I/O 设备等多个系统功能部件之间进行信息传送的公用通道，主机的各个部件通过总线相连接，外部设备通过相应的接口电路再与总线相连接，从而形成了计算机硬件系统，微型计算机就是以总线结构来连接各个功能部件的。

6.1.2　总线分类

总线就是各种信号线的集合，是计算机各部件之间传送数据信息、地址信息和控制信息的公共通路。在微机系统中存在各式各样的总线，这些总线可以从不同的层次和角度进行如下分类。

1. 按相对于 CPU 或其他芯片的位置分类

（1）片内总线：也称为 CPU 总线，它是位于微处理器内部的总线，是算术逻辑部件 ALU 及各种寄存器等功能单元之间的通路。在 CPU 内部，寄存器之间和算术逻辑部件 ALU 与控制部件之间传输数据所用的总线称为片内总线（即芯片内部的总线）；

（2）片外总线：通常所说的总线（BUS）指的是片外总线，是 CPU 与内存 RAM、ROM 和输入/输出设备接口之间进行通讯的通路。

2. 按总线的功能分类

（1）地址总线：用来传送地址信息；

（2）数据总线：用来传送数据信息；

（3）控制总线：用来传送各种控制信号。

3. 按总线的层次结构分类

（1）CPU 总线：包括地址线、数据线和控制线，它用来连接 CPU 和控制芯片；

（2）存贮总线：包括地址线、数据线和控制线，用来连接存储控制器和 DRAM；

（3）系统总线：也称为 I/O 通道总线，包括地址线、数据线和控制线，用来与扩充插槽上的各扩充板卡相连接。系统总线有多种标准，以适用于各种系统；

（4）外部总线：用来连接外设控制芯片，如主机板上的 I/O 控制器和键盘控制器。包括地址线、数据线和控制线。

4. 按总线的通信方式分类

（1）串行总线：采用一根数据线串行的逐位传送数据。串行通信速率虽低，但在数据通信吞吐量不是很大的微处理电路中则更加简易、方便、灵活；

（2）并行总线：采用多根数据线可并行传送多个二进制位。并行通信速度快、实时性好。

5. 按总线的通信定时方式分类

（1）同步总线：指互联的部件或设备均通过统一的时钟进行同步，即所有的互联的部件或设备都必须使用同一个时钟（同步时钟），在规定的时钟节拍内进行规定的总线操作，来完成部件或设备之间的信息交换；

（2）异步总线：指没有统一的时钟而依靠各部件或设备内部定时操作，所有部件或设备是以信号握手的方式进行，即发送设备和接受设备互用请求和确认信号来协调动作，总线操作时序不是固定的。因此，异步总线能兼容多种不同的设备，而且不必担心时钟变形或同步问题。

6.1.3　总线的连接方式

总线是构成计算机系统的互连机构，是多个系统功能部件之间进行数据传送的公共通路。根据连接方式的不同，单机系统中采用的总线结构大致可分为三种基本类型：单总线结构、双总线结构和多总线结构。

1. 单总线结构

单总线结构如图 6-1 所示。计算机的各个部件均与系统总线相连，所以它又称为面向系统的单总线结构。在单总线结构中，CPU 与主存之间、CPU 与 I/O 设备之间、I/O 设备与主存之间、各种设备之间都通过系统总线交换信息。单总线结构的优点是控制简单方便，扩充方便。但由于所有设备部件均挂在单一总线上，使这种结构只能分时工作，即同一时刻只能在两个设备之间传送数据，这就使系统总体数据传输的效率和速度受到限制，这是单总线结构的主要缺点。

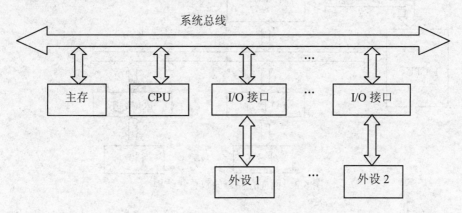

图 6-1　单总线结构

2. 双总线结构

双总线结构又分为面向 CPU 的双总线结构和面向存储器的双总线结构。

面向 CPU 的双总线结构如图 6-2 所示。其中一组总线是 CPU 与主存储器之间进行信息交换的公共通路，称为存储总线。另一组是 CPU 与 I/O 设备之间进行信息交换的公共通路，称为输入/输出总线（I/O 总线）。外部设备通过连接在 I/O 总线上的接口电路与 CPU 交换信息。

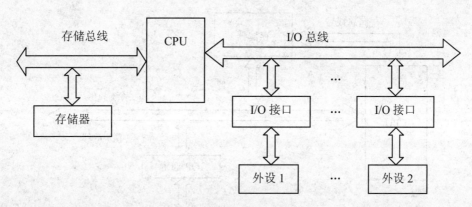

图 6-2　面向 CPU 的双总线结构

由于在 CPU 与主存储器之间、CPU 与 I/O 设备之间分别设置了总线，从而提高了微机系统信息传送的速率和效率。但是由于外部设备与主存储器之间没有直接的通路，它们之间的信息交换必须通过 CPU 才能进行中转，从而降低了 CPU 的工作效率（或增加了 CPU 的占用率）。一般来说，外设工作时要求 CPU 干预越少越好。

　　面向存储器的双总线结构如图 6-3 所示。这种总线结构保留了单总线结构的优点，即所有设备和部件均可通过总线交换信息。与单总线结构不同的是在 CPU 与存储器之间，又专门设置了一条高速存储总线，使 CPU 可以通过它直接与存储器交换信息。面向存储器的双总线结构信息传送效率较高，这是它的主要优点。但 CPU 与 I/O 接口都要访问存储器时，仍会产生冲突。

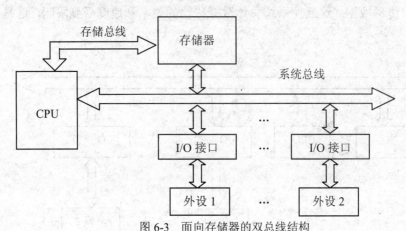

图 6-3　面向存储器的双总线结构

3. 三总线结构

　　三总线结构是在双总线系统的基础上增加 I/O 总线形成的，结构如图 6-4 所示。在这种结构中，外设与存储器间直接交换数据而不经过 CPU，从而减轻了 CPU 对数据输入输出的控制，进一步提高了 CPU 的工作效率。其中，所谓的通道实际上是一台具有特殊功能的处理器，又称为 IOP 通道（I/O 处理器），它分担了一部分 CPU 的功能，以实现对外设的统一管理及外设与主存之间的数据传送。显然，由于增加了 IOP 通道，使整个系统的效率大大提高，当然这是以增加更多的硬件代价换来的。

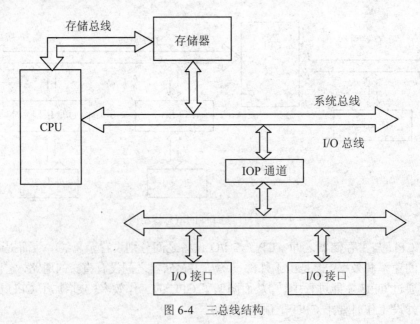

图 6-4　三总线结构

6.1.4　总线的组成及性能指标

1. 总线的组成

（1）数据总线：数据总线一般为双向三态，用来传输数据，数据总线的宽度（位数）反映了总线传输数据的速率。

（2）地址总线：地址总线一般为单向三态，用来传输地址信息，地址线的位数决定了微机系统的寻址范围。

（3）控制总线：控制总线用来传输控制或状态信号。它根据使用条件不同，有的为单向，有的为双向传输，有的是三态，有的是非三态。控制总线代表了总线的控制能力。

（4）电源和地线：电源和地线是总线中不可缺少的，它决定了总线使用的电源种类，地线分布及用法。

（5）备用线：备用线主要是留作功能扩充和用户的特殊要求使用。

2. 性能指标

（1）总线宽度：即数据总线宽度，指一次总线操作中通过总线传输数据的数据位数，单位为位（bit），一般有 8、16、32、64 位等。

（2）总线频率：指总线在每秒钟内能传输数据的次数，单位为 MHz。工作频率越高则总线工作速度越快，也即总线带宽越宽。 如 ISA 的总线频率为 8MHz，而 PCI 总线有 33.3MHz、66.6MHz 两种总线频率。

（3）传输速率：总线的传输速率用每秒钟传送的数据量来衡量，指总线在每秒钟内能传输的最多字节数。三者的关系是：

$$传输速率=总线宽度/8×总线频率$$

例如 PCI 总线频率为 33.3MHz，总线宽度为 32 位，则

$$传输速率=32b/8×33.3MHz=133.2MB/s$$

总之，总线宽度越宽，总线频率越高，则总线传输速率越快。

6.2　总线接口

接口就是微处理器与外围设备之间的连接电路，它是两者之间进行信息交换时的必要通路，通过接口可以实现微处理器与外围设备之间的信息交换，不同的外设有不同的输入/输出接口电路。接口的基本结构以及与主机、外设间的连接如图 6-5 所示。接口中要分别传送数据信息、控制信息和状态信息，控制信息是指 CPU 向外围设备发出的命令信号，状态信息是指外设和接口向主机报告的信息。在许多接口电路中将数据信息、控制信息和状态信息都看作广义的数据信息，其中控制信息视为输出数据，状态信息视为输入数据，均通过数据线与主机进行交换。例如，键盘输入有键盘接口电路，CRT 显示器有显示器输出接口电路，打印机也有打印输出接口电路，等等。

接口按主机访问 I/O 设备的控制方式可分为程序查询式接口、中断接口、DMA 接口，以及更复杂一些的通道控制器和 I/O 处理机。接口标准是指外设接口的规范和定义，它涉及外设接口的信号线定义、传输速率、传输方向、电气和机械特性等方面。

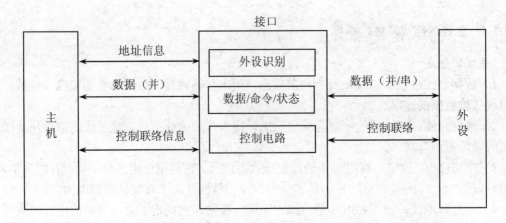

图 6-5　接口与主机、外设间的连接

6.2.1　I/O 接口的功能和基本结构

1. I/O 接口的功能

CPU 与外设之间的数据交换必须通过接口来完成，通常接口有以下一些功能：

（1）设置数据的寄存、缓冲逻辑，以适应 CPU 与外设之间的速度差异，接口通常由一些寄存器或 RAM 芯片组成，如果芯片足够大还可以实现批量数据的传输；

（2）能够进行信息格式的转换，例如串行和并行的转换；

（3）能够协调 CPU 和外设两者在信息的类型和电平的差异，如电平转换驱动器、数/模或模/数转换器等；

（4）协调时序差异、协调速度、提供实时时钟信号；

（5）地址译码和设备选择功能；

（6）设置中断和 DMA 控制逻辑，以保证在中断和 DMA 允许的情况下产生中断和 DMA 请求信号，并在接受到中断和 DMA 应答之后完成中断处理和 DMA 传输。

2. I/O 接口的基本结构

通常，一个接口中包含有数据端口、控制端口和状态端口。存放数据信息的寄存器称为数据端口，存放状态信息的寄存器称为状态端口，存放控制命令的端口称为命令端口。CPU 通过输入指令可以从有关端口中读出信息，通过输出指令可以把信息写入有关端口。对状态端口只进行输入操作，将设备状态标志送到 CPU 中去，对命令端口只进行输出操作，CPU 将向外设发送各种控制命令。

6.2.2　I/O 端口及其编址

1. I/O 端口

端口是接口电路中能被 CPU 直接访问的寄存器的地址，CPU 通过这些端口向接口电路中的寄存器发送命令、读取状态和传送数据。通常所说的 I/O 操作，是对 I/O 端口的操作，而不是对 I/O 设备的操作，即 CPU 所访问的是与 I/O 设备相关的端口，而不是 I/O 设备本身。

2. I/O 编址

按照接口电路占用的 I/O 端口有两类编址：独立编址和统一编址。

（1）独立编址。

I/O 端口地址和存储器地址分开独立编址，分别在相对独立的地址空间，I/O 端口地址不占用存储空间的地址范围，这样，在系统中就存在了另一种与存储地址无关的 I/O 地址，CPU 也必须具有专用于输入输出操作的 I/O 指令和控制逻辑。

优点：I/O 端口的地址码较短，译码电路简单，存储器同 I/O 端口的操作指令不同，程序比较清晰；存储器和 I/O 端口的控制结构相互独立，可以分别设计。

缺点：需要有专用的 I/O 指令，程序设计的灵活性较差。

（2）统一编址。

存储器和 I/O 端口共用统一的地址空间，每个端口占用一个存储单元的地址，当一个地址空间分配给 I/O 端口以后，存储器就不能再占有这一部分的地址空间。这种编址方式就是从存储空间中划出一部分地址空间分配给 I/O 设备，而把 I/O 接口中的端口作为存储器单元一样进行访问，不设置专门的 I/O 指令。

优点：不需要专用的 I/O 指令，任何对存储器数据进行操作的指令都可用于 I/O 端口的数据操作，程序设计比较灵活；由于 I/O 端口的地址空间是内存空间的一部分，这样，I/O 端口的地址空间可大可小，从而使外设的数量几乎不受限制。

缺点：I/O 端口占用了内存空间的一部分，影响了系统的内存容量；访问 I/O 端口与访问内存一样，由于内存地址较长，导致执行时间增加。

6.2.3　I/O 地址空间及其编码

在 Intel 系列微机系统中采用 I/O 独立编址方式。I/O 操作只使用 20 根地址线中的 16 根 A15～A0，可寻址的 I/O 端口数为 64K（65536）个。I/O 地址范围为 0000H～FFFFH。在 IBM-PC 机中只使用了 1024 个 I/O 端口地址（0～3FFH）。

在目前的微型计算机系统中，系统为主板保留了 1024 个端口，分配了最低端的 1024 个地址（0000H～03FFH）。1K 以上的地址（0400H～FFFFH）作为用户扩展使用。用户在设计扩展接口时，应注意不能使用系统已经占用的地址。

6.3　总线的仲裁

总线仲裁也叫总线判优。总线是多个部件所共享的，在总线上某一时刻只能有一个总线主控部件控制总线，为了正确地实现多个部件之间的通信，避免各部件同时发送信息到总线的冲突，必须要有一个总线仲裁机构，对总线的使用进行合理的分配和管理。

当总线上的一个部件要与另一个部件进行通信时，首先应该发出请求信号。在某一时刻，可能有多个部件同时要求使用总线，总线仲裁控制机构根据一定的判决原则，决定首先由哪个部件使用总线。只有获得了总线使用权的部件，才能开始传送数据。根据总线控制部件的位置，控制方式可以分成集中方式与分散方式两类。总线控制逻辑集中在一处的，称为集中式总线控制。总线控制逻辑分散在总线各部件中的，称为分散式总线控制。

6.3.1　集中仲裁方式

集中式仲裁中每个功能模块有两条线连到中央仲裁器：一条是送往仲裁器的总线请求信

号线 BR；另一条是仲裁器送出的总线授权信号线 BG。集中总线仲裁的控制逻辑基本集中在一处，需要中央仲裁器，分为链式查询方式、计数器定时查询方式、独立请求方式。

1. 链式查询方式

总线授权信号 BG 串行地从一个 I/O 接口传送到下一个 I/O 接口，如图 6-6 所示。假如 BG 到达的接口无总线请求，则继续往下查询；假如 BG 到达的接口有总线请求，BG 信号便不再往下查询，该 I/O 接口获得了总线控制权。离中央仲裁器最近的设备具有最高优先级，通过接口的优先级排队电路来实现。

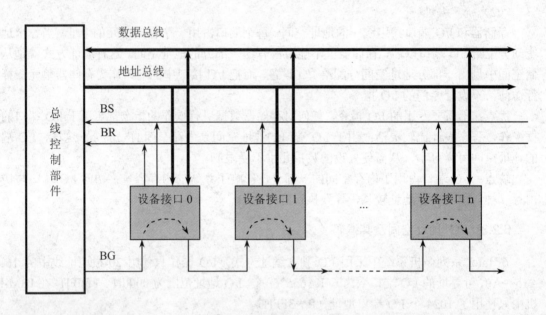

图 6-6 链式查询方式

（1）链式查询方式需要有三根控制线：总线忙信号 BS，该信号有效时，表示总线正被某外设使用；总线请求信号 BR，该信号有效时，表示至少有一个外设请求使用总线；总线回答信号 BG，该信号有效时，表示总线控制部件响应了外设的总线请求。

（2）链式查询基本原理是：要使用总线的部件提出申请（BR）；如果总线不忙，总线控制器发出批准信号（BG）；提出申请的部件截获 BG，并禁止 BG 信号进一步向后传播；提出申请的部件发出总线忙信号（BS），并开始使用总线，总线忙信号将阻止其他部件使用总线，直到使用总线的设备释放总线。

链式查询方式的优点：只用很少几根线就能按一定优先次序实现总线仲裁，很容易扩充设备。链式查询方式的缺点：对询问链的电路故障很敏感，查询链的优先级是固定的，如果优先级高的设备出现频繁的请求时，优先级较低的设备可能长期不能使用总线。

2. 计数器定时查询方式

总线上的任一设备要求使用总线时，通过 BR 线发出总线请求，如图 6-7 所示。中央仲裁器接到请求信号以后，在 BS 线为"0"的情况下让计数器开始计数，计数值通过一组地址线发向各设备。每个设备接口都有一个设备地址判别电路，当地址线上的计数值与请求总线的设备地址相一致时，该设备置"1"BS 线，获得了总线使用权，此时中止计数查询。

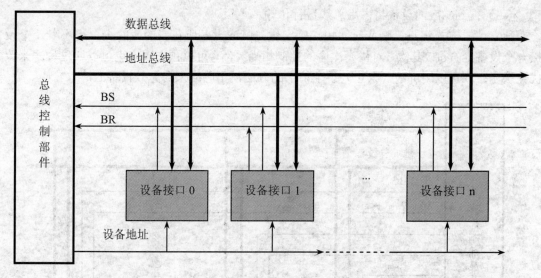

图 6-7 计数器定时查询方式

每次计数可以从"0"开始，也可以从中止点开始。如果从"0"开始，各设备的优先次序与链式查询法相同，优先级的顺序是固定的。如果从中止点开始，则每个设备使用总线的优先级相等。计数器的初值也可用程序来设置，这可以方便地改变优先次序，但这种灵活性是以增加线数为代价的。

计数器查询的基本原理是：

（1）总线上任何设备要求使用总线时，都通过 BR 线发出总线请求。

（2）总线控制器接到总线请求信号后，在 BS 线为 0 的情况下其设备地址计数器开始计数，计数值通过一组设备地址线发向各设备。

（3）每个外设接口都有一个设备地址判别电路，当设备地址线上的计数值与请求使用总线的设备地址一致时，该设备就获得了总线使用，并置 BS 线为 1。

（4）总线控制器根据检测到 BS 信号时的设备地址就知道当前哪个设备使用了总线。

（5）每次设备地址计数可以从 0 开始，也可从上次计数的中止点开始。如果从 0 开始，各设备的优先次序与链式查询相同，优先级的顺序是固定的。如果从中止点开始，则每个设备使用总线的优先级别是相等的。计数器的初值也可以用程序来设置，这就可以方便地改变优先次序。

3．独立请求方式

每一个共享总线的设备均有一对总线请求线 BR_i 和总线授权线 BG_i，如图 6-8 所示。当设备要求使用总线时，便发出该设备的请求信号。中央仲裁器中的排队电路决定首先响应哪个设备的请求，给设备以授权信号 BG_i。

独立请求的基本原理是：

（1）每个设备均有独立的总线请求线 BR_i 和总线回答线 BG_i。当设备要求使用总线时，便发出总线请求信号 BR_i。

（2）总线控制器对所有的总线请求进行优先级排队，响应级别最高的请求，并向该设备发出总线回答信号 BG_i。

（3）得到响应的设备将占用总线进行传输。

独立请求方式优点：响应时间快，确定优先响应设备所花费的时间少，用不着一个设备接一个设备地查询。其次，对优先次序的控制相当灵活，可以预先固定也可以通过程序来改变优先次序；还可以用屏蔽（禁止）某个请求的办法，不响应来自无效设备的请求。

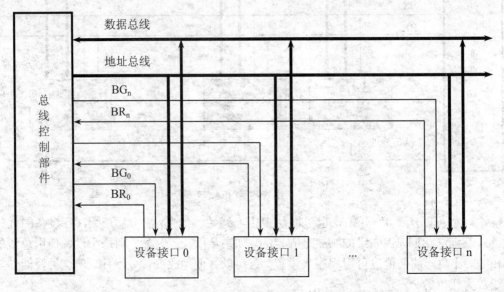

图 6-8　独立请求方式

6.3.2　分布仲裁方式

分布式仲裁不需要中央仲裁器，每个潜在的主方功能模块都有自己的仲裁号和仲裁器。当它们有总线请求时，把它们唯一的仲裁号发送到共享的仲裁总线上，每个仲裁器将仲裁总线上得到的号与自己的号进行比较。如果仲裁总线上的号大，则它的总线请求不予响应，并撤消它的仲裁号。最后，获胜者的仲裁号保留在仲裁总线上。显然，分布式仲裁是以优先级仲裁策略为基础。

6.4　总线的定时

所谓定时，是指事件出现在总线上的时序关系，数据传送过程中主要采用两种定时方式：同步定时方式和异步定时方式。

6.4.1　同步定时方式

在同步定时协议中，事件出现在总线上的时刻由总线时钟信号来确定。采用同步定时方式传送数据时，所有事件都出现在时钟信号的前沿，大多数事件只占据单一时钟周期。CPU首先发出读命令信号，并将存储器地址放到地址线上，它亦可发出一个启动信号，指明控制信息和地址信息已出现在总线上。存储器模块识别地址码，经一个时钟周期延迟后，将数据和认可信息放到总线上，被 CPU 读取。由于采用了公共时钟，每个功能模块什么时候发送或接收信息都有统一时钟规定，因此，同步定时具有较高的传输频率。

同步定时适用于总线长度较短、各功能模块存取时间比较接近的情况。这是因为同步方式对任何两个功能模块的通信都给予同样的时间安排。由于同步总线必须按最慢的模块来设计公共时钟，当各功能模块存取时间相差很大时，会大大损失总线效率。

6.4.2 异步定时方式

在异步定时协议中，后一事件出现在总线上的时刻取决于前一事件的出现，即建立在应答式或互锁机制基础上。在这种系统中，不需要统一的公共时钟信号。总线周期的长度是可变的。采用异步定时方式传送数据时，CPU 发出读命令信号和存储器地址信号，经一段时延，待信号稳定后，它启动主同步（MSYN）信号，这个信号引发存储器以从同步（SSYN）信号予以响应，并将数据放到数据线上。这个 SSYN 信号使 CPU 读数据，然后撤消 MSYN 信号，MSYN 信号的撤消又使 SSYN 信号撤消，最后地址线、数据上不再有有效信息，于是读数据总线周期结束。

异步定时的优点是总线周期长度可变，不把响应时间强加到功能模块上，因而允许快速和慢速的功能模块都能连接到同一总线上。但这以增加总统的复杂性和成本为代价。

6.5 总线数据传送模式

当代的总线标准大都能支持以下四类模式的数据传送：

（1）读、写操作：读操作是由从方到主方的数据传送；写操作是由主方到从方的数据传送。一般，主方先以一个总线周期发出命令和从方地址，经过一定的延时再开始数据传送总线周期。为了提高总线利用率，减少延时损失，主方完成寻址总线周期后可让出总线控制权，以使其他主方完成更紧迫的操作。然后再重新竞争总线，完成数据传送总线周期。

（2）块传送操作：只需给出块的起始地址，然后对固定块长度的数据一个接一个地读出或写入。对于 CPU（主方）、存储器（从方）而言的块传送，常称为猝发式传送，其块长一般固定为数据线宽度（存储器字长）的 4 倍。例如一个 64 位数据线的总线，一次猝发式传送可达 256 位。这在超标量流水中十分有用。

（3）写后读、读修改写操作：这是两种组合操作。只给出地址一次（表示同一地址），或进行先写后读操作，或进行先读后写操作。前者用于校验目的，后者用于多道程序系统中对共享存储资源的保护。这两种操作和猝发式操作一样，主方掌管总线直到整个操作完成。

（4）广播、广集操作：一般而言，数据传送只在一个主方和一个从方之间进行。但有的总线允许一个主方对多个从方进行写操作，这种操作称为广播。与广播相反的操作称为广集，它将选定的多个从方数据在总线上完成 AND 或 OR 操作，用以检测多个中断源。

6.6 总线标准

6.6.1 ISA 总线

ISA（Industry Standard Architecture）是工业标准体系结构总线的简称，最早由美国 IBM

公司推出，主要用于 IBM-PC/XT、AT 及其兼容机上，后来被 IEEE 采纳作为微机总线标准。总线信号连接到一个 62 针插座，分成 A，B 两排，每排 31 针，可连接 31 条引线，其中数据线 8 根，地址线 20 根；可接收 6 路中断请求，3 路 DMA 请求；此外还包括时钟、电源线和地线。ISA 总线控制主要有中断和 DMA 请求两类控制。中断方式时由 ISA 卡发出中断请求而取得软件的控制权；DMA 请求方式则在 DMA 控制器响应请求后，由 DMA 控制器代为管理总线的控制，或与 MASTER 信号配合取得 ISA 总线的真正控制权。

20 世纪 80 年代中期 ISA 总线扩充到 16 位（即 AT 总线），适用于 CFU 为 80286 的 IBM PC/AT 系统。总线信号连接到 2 个插座。一个是与 XT 总线兼容的 62 针插座。引线仍标以 A1～A31 和 B1～B3l。另一个为扩充的 32 针插座，引线标以 Cl～C18 与 D1～D18。总线信号包括数据线 16 根和地址线 24 根，支持 16 级中断和 7 个 DMA 通道。8 位数据线的 I/O 接口卡可以在 ISA-16 的 62 针插座上运行。

ISA 总线的缺点是数据传输速度低、CPU 占用率高、占用硬件中断资源等，目前在微机系统中已逐渐被淘汰，很多新的主板已不再支持 ISA 总线，但在工控领域仍有广泛应用。

6.6.2　PCI 总线

PCI（Peripheral Component Interconnect）是外设互连总线的简称，是为了满足现代微机中的外部设备与主机之间的高速数据传输的需求而由美国 Intel 公司开发的总线标准。PCI 是一种先进的局部总线，已成为局部总线的新标准。

PCI 总线是一种不依附于某个具体处理器的局部总线。从结构上看，PCI 是在 CPU 和原来的系统总线之间插入的一级总线，具体由一个桥接电路实现对这一层的管理，并实现上下之间的接口以协调数据的传送。管理器提供了信号缓冲，使之能支持 10 种外设，并能在高时钟频率下保持高性能。PCI 总线也支持总线主控技术，允许智能设备在需要时取得总线控制权，以加速数据传送。

与 ISA 等总线相比，PCI 总线具有如下特点：

（1）传输速率高、低延迟。PCI 总线宽度为 32/64 位，总线时钟频率 3MHz/66MHz，最大数据传输速率 528MB/s；

（2）允许多总线共存，完全的多总线主控能力，具有隐含的集中式中央仲裁系统；

（3）PCI 总线不依赖于某一具体的微处理器，它支持多种微处理器和将来发展的微处理器；

（4）同步传输方式；

（5）具有隐含的集中式中央仲裁系统；

（6）具有与处理器和存储器子系统完全并行操作的能力；

（7）自动识别与配置外设，方便用户使用；

（8）采用地址线和数据线复用技术，减少了引线数量；

（9）支持一次读/写多个数据的 Burst 传输方式；

（10）提供地址和数据的奇偶校验，使系统更可靠。

6.6.3　AGP 总线

虽然现在 PC 机的图形处理能力越来越强，但要完成细致的大型 3D 图形描绘，PCI 结构的性能仍然有限，为了让 PC 的 3D 应用能力能同图形工作站一决高低，Intel 公司开发了 AGP（Accelerated Graphics Port）标准，推出 AGP 的主要目的就是要大幅提高高档 PC 机的图形，尤其是 3D 图形的处理能力。它是专门为 3D 加速而设置的加速图形端口，允许 3D 图形数据越过 PCI 总线，把主存和显存直接连接起来，从而解决了 PCI 总线设计中对于超高速系统的瓶颈问题，从而其视频信号的传输速率可以从 PCI 的 132MB/s 提高到 266MB/s（×1 模式）或者 532MB/s（×2 模式）。

在采用 AGP 的系统中，由于显示卡通过 AGP、芯片组与主内存相连，提高了显示芯片与主内存间的数据传输速度，让原需存入显示内存的纹理数据，现可直接存入主内存，这样可提高主内存的内存总线使用效率，也提高了画面的更新速度及 Z buffer（Z 缓冲）等数据的传输速度，而且还减轻了 PCI 总线的负载，有利于其他 PCI 设备充分发挥性能，但 AGP 不可能取代 PCI，严格来说，AGP 只是一个图形显示接口标准，而不是系统总线。因为它是一种点对点的连接端口，除图形控制器专用外，没有别的设备能够使用 AGP。

6.6.4　其他总线

（1）PCI-Express 总线。

PCI Express，简称 PCI-E，是近年来出现在微机系统中的一种用来代替 PCI、AGP 接口规范的新型系统总线标准。与传统 PCI 或 AGP 总线的共享并行传输结构相比，PCI-E 采用设备间的点对点串行连接。这样就能够允许每个设备建立自己独占的专用数据通道，不需要与其他设备争用带宽，从而极大地加快了设备之间的数据传送速度。串行连接和设备间专用传输通道的特点使 PCI-E 的数据传输速度可以轻松地达到 16GB/s。

PCI-E 采用多通道传输机制，各通道之间各自独立，多个通道组成一条总线系统。根据通道数的不同，分为 PCI-E 1X、2X、4X、8X、16X 甚至 32X。

（2）通用串行总线 USB。

USB（Universal Serial Bus）通用串行总线是由 Compaq、Digital Equipment、Intel、Microsoft、IBM、NEC 及 Northern Telecom 等 7 家公司联合开发的一种流行的外设接口标准。

1996 年 2 月公布了 USB 1.0 版本，传输速率有低速 1.5Mb/s 和高速 12Mb/s 两种模式。USB 2.0 已于 2000 年 4 月 27 日由 Compaq、HP、Intel、Lucent、Microsoft、NEC、Philips 正式对外发布，作为新一代 USB 标准，USB 2.0 兼容所有 USB 1.0 外部设备及电缆线等，传输速率达 480Mb/s。USB 2.0 不仅使 USB 大大提速，而且使更多的设备可以经 USB 连接到 PC。

本章小结

总线是计算机各种功能部件之间传送信息的公共通信干线，是 CPU、内存、I/O 设备等功能部件之间进行信息传送的公用通道，根据传输的信息种类可划分为数据总线、地址总线和控制总线，同时为解决总线控制权和数据传送的问题，必须具有总线仲裁部件和定时方式，按照总线仲裁电路的位置不同，仲裁方式分为集中式仲裁和分布式仲裁；根据事件出现在总线上的时序关系，数据传送过程中主要采用同步定时和异步定时两种方式。另外对 ISA、PCI、AGP、PCI-Express、USB 等总线进行了简要介绍。

接口就是微处理器与外围设备之间的连接电路，它是两者之间进行信息交换时的必要通路，不同的外设有不同功能和编址的输入/输出接口电路。

习题6

一、解释下列名词术语。

1．总线。
2．接口。

二、简答题

1．简述总线的组成及性能指标。
2．简述双总线结构的工作原理。
3．简述 I/O 接口的功能和基本结构。
4．简述 I/O 的编址方式及其特点。
5．简述总线的数据传送模式
6．简述 PCI 总线的特点。

第 7 章　输入输出（I/O）系统

内容导读

　　输入输出系统是人机对话和人机交互的桥梁，是计算机系统的重要组成部分。通常把计算机系统中 CPU 与除主机之外的其他部件之间传输数据的软硬件机构统称为输入输出系统，简称 I/O 系统。其作用是实现计算机系统的输入和输出功能。I/O系统具体要解决的问题是：怎样在主机和外设之间建立一个高效、可靠的信息传输"通路"；如何对外设进行编址，使 CPU 方便地寻找到要访问的外设；I/O 接口、管理部件如何协调完成主机和外部设备之间的数据交换等。本章主要讲述输入输出系统的基本概念及组成、外围设备的功能及典型外设的基本原理以及外设与主机交换信息的几种主要方式。

学习目标

- I/O 系统的基本概念、I/O 系统组成部分；
- 外设的功能、组成及编址方式；
- 典型外设的基本原理；
- RAID 的基本概念和分级；
- 磁盘存储器的工作原理；
- 程序查询方式、中断方式、直接存储器访问（DMA）方式。

7.1　I/O 系统概述

7.1.1　I/O 系统的基本概念

　　输入输出系统是计算机系统中用来控制外设与内存或 CPU 之间进行数据交换的机构，它是计算机系统中重要的软、硬件结合的子系统，是计算机系统的重要组成部分。通常把 I/O 设备及其接口线路、控制部件、通道或 I/O 处理器以及 I/O 软件统称为输入/输出系统，简称 I/O系统。其要解决的问题是对各种形式的信息进行输入和输出的控制。它由外围设备和输入输出控制系统两部分组成，外围设备包括输入设备、输出设备和磁盘存储器、磁带存储器、光盘存储器等。从某种意义上也可以把磁盘、磁带和光盘等设备看成一种输入输出设备，所以输入输出设备与外围设备这两个名词经常是通用的。在计算机系统中，通常把处理机和主存储器之外的部分称为输入输出系统。

　　输入输出系统的特点是异步性、实时性和设备无关性。

1．异步性

各个设备按照自己的时钟工作，它们相对于主机通常是异步工作的，但在某些时刻又必须接受处理机的控制。为此，必须考虑以下因素：

（1）数据缓冲。在外设接口中应有相关数据寄存器或缓冲器；

（2）数据传输的配合。外设与处理机之间速度差异非常大，信息格式也不同，直接传输一般是不可行的。

2．实时性

处理机必须实时地按照不同设备所要求的传送方式和传送速率为输入输出设备服务，包括从外设接收数据、向设备发送数据和有关控制信息，及时地处理数据传送中的错误，以及处理机本身的硬件和软件错误，如电源故障、数据校验错、页面失效等。在 I/O 设备提出中断、DMA 等请求时，CPU 要及时响应，完成必要的 I/O 操作或控制。

3．与设备无关性

（1）制定统一的独立于具体设备的接口标准，包括物理接口和软件接口，使得应用程序依据这一接口可以访问或支持各种 I/O 设备。

（2）使用即插即用（PNP）技术。这种技术使得各种 I/O 设备都可能通过统一的接口与计算机系统连接，这些接口提供了有关设备配置信息，其中断、I/O 端口地址、DMA 通道号等由系统自动识别并赋值，无需应用人员进行配置。

输入输出系统的功能主要有以下 3 种：

（1）信息转换。计算机只能识别和处理二进制代码所表示的信息，外围设备必须将采集到的信息数字化，才能输入给计算机处理；同样，计算机输出的二进制代码信息需要转换成一定形式的信号去控制外部世界的某种动作和变化。所以，进行信息转换是 I/O 系统的基本功能，包括电信号和非电信号的转换、数字量和非数字量的转换、编码方式的转换、传送方式的转换以及负载与驱动能力的匹配等。

（2）数据缓冲。由于主机和外设工作速度不同，外围设备采集到的信息，经数字化后，需要先保存起来，等主机需要时或空闲时处理；需要输出到外设的信息也先要暂存起来，等外设空闲时再处理。所以，在外设内部或接口部件中都带有一定容量的缓冲存储器，用于暂存输入或输出数据，防止数据丢失。

（3）速度配合。由于主机的处理速度极高，外设的工作速度与之相比较低，需要借助接口和相应的软件，采用合适的传送方式（程序查询、中断或 DMA 方式）实现与主机速度配合，使数据交换能有效的进行。

由于 I/O 设备数量和种类的增加，它们与主机的信息交换方式各不相同，因此 I/O 系统涉及的内容比较繁杂，包括输入输出系统的组成、I/O 设备与主机的联系方式以及 I/O 设备与主机之间信息交换的控制方式。

7.1.2　I/O 系统的发展

输入输出系统的发展大致可分为四个阶段。

1．早期阶段

早期的 I/O 设备种类较少，I/O 设备与主机交换信息都必须通过 CPU，如图 7-1 所示。

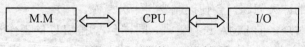

图 7-1 早期的 I/O 设备

这种 I/O 设备具有以下几个特点：

（1）每个 I/O 设备都必须配有一套独立的逻辑电路与 CPU 相连，用来实现与主机交换信息，因此线路十分零散、庞杂；

（2）输入输出过程是穿插在 CPU 执行程序之中进行的，当 I/O 与主机交换信息时，CPU 不得不停止其各种运算，因此，I/O 与 CPU 是按串行方式工作的，极浪费时间；

（3）每个 I/O 设备的逻辑控制电路与 CPU 的控制器紧密构成一个不可分割的整体，它们彼此依赖，相互牵连，因此，欲增添、撤减或更换 I/O 设备是非常困难的。

在这个阶段中，计算机系统硬件价格十分昂贵，机器速度不高，配置的 I/O 设备不多，主机与 I/O 交换的信息量也不大，计算机应用极不普及。

2. 接口模块和 DMA 阶段

这个阶段 I/O 设备通过接口模块与主机连接，计算机系统采用了总线结构，如图 7-2 所示。

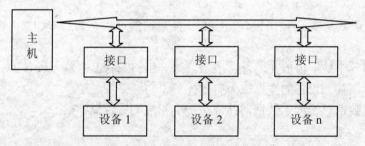

图 7-2 总线结构的 I/O 设备

通常在接口中都设有数据通路和控制通路。数据经过接口既起到缓冲作用，又可完成串—并变换或并—串变换。控制通路用以传送 CPU 向 I/O 设备发出的各种控制命令，或使 CPU 接受来自 I/O 设备的反馈信号。许多接口还能满足中断请求处理的要求，使 I/O 设备与 CPU 可按并行方式工作，大大地提高了 CPU 的工作效率。采用接口技术还可以使多台 I/O 设备分时占用总线，使多台 I/O 设备互相之间也可实现并行工作方式，有利于整机工作效率提高。

虽然这个阶段实现了 CPU 和 I/O 并行工作，但是在主机与 I/O 交换信息时，CPU 要中断现行程序，CPU 与 I/O 还不能做到绝对的并行工作。

为了进一步提高 CPU 的工作效率，又出现了 DMA（Direct Memory Access）技术，其特点是 I/O 与主存之间有一条直接数据通路，I/O 设备可以与主存直接交换信息，处理 I/O 无需 CPU 介入，使 CPU 在 I/O 与主存交换信息时，能继续完成自身的工作，故其资源利用率得到了进一步的提高。但是每个 I/O 需要配独立的 DMA，易出现访存冲突。而且 CPU 需要对众多的 DMA 进行管理。

3. 具有通道结构的阶段

在小型和微型计算机中，采用 DMA 方式可实现高速外设与主机成组数据的交换，但在大、中型计算机中，外设配置繁多，数据传送频繁，若仍采用 DMA 方式会出现一系列问题：

（1）如果每台外设都配置专用的 DMA 接口，不仅增加了硬件成本，而且为了解决众多

DMA 同时访问主存的冲突问题，会使控制变得十分复杂。

（2）CPU 需要对众多的 DMA 进行管理，同样会占用 CPU 的工作时间，而且因频繁地进入周期挪用阶段，也会直接影响 CPU 的整体工作效率，因此在大、中型计算机系统中，采用了 I/O 通道的方式来进行数据交换。如图 7-3 所示。

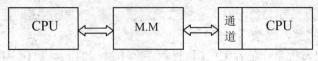

图 7-3　通道结构的 I/O

4. 具有 I/O 处理机的阶段

输入输出系统发展到第四阶段是具有 I/O 处理机的阶段。I/O 处理机又叫做外围处理机（Peripheral Processor Unit 或 PPU），它基本独立于主机工作，既可完成 I/O 通道要完成的 I/O 控制，还可完成码制变换、格式处理、数据块检错、纠错等操作。具有 I/O 处理机的输入输出系统，与 CPU 工作的并行性更高，这说明 I/O 系统对主机来说，具有更大的独立性。

7.1.3　I/O 系统的原理

I/O 工作的本质就是输入/输出设备与CPU交换数据的过程，其原理如下：

输入过程：

（1）CPU 把一个地址值放在地址总线上，这一步将选择某一输入设备；

（2）CPU 等候输入设备的数据成为有效；

（3）CPU 从数据总线读入数据，并放在一个相应的寄存器中。

输出过程：

（1）CPU 把一个地址值放在地址总线上，选择输出设备；

（2）CPU 把数据放在数据总线上；

（3）输出设备认为数据有效，从而把数据取走。

由于输入/输出设备本身的速度差异很大，因此，对于不同速度的外围设备，需要有不同的定时方式，总的说来，CPU 与外围设备之间的定时，有以下三种情况。

（1）速度极慢或简单的外围设备。

对这类设备，如机械开关、显示二极管等，CPU 总是能足够快地作出响应。换句话说，对机械开关来讲，CPU 可以认为输入的数据一直有效，因为机械开关的动作相对 CPU 的速度来讲是非常慢的，对显示二极管来讲，CPU 可以认为输出一定准备就绪，因为只要给出数据，显示二极管就能进行显示，所以，在这种情况下，CPU 只要接收或发送数据就可以了。

（2）慢速或中速的外围设备。

由于这类设备的速度和 CPU 的速度并不在一个数量级，或者由于设备（如键盘）本身是在不规则时间间隔下操作的，因此，CPU 与这类设备之间的数据交换通常采用异步定时方式。其定时过程如下：如果 CPU 从外设接收一个字，则它首先询问外设的状态，如果该外设的状态标志表明设备已"准备就绪"，那么 CPU 就从总线上接收数据。CPU 在接收数据以后，发出输入响应信号，告诉外设已经把数据总线上的数据取走。然后，外设把"准备就绪"的状态标志复位，并准备下一个字的交换。如果 CPU 起先询问外设时，外设没有"准备就绪"，那么它就发出表示外设"忙"的标志。于是，CPU 将进入一个循环程序中等待，并在每次循环中询问外设的状态，一直到外设发出"准备就绪"信号以后，才从外设接收数据。

CPU 发送数据的情况也与上述情况相似，外设先发出请求输出信号，而后，CPU 询问外设是否准备就绪。如果外设已准备就绪，CPU 便发出准备就绪信号，并送出数据。外设接收数据以后，将向 CPU 发出"数据已经取走"的通知。

通常，把这种在 CPU 和外设间用问答信号进行定时的方式叫做应答式数据交换。

（3）高速的外围设备。

由于这类外设是以相等的时间间隔操作的，而 CPU 也是以等间隔的速率执行输入/输出指令的，因此，这种方式叫做同步定时方式。一旦 CPU 和外设发生同步，它们之间的数据交换便靠时钟脉冲控制来进行。

7.1.4 I/O 系统的组成

I/O 系统由 I/O 硬件和 I/O 软件两部分组成。

1. I/O 软件

输入输出系统软件的主要任务是：将用户编制的程序（或数据）输入至主机内；将运算结果输送给用户；以及实现 I/O 系统与主机工作的协调等。

不同结构的 I/O 系统所采用的软件技术是不同的。采用接口模块方式时，应用机器指令系统中的 I/O 指令及系统软件中的管理程序，可使 I/O 与主机协调工作。采用通道管理方式时，除 I/O 指令外，还必须有通道指令及相应的操作系统。

（1）I/O 指令。I/O 指令是机器指令的一类，它能反映 CPU 与 I/O 设备交换信息的各种特点。

指令的一般格式如图 7-4 所示。

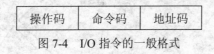

图 7-4 I/O 指令的一般格式

1）操作码：可作为 I/O 指令与其他类指令（如访存指令、算逻指令、控制指令等）的判别代码；

2）命令码：用来体现 I/O 的具体操作，例如：将数据从 I/O 设备输入至主机；将数据从主机输出至 I/O 设备；检测各个 I/O 设备所处伪状态是"忙"（Busy）还是"准备就绪"（Ready）；形成某些操作命令，等等。

3）设备码：是作为对多台 I/O 设备的选择码。I/O 指令的设备码相当于设备的地址。只有对繁多的 I/O 设备赋以不同的编号，才能准确选择某台设备与主机交换信息。

（2）通道指令。通道指令是对具有通道的 I/O 系统专门设置的指令。这类指令一般用以指明参与传送（写入或读出）的数据组在主存中的首地址；指明需要传送的字数或所传送数据组的末地址；指明所选设备的设备码及完成某种操作的命令码。这类指令的位数一般较长，如 IBM 370 机的通道指令为 64 位。

通道指令又叫通道控制字（CCW）。它是通道用于执行 I/O 操作的指令，它可以由管理程序存放在主存的任何地方，由通道从主存中取出并执行。通道程序即由通道指令组成，它完成某种外围设备与主存传送信息的操作。

通道指令和 I/O 指令的比较：

1）通道指令是通道自身的指令，用来执行 I/O 操作，如读、写、反读、磁带走带及磁盘找道等。而 I/O 指令是 CPU 指令系统的一部分，是 CPU 用来控制输入输出操作的指令，由 CPU 译码后执行。

2）在具有通道结构的机器中，I/O 指令不实现 I/O 数据传送，主要完成启、停 I/O 设备，查询通道和 I/O 设备的状态及控制通道所作的其他一些操作。具有通道指令的计算机，一旦 CPU 执行了启动 I/O 的指令后，就由通道来代替 CPU 对 I/O 的管理。

2. I/O 硬件

I/O 系统的硬件组成如图 7-5 所示。从硬件逻辑上看，I/O 系统包含系统总线、接口和外围设备三部分。其中接口又包含了控制外设工作的绝大部分电路，一般以插件的形式插在计算机主板的扩展槽中；一些公共接口逻辑，如中断控制器、DMA 控制器等则常置于主板上。接口也叫适配器，用于连接外设和主机，系统总线连接主机和接口，外总线连接设备。设备控制器主要用于控制一个或多个 I/O 设备，以实现 I/O 设备和计算机之间的数据交换。它是 CPU 与 I/O 设备之间的接口，它接收从 CPU 发来的命令，并去控制 I/O 设备工作，以使处理机从繁杂的设备控制事务中解脱出来。设备控制器是一个可编址的设备，当它仅控制一个设备时，它只有一个唯一的设备地址；若控制可连接多个设备时，则应含有多个设备地址，并使每一个设备地址对应一个设备。

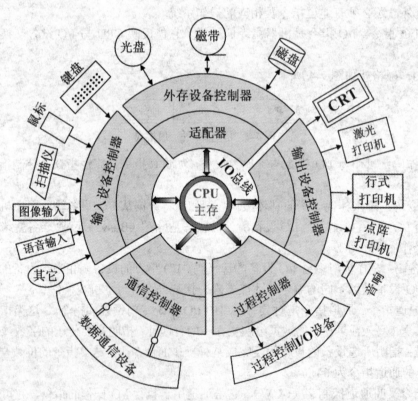

图 7-5　I/O 系统硬件组成

7.1.5 主机和外设的连接

1. 主机与外设间交换的信息

主机和外设之间需要交换的信息为：

（1）数据信息。这类信息可以是通过输入设备送到计算机的输入数据，也可以是经过计算机运算处理和加工后，送到输出设备的结果数据。传送可以是并行的，也可以是串行的。

（2）控制信息。这是 CPU 对外设的控制信息或管理命令，如外设的启动和停止控制、输入或输出操作的指定、工作方式的选择、中断功能的允许和禁止等。

（3）状态信息。这类信息用来标志外设的工作状态，CPU 在必要时可通过对它的查询来决定下一步的操作。

（4）联络信息。这是主机和外设间工作的时间配合信息，它与主机和外设间的信息交换方式密切相关。通过联络信息可以决定不同工作速度的外设和主机之间交换信息的最佳时刻，以保证整个计算机系统能统一协调地工作。

（5）外设识别信息。这是 I/O 寻址的信息，使 CPU 能从众多的外设中寻找出与自己进行信息交换的唯一外部设备。

2. 主机和外设的连接

CPU 与外设之间的数据交换必须通过接口来完成。接口具有选址、传送命令、传送数据和反映设备状态信息的功能。所有的数据传输都是通过数据总线实现的。

一个接口（Interface）中包含有数据端口、控制端口和状态端口。存放数据信息的寄存器称为数据端口，存放状态信息的寄存器称为状态端口，存放控制命令的端口称为命令端口。CPU 通过输入指令，从端口读入信息，通过输出指令，可将信息写入到端口中。CPU 对不同端口的操作有所不同，对状态端口只进行输入操作，将设备状态标志送到 CPU 中去；对命令端口只进行输出操作，CPU 将向外设发送各种控制命令。为节省硬件，有的接口电路中，状态信息和控制信息可以共用一个寄存器（Port），成为设备的控制/状态寄存器。

接口与主机、外设间的连接如图 7-6 所示。

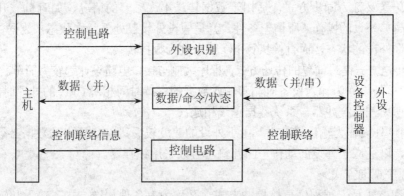

图 7-6 接口与主机、外设间的连接图

注意，接口（Interface）和端口（Port）是两个不同的概念。端口是指接口电路中可以被 CPU 直接访问的一些寄存器。若干个端口加上相应的控制逻辑才能组成接口。

3. 外设的编址方式

为了能在众多的外设中寻找或挑选出要与主机进行信息交换的外设，就必须对外设进行编址。

I/O 端口地址是主机与外设直接通讯的地址，外设的识别是通过地址总线和接口电路中的地址译码器来实现的。一台外设可以对应一个或几个识别码，从硬件结构来讲，每个特定的地址码指向外设接口中的一个寄存器。目前采用两种不同的外设编址方式。

（1）统一编址法。又称存储器映像编址方式。这种方式把每一外设端口视为一个存储单元，统一编排地址，即外设和存储器使用的是同一个地址空间。这样，就可利用访存指令去访问 I/O 端口，而不需要专门的 I/O 指令，使用访存指令就能实现 I/O 操作。CPU 采用存储器读写控制信号（如 MEMR、MEMW），并经地址译码控制来确定是访问存贮器还是访问 I/O 设备。例如 PDP-11 采用统一编址方式。

优点：简化指令系统，CPU 访问外设更加灵活方便，无需专门的 I/O 指令。

缺点：I/O 端口地址占用了一部分存储器地址空间，使内存容量减小；I/O 指令码长，执行速度慢。

（2）单独编址法。又称独立编址方式。I/O 设备的地址空间和存储器地址空间是两个独立的空间。CPU 使用专门的 IN（输入）和 OUT（输出）等 I/O 指令来实现数据传送。工作时，CPU 对指令进行译码（例如：给出 M/IO 信号），区分是存储器读写操作还是 I/O 读写操作。例如 8086 系列机就采用独立编址方式。

优点：不占用存储器地址空间。

缺点：需专门的 I/O 指令，且 I/O 指令仅限于传输，功能较弱。

4. I/O 系统的信息传送控制方式

主机和外设之间的信息传送控制方式，经历了由低级到高级、由简单到复杂、由集中管理到各部件分散管理的发展过程，按其发展的先后和主机与外设并行工作的程度，可以分为以下六种。

（1）无条件传送方式。

无条件传送又称为同步方式，适用于数据传送不太频繁的情况，如对机械开关、数码显示器等一些简单外设的操作。所谓无条件，就是假设外设已处于就绪状态，数据传送时，程序不必再去查询外设的状态，而直接执行 I/O 指令进行数据传输。

无条件传送方式是最简单的传送方式，程序编制与接口电路设计都较为简单。但必须注意：

1）当简单外设作为输入设备时，其输入数据的保持时间相对 CPU 的处理时间要长得多，所以可直接使用三态缓冲器与系统数据总线相连；

2）当简单外设作为输出设备时，由于外设的速度较慢，CPU 送出的数据必须在接口中保持一段时间，以适应于外设的动作，因此输出必须采用锁存器。

（2）程序查询方式。

程序查询方式是一种程序直接控制方式，又称为有条件传送方式。输入和输出完全是通过 CPU 执行程序来完成的。一旦某一外设被选中并启动后，主机将查询这个外设的某些状态位，看其是否准备就绪，若外设未准备就绪，主机将再次查询；若外设已准备就绪，则执行一次 I/O 操作。

这种方式控制简单，但外设和主机不能同时工作，各外设之间也不能同时工作，系统效率很低。因此，仅适用于 CPU 速度不是很高，而且外设的种类和数目不多、数据传送率较低的情况。

（3）程序中断方式。

在主机启动外设后，无需等待查询，而是继续执行原来的程序，外设在作好 I/O 准备时，向主机发中断请求，主机接到请求后就暂时中止原来执行的程序，转去执行中断服务程序对外部请求进行处理，在中断处理完毕后返回原来的程序继续执行。显然，程序中断不仅适用于外部设备的 I/O 操作，也适用于对外界发生的随机事态的处理。

程序中断在信息交换方式中处于最重要的地位，它不仅允许主机和外设同时并行工作，并且允许一台主机管理多台外设，使它们同时工作。但是完成一次程序中断所需的辅助操作可能很多，当外设数目较多时，中断请求过分频繁，可能使 CPU 应接不暇；另外，对于一些高速外设，由于信息交换是成批的，如果处理不及时，可能会造成信息丢失。因此，它主要适用于中、低速外设。

优点：程序中断方式使 CPU 与外设可以并行地工作，大大提高了 CPU 的效率。

缺点：一是中断方式仍需要通过 CPU 执行程序来实现外设与内存之间的信息传送，而指令的执行会花费不少的时间；二是每次中断需要花费保护断点和现场的时间，这对于高速的 I/O 设备来说，就显得太慢了。

（4）直接存储器存取（DMA）方式。

DMA 方式是在主存储器和外部设备之间开辟直接的数据通路，可以进行基本上不需要 CPU 介入的主存和外设之间的信息传送，这样不仅能保证 CPU 的高效率，而且能满足高速外设的需要。DMA 方式只能进行简单的数据传送操作，在数据块传送的起始和结束时还需 CPU 及中断系统进行预处理和后处理。

采用 DMA 方式，使 CPU 不参加数据传送，而是由 DMA 控制器来实现设备之间的直接快速传送，这样不仅减轻了 CPU 的负担，而且数据传送的速度上限就取决于存储器的工作速度。在 DMA 方式下，外设与内存交换信息的控制权交给了 DMA 控制器，实质上是在硬件控制下而不是 CPU 软件的控制下完成数据的传输，大大提高了传输速率，这对大批量数据的高速传送特别有用。

DMA 方式的主要优点是数据传送速度很高，传送速率仅受到内存访问时间的限制。与中断方式相比，需要更多的硬件。DMA 方式适用于内存和高速外围设备之间大批数据交换的场合。

（5）I/O 通道控制方式。

I/O 通道控制方式是 DMA 方式的进一步发展。系统中有通道控制部件，每个通道挂接若干个外设，主机在执行 I/O 操作时，只需启动有关通道，通道将执行通道程序，从而完成 I/O 操作。

通道是一个具有特殊功能的处理器，它能独立地执行通道程序，产生相应的控制信号，实现对外设的统一管理和外设与主存之间的数据传送。但它不是一个完全独立的处理机，它要在 CPU 的 I/O 指令指挥下才能启动、停止或改变工作状态，是从属于 CPU 的一个专用处理器。

（6）I/O 处理机方式（IOP 方式、PPU 方式）。

通道方式的进一步发展就形成了 I/O 处理机，又叫做外围处理机（PPU）。它既可以完成 I/O 通道要完成的 I/O 控制，又可以完成码制变换、格式处理、数据块的检错和纠错等操作。

它基本上独立于主机工作。在许多系统中，设置了多台外围处理机，实际上已经成为一个多机系统，在系统结构上已由功能集中式演变成为功能分散的分布式系统。

图 7-7 简单描述了 I/O 系统的后五种主要的控制方式。

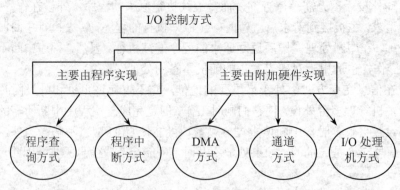

图 7-7　I/O 系统控制方式

由图 7-7 可知，程序查询方式和程序中断方式主要是由程序实现的，适用于低速的外设；DMA 方式、通道方式和 PPU 方式（IOP 方式）主要由附加硬件实现的，适用于低速外设。目前，单片机、小型机、微型机大多采用程序查询方式、程序中断方式和 DMA 方式；大、中型机多采用通道方式和外围处理机方式。

7.2　外围设备概述

外围设备（Peripheral Device）是计算机系统不可缺少的组成部分，是计算机和外部世界之间联系的桥梁。除主机外，围绕主机设备的各种硬件装置称为外围设备或外部设备，简称外设（Peripheral）。主要用来完成数据的输入、输出、成批存储数据和对数据的加工处理等任务。

7.2.1　外围设备的一般功能

一般说来，外围设备是为计算机及其外部环境提供通信手段的设备，一般由媒体、设备和设备控制器组成。外围设备的功能是在计算机和其他设备之间，以及计算机与用户之间提供联系。

外围设备的功能归纳起来有以下几方面：

（1）提供人机对话。

人类操作计算机，必须要进行人机对话，程序需要输入计算机，程序运行中所需要的数据也要输入计算机，操作者要了解程序运行的情况，以便随时对出现的异常情况进行干预和处理，计算机系统要把处理结果以操作者需要的方式输出，这些都要通过外围设备来实现。不少输入/输出设备，如键盘、显示器、软盘驱动器、打印机等就是提供这种手段的设备。

（2）完成数据媒体的变换。

人类习惯于用字符、图形或图像来表示信息，而计算机工作使用以电信号表示的二进制代码。因此，在人机信息交换中输入数据时，必须先将各种数据变换为计算机能够识别的二进制代码，机器才能处理；同样，输出时，计算机的处理结果必须变换成人们熟悉的表示形式。

这两类变换也要通过外围设备来完成。

（3）存储系统软件和大型应用软件。

随着计算机功能的增强，系统软件的规模和处理的信息量都越来越大，大型应用软件的存储量也非常大，不可能把它们都放入内存。于是，以磁盘存储器为代表的外存储器就成为存储系统软件、大型应用软件和各种信息的设备。在微机系统中，硬磁盘存储器和软磁盘存储器成为标准配置。而是否配置磁盘存储器和磁盘操作系统也成为衡量一个计算机系统工作效率的重要标志。

（4）为各类计算机应用领域提供应用手段。

计算机的应用领域早已超出数值计算，现已扩大到文字、表格、图形、图像和声音等非数值的处理，出现了许多新型的外围设备。例如，在工程领域的计算机辅助设计和计算机辅助制造（CAD/CAM）方面，有图形数字化仪、绘图机、带光笔或鼠标器的字符图形显示终端等；在办公自动化方面，有智能复印机、文字图形传真机、汉字终端和各种击打式/非击打式打印机等；在商业、银行、民航、铁路、图书馆等流通领域，多采用磁卡或条形码阅读机等输入设备；在过程控制领域，有各种 A/D 和 D/A 转换设备；在大地测量、气象预报和卫星侦察领域，已应用了各种图像处理设备；在医疗部门，有智能监护设备，并普遍采用计算机断层扫描设备来获得清晰的图像；在利用网络资源时，要配置调制解调器、网卡、音频设备和视频设备，等等。

由此可见，无论哪一个领域，都是由于有了相应的外围设备作为数据的输入输出的桥梁，才使计算机获得广泛的应用。

从数据输入输出的角度看，磁盘（硬盘和软盘）和磁带也可以被看作输入/输出设备。当从磁盘或磁带读取文件时，它们是输入设备，当向磁盘或磁带保存文件时，它们是输出设备。

7.2.2 外围设备的分类

外围设备的种类很多，一般按照对数据的处理功能进行分类。输入/输出设备属于外围设备，但外围设备除输入/输出设备外，还应包括外存储器设备、多媒体设备、网络通信设备和外围设备处理机等。外围设备的分类如图 7-8 所示。

1. 输入设备

输入设备是人和计算机之间最重要的接口，它的功能是把原始数据和处理这些数据的程序、命令通过输入接口输入到计算机中。因此，凡是能把程序、数据和命令送入计算机进行处理的设备都是输入设备。由于需要输入到计算机的信息多种多样，如字符、图形、图像、语音、光线、电流、电压等，而且各种形式的输入信息都需要转换为二进制编码，才能为计算机所利用，因此，不同输入设备在工作原理、工作速度上相差很大，这是我们需要特别注意的。

输入设备包括字符输入设备（如键盘、条形码阅读器、磁卡机）、图形输入设备（如鼠标、图形数字化仪、操纵杆）、图像输入设备（如扫描仪、传真机、摄像机）、模拟量输入设备（如模－数转换器、话筒，模－数转换器也称作 A/D 转换器）。

2. 输出设备

输出设备同样是十分重要的人机接口，它的功能是用来输出人们所需要的计算机的处理结果。输出的形式可以是数字、字母、表格、图形、图像等。最常用的输出设备是各种类型的显示器、打印机、绘图仪、X—Y 记录仪、数—模（D/A）转换器、缩微胶卷胶片输出设备等。

3．外存储器设备

在计算机系统中除了计算机主机中的内存储器（包括主存和高速缓冲存储器）外，还应有外存储器，简称"外存"。

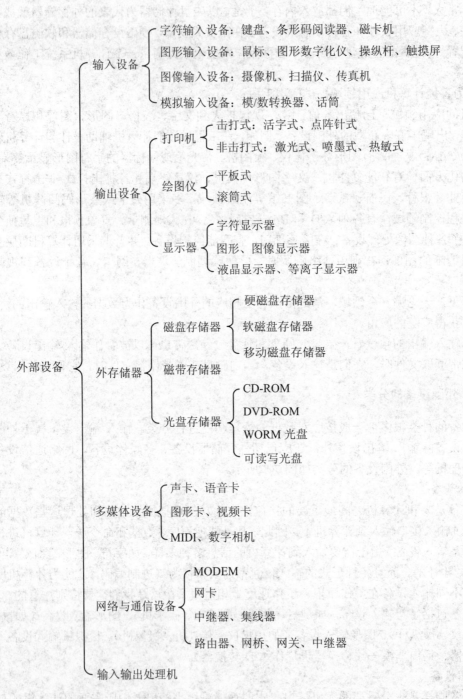

图 7-8　计算机外围设备的分类

外存储器用来存储大量的暂时不参加运算或处理的数据和程序，因而允许较慢的处理速度。在需要时，它可以成批地与内存交换信息。它是主存储器的后备和补充，因此称它为"辅助存储器"。

外存的特点是存储容量大、可靠性高、价格低，在脱机情况下可以永久地保存信息，进行重复使用。

外存按存储介质可分为磁表面存储器和光存储器。现在人们使用的磁表面存储器主要是磁盘和磁带。微机上使用的主要是硬磁盘存储器和软磁盘存储器。光盘存储器作为一种新型的信息存储设备已经在微机上普及。目前，可移动磁盘也开始在微机系统中使用，为用户提供了很大的方便。

4. 多媒体设备

现代社会是信息爆炸的时代，文字、图形、图像、语音等各种信息大量产生，人类要利用各种各样的信息，要求计算机能够处理各种不同形式的信息，多媒体设备就应运而生。多媒体设备的功能是使计算机能够直接接收、存储、处理各种形式的多媒体信息。现在市场上出售的微型计算机（PC 机）几乎都是多媒体计算机。多媒体计算机必须配置的基本多媒体设备，除已列在外存储器中的 CD-ROM 或 DVD-ROM 外，还应有调制解调器（MODEM）、声卡和视频卡。其他多媒体设备包括数码相机、数码摄像机、MIDI 乐器等。

5. 网络与通信设备

21 世纪人类将进入信息社会。从 20 世纪 90 年代中期开始，世界各国都开始努力进行信息化基础设施的建设。Internet 迅速普及，政府上网、企业上网、学校上网，…，网络和通信技术获得了前所未有的大发展。为了实现数据通信和资源共享，需要有专门的设备把计算机连接起来，实现这种功能的设备就是网络与通信设备。

目前的网络通信设备包括调制解调器、网卡以及中继器、集线器、网桥、路由器、网关等。

6. 输入输出处理机

输入输出处理机通常称作外围处理机（Peripheral Processor Unit，PPU），用于分布式计算机系统中。外围处理机的结构接近一般的处理机，甚至就是一台小型通用计算机。它主要负责计算机系统的输入/输出通道所要完成的 I/O 控制，还可进行码制变换、格式处理、数据块的检错、纠错等。但它不是独立于主机工作，而是主机的一个部件。

7.3　输入设备

输入设备是向计算机输入数据和信息的设备，是计算机与用户或其他设备通信的桥梁。输入设备是用户和计算机系统之间进行信息交换的主要装置之一，图形、图像、声音等都可以通过不同类型的输入设备输入到计算机中，进行存储、处理和输出。键盘、鼠标、摄像头、扫描仪、光笔、手写输入板、游戏杆、语音输入装置等都属于输入设备。

计算机的输入设备按功能可分为如下几类：

- 字符输入设备：键盘；
- 光学阅读设备：光学标记阅读机、光学字符阅读机；
- 图形输入设备：鼠标器、操纵杆、光笔；
- 图像输入设备：摄像机、扫描仪、传真机；

●　模拟输入设备：语言模数转换识别系统。

本节主要介绍键盘、鼠标、扫描仪三种典型的输入设备。

7.3.1　键盘

键盘是应用最普遍的输入设备，它可通过键盘上的各个键，按某种规范向主机输入各种信息，如汉字、外文、数字等。键盘由一组排列成阵列形式的按键开关组成，每一个按键在计算机中都有它的唯一代码。键盘上的按键分字符键和控制功能键两类。字符键包括字母、数字和一些特殊符号键；控制功能键是产生控制字符的键（由软件系统定义功能），还有控制光标移动的光标控制键，用于插入或消除字符的编辑键等。当按下某个键时，键盘接口将该键的二进制代码送入计算机主机中，并将按键字符显示在显示器上。当快速大量输入字符，主机来不及处理时，先将这些字符的代码送往内存的键盘缓冲区，然后再从该缓冲区中取出进行分析处理。键盘接口电路多采用单片微处理器，由它控制整个键盘的工作，如上电时对键盘的自检、键盘扫描、按键代码的产生、发送及与主机的通讯等。

键盘的开关矩阵如图 7-9 所示。

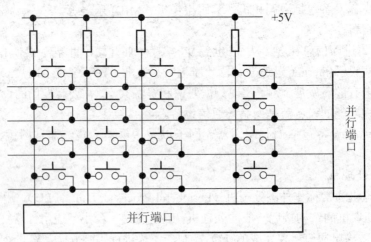

图 7-9　键盘的开关矩阵

键盘输入信息分三个步骤：

（1）按下一个键；

（2）查出按下的是哪个键；

（3）将此键翻译成 ASCII 码，由计算机接收。

按键是由人工操作的，确认按下的是哪一个键，可由硬件或软件的办法来实现。

采用硬件确认哪个键被按下的方法叫作编码键盘法，它由硬件电路形成对应被按键的唯一的编码信息。带只读存储器的编码键盘原理如图 7-10 所示。

8×8 的键盘，由一个六位计数器经两个八选一的译码器对键盘扫描，若键未按下，则扫描将随着计数器的循环计数而反复进行。一旦扫描发现某键被按下，则键盘通过一个单稳电路产生一个脉冲信号。该信号一方面使计数器停止计数，用以终止扫描，此刻计数器的值便与所按键的位置相对应，该值可作为只读存储器 ROM 的输入地址，而该地址中的内容即为所按键的 ASCII 码。可见只读存储器存储的信息便是对应各个键的 ASCII 码。另一方面此脉冲经中断请求触发器向 CPU 发中断请求，CPU 响应请求后便转入中断服务程序，在中断服务程序的执行过程中，CPU 通过执行读入指令，将计数器所对应的 ROM 地址中的内容，即所按键对应的 ASCII 码送入 CPU 中。CPU 的读入指令既可用作读出 ROM 内容的片选信号，而且经一段延迟后，又可用作清除中断请求触发器，并重新启动六位计数器开始新的扫描。

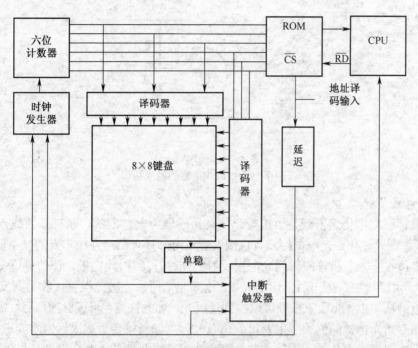

图 7-10　带只读存储器的编码键盘原理

采用软件判断键是否按下的方法叫作非编码键盘法，它是利用简单的硬件和一套专用键盘编码程序来判断按键的位置，然后由 CPU 将位置码经查表程序转换成相应的编码信息。这种方法结构简单，但速度比较慢。

在按键时往往会出现键的机械抖动，容易造成误动。为了防止形成误判，在键盘控制电路中专门设有硬件消抖电路，或采取软件技术，使可有效地消除因键的抖动而出现的错误。

随着大规模集成电路技术的发展，厂商已提供了许多种可编程键盘接口芯片，如 Intel 8279 就是可编程键盘/显示接口芯片，用户可以随意选择。近年来又出现了智能键盘，如 IBM PC 机的键盘内装有 Intel 8048 单片机，用它可完成键盘扫描、键盘监测、消除重键、自动重发、扫描码的缓冲以及与主机之间的通信等任务。

7.3.2　鼠标

鼠标器（Mouse）是一种手持式屏幕坐标定位设备，它是适应菜单操作的软件和图形处理环境而出现的一种输入设备，特别是在现今流行的 Windows 图形操作系统环境下应用鼠标器方便快捷。按其工作原理的不同，我们把鼠标分成三种：机械式、光电式和光学式。

1.　机械式鼠标

机械式鼠标的组成如图 7-11 所示。其底座上有一个金属或橡胶球，在光滑的表面上移动鼠标时，摩擦使球体转动，球体与 4 个方向的电位器接触，滚球带动金属导电片，滚动时的摩擦产生脉冲信号并通过译码器编译成计算机可识的信息,从而测得上下左右 4 个方向的相对位移量,位移量通过线路送入计算机,在显示器便可确定欲寻求的方位。机械式鼠标的特点是寿命短,精度低、灵活性差,现已完全淘汰。

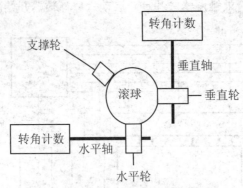

图 7-11　机械式鼠标的组成结构

2. 光电式鼠标

光电鼠标用光电传感器代替了滚球。这类传感器需要特制的、带有条纹或点状图案的垫板(光电板)配合使用。光电鼠标没有机械装置,内部只有两对互相垂直的光电检测器,光敏三极管通过接收发光二极管照射到光电板反射的光进行工作,光电板上印有许许多多黑白相间的小格子,光照到黑色的格子上,由于光被黑色吸收,所以光敏三极管接收不到反射光;相反,若照到白色的格子上,光敏三极管可以收到反射光,如此往复,形成脉冲信号。需要注意的是光电鼠标相对于光电板的位置应定要正,稍微有一点偏斜就会造成鼠标器不能正常工作。

这种光电鼠标没有传统的滚球、转轴等设计,其主要部件为两个发光二极管、感光芯片、控制芯片和一个带有网格的反射板(相当于专用途的鼠标垫)。工作时光电鼠标必须在反射板上移动,X 发光二极管和 Y 发光二极管会分别发射出光线照射在反射板上,接着光线会被反射板反射回去,经过镜头组件传递后照射在感光芯片上。感光芯片将光信号转变为对应的数字信号后将之送到定位芯片中专门处理,进而产生 X-Y 坐标偏移数据。

光电式鼠标通过检测鼠标器的位移,将位移信号转换为电脉冲信号,再通过程序的处理和转换来控制屏幕上的光标箭头的移动,这种鼠标在精度指标上的确有所进步,可靠性比机械式鼠标要高,但它在后来的应用中也暴露出了大量的缺陷。首先,光电鼠标必须依赖反射板,它的位置数据完全依据反射板中的网格信息来生成,倘若反射板有些弄脏或者磨损,光电鼠标便无法判断光标的位置所在。倘若反射板不慎被严重损坏或遗失,那么整个鼠标便就此报废;其次,光电鼠标使用非常不人性化,它的移动方向必须与反射板上的网格纹理相垂直,用户不可能快速地将光标直接从屏幕的左上角移动到右下角。

目前使用的鼠标器绝大多数为光电式。

3. 光学式鼠标

它的底部没有滚轮,也不需要借助反射板来实现定位,其核心部件是发光二极管、微型摄像头、光学引擎和控制芯片。工作时发光二极管发射光线照亮鼠标底部的表面,同时微型摄像头以一定的时间间隔不断进行图像拍摄。鼠标在移动过程中产生的不同图像传送给光学引擎进行数字化处理,最后再由光学引擎中的定位 DSP 芯片对所产生的图像数字矩阵进行分析。

由于相邻的两幅图像总会存在相同的特征，通过对比这些特征点的位置变化信息，便可以判断出鼠标的移动方向与距离，这个分析结果最终被转换为坐标偏移量实现光标的定位。

新型的光学式鼠标器不需特殊鼠标垫板，克服了鼠标垫板易磨损的缺陷。它采用了新的光学技术——光眼（Optical Sensor）的装置。可以这样认为，光眼技术是一种数字光电技术，较之以往需要专用鼠标垫的光电鼠标完全是一种全新的技术突破。光电感应装置每秒发射和接收 1500 次信号，再配合 18mips（每秒处理 1800 万条指令）的 CPU，实现精准、快速的定位和指令传输。光眼技术摒弃了上一代光电鼠标需要专用鼠标板的束缚，可在任何不反光的物体表面使用，真正做到了"永不磨损"。

除了上述 3 类鼠标外，还有一些新型的、应用广泛的鼠标，如无线鼠标、3D 鼠标和激光鼠标。

无线鼠标：新出现无线鼠标和 3D 振动鼠标都是比较新颖的鼠标。无线鼠标器是为了适应大屏幕显示器而生产的。所谓"无线"，即没有电线连接，而是采用二节七号电池无线摇控，鼠标器有自动休眠功能，电池可用上一年，接收范围在 5 米左右不等。

3D 鼠标：3D 振动鼠标是一种新型的鼠标器，它不仅可以当作普通的鼠标器使用，而且具有以下几个特点：①具有全方位立体控制能力。它具有前、后、左、右、上、下六个移动方向，而且可以组合出前右，左下等的移动方向。②外形和普通鼠标不同。一般由一个扇形的底座和一个能够活动的控制器构成。③具有振动功能，即触觉回馈功能。玩某些游戏时，当你被敌人击中时，你会感觉到你的鼠标也振动了。④是真正的三键式鼠标。无论 DOS 或 Windows 环境下，鼠标的中间键和右键都能大派用场。

激光鼠标：原理与光电鼠标相似，只是把发光二极管换成了激光二极管来照射鼠标所移动的表面，激光光线具有一致的特性，当光线从表面反射时可产生高反差图形，出现在传感器上的图形会显示物体表面上的细节，即使是光滑表面；反之，若以不一致的 LED 作为光源，则这类表面看起来会完全一样。激光鼠标的优势主要是表面分析能力上的提升，借助激光引擎的高解析能力，能够非常有效地避免传感器接受到错误或者是模糊不清的位移数据，更为准确地移动表面数据回馈将会非常有利于鼠标的定位。

7.3.3　扫描仪

扫描仪是一种被广泛应用于计算机的输入设备。作为光电、机械一体化的高科技产品，自问世以来以其独特的数字化"图像"采集能力，低廉的价格以及优良的性能，得到了迅速的发展和广泛的普及。它能将各种形式的图像信息输入计算机，是继键盘和鼠标之后的第三代计算机输入设备。扫描仪具有比键盘和鼠标更强的功能，从最原始的图片、照片、胶片到各类文稿资料都可用扫描仪输入到计算机中，进而实现对这些图像形式的信息的处理、管理、使用、存储、输出等，配合光学字符识别软件OCR（Optic Character Recognize）还能将扫描的文稿转换成计算机的文本形式。

扫描仪基本组成部件有：光源、光学透镜、感光元件、一个或多个模拟/数字转换电路。感光元件一般由电荷耦合器（CCD）组成。这些电荷耦合器排列成横行，电荷耦合器里的每一个单元对应一行里的一个像素。

扫描仪的工作原理如下：自然界的每一种物体都会吸收特定的光波，而没被吸收的光波就会反射出去。扫描仪就是利用上述原理来完成对稿件的读取的。在扫描一幅图像的时候，光源照射到图像反射回来，穿过透镜到达感光元件，光感应器接收到这些信号后，将这些信号传送到模数（A/D）转换器，模数转换器再将其转换成计算机能读取的数字信号进行保存。

扫描仪的原理图如图 7-12 所示。

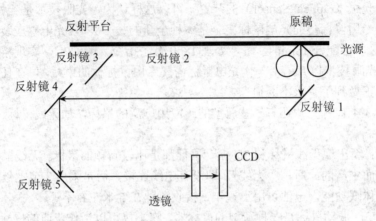

图 7-12　扫描仪的工作原理图

在扫描仪获取图像的过程中，有两个元件起到关键作用。一个是 CCD，它将光信号转换成为电信号；另一个是 A/D 转换器，它将模拟电信号变为数字电信号。这两个元件的性能直接影响扫描仪的整体性能指标，同时也关系到我们选购和使用扫描仪时如何正确理解和处理某些参数及设置。

扫描仪可以分为三大类型：滚筒式扫描仪、笔式扫描仪和便携式扫描仪。

其技术参数有：

（1）分辨率：每英寸长度上的点数，用 dpi（dot per inch）作单位。

（2）光学分辨率：是扫描仪硬件水平所能达到的实际分辨率。它直接决定扫描仪的图像清晰度。所以又称为物理分辨率和真实分辨率。光学分辨率还可分为水平分辨率和垂直分辨率。

（3）插值分辨率：实际上是通过软件在真实的像素点之间插入经过计算得出的额外像素。可消除线条上的锯齿。

（4）机械分辨率：是衡量扫描仪传动机构精密程度的参数。代表扫描头在垂直方向上每移动 1 英寸，步进电机所走过的最大步数。

（5）密度范围：也称为动态范围，表示对透明原稿的光阻能力或反射原稿的光吸收能力。

（6）色彩深度（色彩位数）：是衡量扫描仪能捕获色彩层信息的重要技术指标，高色位数可得到更多的色彩信息。色彩深度一般有 24bit、30bit、32bit、36bit 几种。

（7）灰度值：是指进行灰度扫描时对图像由纯黑色到纯白色整个色彩区域进行划分的级数。主流扫描仪为 10bit，最高为 12bit。

扫描仪与计算机的连接可以用 SCSI 接口，也可以用 EIA-232 串行接口。

7.4　输出设备

输出设备是人与计算机交互的一种部件，用于数据的输出。它将计算机处理过的二进制代码信息，转换成人们能识别的形式，如数字、符号、文字、图形、图像或声音等输出，供人们分析和使用。常见的有显示器、打印机、绘图仪、影像输出系统、语音输出系统、磁记录设备等。

本节主要介绍显示器、打印机及绘图仪。

7.4.1 显示器

显示器（Display）又称监视器（Monitor），是实现人机对话的主要工具。它既可以显示键盘输入的命令或数据，也可以显示计算机数据处理的结果。

1. 显示器分类

显示设备种类繁多，按显示器件划分可分为阴极射线管（CRT）显示器、液晶显示器（LCD）、等离子显示器（PD）等；按显示内容可分为字符显示器、图形显示器和图像显示器；在 CRT 显示器中，按扫描方式不同可分为光栅扫描和随机扫描两种；按分辨率不同又可分为高分辨率和低分辨率的显示器。目前常用的显示器主要是用于台式机的 CRT 显示器和用于便携机的液晶显示器。本书主要介绍 CRT 显示器。

2. 显示适配器

显示器适配器又称显示器控制器，是显示器与主机的接口部件，以硬件插卡的形式插在主机板上，也叫显卡。显示器的分辨率不仅决定于阴极射线管本身，也与显示器适配器的逻辑电路有关。所有的显示接口只有配上相应的显示器和显示软件，才能发挥它们的最高性能。

显示器适配器主要由寄存器组、存储器（显示缓冲区）、显示控制器三部分组成。显示缓冲区（VRAM）用于存放屏幕上需要显示的字符或者图形的全部信息。在字符显示模式下，VRAM 中存放欲显示字符的两个字节代码：一个就是欲显示字符的 ASCII 代码本身；另外一个是该字符的属性，表示颜色、亮度等。在图形显示模式下，VRAM 中存放每一个像素点的颜色信息。显示控制器是适配器的心脏。它依据设定的显示工作方式，自主地、反复不断地读取显存中的图像点阵（包括图形、字符文本）数据，将它们转换成 R、G、B 三色信号，并配以同步信号送至显示器刷新屏幕。显示控制器还要提供一个由系统总线至刷存总线的通路，以支持 CPU 将主存中已修改好的点阵数据写入到刷存，以更新屏幕。这些修改数据一般利用扫描回程的消隐时间写入到刷存中，因此显示屏幕不会出现凌乱。

目前常用的适配器有：

（1）CGA（Colour Graphic Adapter）彩色图形适配器，俗称 CGA 卡，适用于低分辨率的彩色和单色显示器。它支持的显示方式为：字符方式下为 40 列×25 行，80 列×25 行，4 色或 2 色；图形方式下为 320×200，4 色；640×200，2 色。

（2）EGA（Enhanced Graphic Adapter）增强型图形适配器，俗称 EGA 卡，适用于中分辨率的彩色图形显示器。它支持的显示方式为：字符方式下为 80×25 列、256 色；图形方式下为 640×350、16 色。超级 EGA 卡，支持 800×600，16 色。

（3）VGA（Video Graphic Array）视频图形阵列，俗称 VGA 卡，适用于高分辨率的彩色图形显示器。标准的分辨率为 640×480，256 色。目前使用的多是增强型的 VGA 卡，比如 Super VGA 卡等，分辨率为 800×600，1024×768 等，256 种颜色。

（4）中文显示器适配器。我国在开发汉字系统过程中，研制了一些支持汉字的显示器适配器，比如 GW-014 卡、CEGA 卡、CVGA 卡等，解决了汉字的快速显示问题。

3. 显示器的性能指标

（1）尺寸。显示器的尺寸是指显像管的对角线长度，单位为英寸。显示器的尺寸越大，屏幕可容纳的内容就越多，其图像的细节更丰富。常见的尺寸包括 17 英寸、19 英寸、21 英寸等。

（2）像素。在图像处理时，将组成图像的各点按几何位置排列成矩阵，矩阵中的每个元素称为像素（或称像元）实际上就是显示屏上不可再小的光点。

（3）点距。点距是显像管水平方向上相邻同色荧光粉像素间的距离，单位为毫米（mm），点距越小显示屏上的图像看起来也就越细腻、越清晰。市面上主流显示器的点距都在 0.21～0.25mm 之间，有的专业显示器可达到更小的点距。

（4）刷新频率。刷新频率是 CRT 显示器每秒钟的刷新次数，其单位是赫兹（Hz）。而刷新是指荧光屏中的电子打到屏幕上以自左到右、自上而下的顺序扫描完整个屏幕的过程。刷新频率的高低对人眼有很大的影响，显示器的刷新频率越高，图像闪烁和抖动就越不明显，就越有助于保护使用者的视力。在 75Hz 以下的刷新频率上观看显示器时，人眼会感觉到图像是闪烁的，这容易使眼睛感到疲劳，为了有效的保护视力，刷新频率应设置在 85～100Hz 之间。

（5）带宽。带宽是指每秒钟显示器的电子枪扫描过的总像素数，其单位为 MHz。其决定了显示器的分辨率和刷新频率，理论上，带宽=水平像素×垂直像素×刷新频率，显示器的视频带宽的值越大，则显示器支持的分辨率和刷新频率就越高，其显示性能就越好。目前中低档 CRT 显示器的视频带宽在 100～200MHz 之间，这使得这些显示器的视频带宽一般在 200MHz 以上，这些显示器通常在 1280×1024dpi 和 85Hz 下稳定显示。

（6）分辨率。分辨率是显示器屏幕上可以容纳的像素点的综合。分辨率越高，屏幕上显示的像素越多，看起来图像就越精细，单位面积中所能显示的内容也越多。目前主流的 CRT 显示器的分辨率包括 1024×768dpi、1280×1024dpi、1600×1200dpi 等。常用的 CRT 显示器分辨率分为推荐分辨率和最高分辨率两种，推荐分辨率是显示器在 75Hz 以上达到能支持的最大分辨率，在该分辨率下显示器能呈现稳定而清晰的图像效果，而最高分辨率是显示器支持的最高显示分辨率，在该分辨率下刷新频率会降为 65Hz，这样易造成眼睛的疲惫。

（7）灰度等级。灰度级是像素点的亮度值，在彩色显示器中表示颜色的差别。灰度级取决于每个像素对应刷新存储器中存储单元的位数和 CRT 本身的性能。如位数为 4，则有 16 级灰度或颜色。若位数为 8，则有 256 级灰度或颜色。

（8）扫描方式。显示器的扫描方式分为"逐行扫描"和"隔行扫描"两种。如果扫描系统采用在水平回扫时只扫描奇（偶）数行，垂直回扫时只扫描偶（奇）数行的扫描方式，这种显示器就被称为隔行扫描显示器，这种显示器虽然价格低，但人眼会明显地感到闪烁，用户长时间使用，眼睛容易疲劳，目前已被淘汰。逐行显示器则克服了上述缺点，逐行扫描即每次水平扫描，垂直扫描都逐行进行，没有奇偶数之分。逐行扫描使视觉闪烁感降到最小，长时间观察屏幕也不会感到疲劳。另外需要说明的一点是，隔行显示器在低分辨率下，其实也是逐行显示的，只有在分辨率增高到一定程度才改为隔行显示。

4. CRT 显示器

（1）CRT 的组成结构及工作原理。

CRT 是目前应用最广泛的显示器件，它既可作为字符显示器，又可作为图像、图形显示器。CRT 是一个漏斗形的电真空器件，它由电子枪、荧光屏及偏转装置组成，如图 7-13 所示。

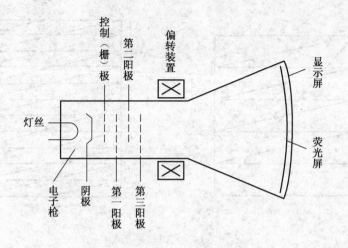

图 7-13 CRT 的结构示意图

电子枪包括灯丝、阴极、控制（栅）极、第一阳极（加速阳极）、第二阳极（聚焦极）和第三阳极。当灯丝加热后，阴极受热而发射电子，电子的发射量和发射速度受控制极控制。电子经加速、聚焦而形成电子束，在第三阳极形成的均匀空间电位作用下，使电子束高速射到荧光屏上，荧光屏上的荧光粉受电子束的轰击产生亮点，其亮度取决于电子束的轰击速度、电子束电流强度和荧光粉的发光效率。电子束在偏转系统控制下，在荧光屏的不同位置产生光点，由这些光点可以组成各种所需的字符、图形和图像。

彩色 CRT 与单色 CRT 其原理是相似的，只是对彩色 CRT 而言，通常用三个电子枪发射的电子束，经定色机构，分别触发红、绿、蓝三种颜色的荧光粉发光，按三基色迭加原理形成彩色图像。

CRT 荧光屏发光是由电子束轰击荧光粉产生的，其发光亮度一般只能维持几十毫秒。为了使人眼能看到稳定的图像，电子束必须在图像变化前不断地进行整个屏幕的重复扫描，这个过程叫做刷新。每秒刷新的次数叫做刷新频率，一般刷新频率大于 30 次/秒时，人眼就不会感到闪烁。在显示设备中，通常都采用电视标准，每秒刷新 50 帧（Frame）图像。为了不断的刷新，将瞬时图像保存在 VRAM 中，因此 VRAM 也被叫做"刷新存储器"、"帧存储器"或"视频存储器"。刷新存储器的容量由图像分辨率和灰度等级决定。分辨率越高，灰度等级越多，刷新存储器容量就越大。

（2）光栅扫描方式。

计算机的显示器大多采用光栅扫描方式。所谓扫描是指电子束在荧光屏上按某种轨迹运动，光栅扫描是从上至下顺序扫描，可分为逐行扫描和隔行扫描两种，如图 7-14 所示。一般 CRT 都采用与电视相同的隔行扫描，即把一帧图像分为奇数场（由 1、3、5 等奇数行组成）和偶数场（由 0、2、4、6 等偶数行组成），一帧图像需扫描 625 行，则奇数场和偶数场各扫描 312.5 行。扫描顺序是先扫描偶数场，再扫描奇数场，交替进行，每秒显示 50 场。

5. 显示器种类

（1）字符显示器。

字符显示器是计算机系统中最基本的输出设备，主要用于显示字符，它通常由显示控制器和显示器（CRT）组成。字符显示器原理如图 7-15 所示。

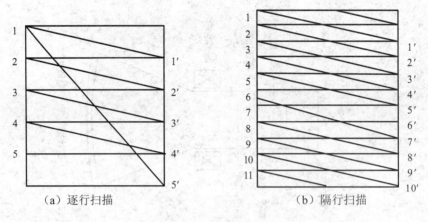

图 7-14　光栅扫描方式

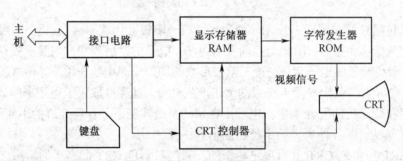

图 7-15　字符显示器原理图接口电路

1）显示存储器（刷新存储器）RAM。用于存放欲显示字符的 ASCII 码，其容量与显示屏能显示的字符个数有关。如显示屏上能显示 80 列×25 行 2000 个字符，则显示存储器 RAM 的容量应为 2000×8（字符编码 7 位，闪烁 1 位），每个字符所在存储单元的地址与字符在荧光屏上的位置一一对应，即显示存储器单元的地址顺序与屏面上每行从左到右，按行从上到下的显示器位置对应。

2）字符发生器。它实质是一个 ROM，主要作用是将显示 RAM 中存放的 ASCII 码转换为一组 5×7 或 7×9 的光点矩阵信息。

3）CRT 控制器。CRT 控制器通常都做成专用芯片，它可接收来自 CPU 的数据和控制信号，并给出访问显示 RAM 的地址和访问字符发生器的光栅地址，还能给出 CRT 所需的水平同步和垂直同步信号等。该芯片的定时控制电路要对显示每个字符的点（光点）数、每排（字符行）字（7×9 点阵）数、每排行（光栅行）数和每场排数计数。因此，芯片中需配置点计数器、字计数器（水平地址计数器）、行计数器（光栅地址计数器）和排计数器（垂直地址计数器），这些计数器用来控制显示器的逐点、逐行、逐排、逐幕的刷新显示，还可以控制对显示 RAM 的访问和屏幕间扫描的同步。

（2）图形显示器。

图形显示器是用点、线（直线和曲线）、面（平面和曲面）组合而成的平面或立体图形。并可作平移、比例变化、旋转、坐标变换、投影变换（把三维图形变为二维图形）、透视变换（由一个三维空间向另一个三维空间变换）、透视投影（把透视变换和投影变换结合在一起）、轴侧投影（三面图）、单点透视、两点或三点远视以及隐线处理（观察物体时把看不见的部分去掉）等操作。主要用于 CAD（计算机辅助设计）和 CAM（计算机辅助制造），如汽车、飞机、舰船、土建以及大规模集成电路板等的设计制造。

图形显示器经常配有键盘、光笔、鼠标器、CRT 显示器及绘图仪等。

利用 CRT 显示器产生图形有两种方法：一种是随机扫描法，另一种是光栅扫描法。根据产生图形的方法可将图形显示器分为：

1）随机扫描图形显示器。

采用随机扫描法，将所显示图形的一组坐标点和绘图命令组成显示文件存放在缓冲存储器，缓存中的显示文件送矢量（线段）产生器，产生相应的模拟电压，直接控制电子束在屏幕上的移动。为了在屏幕上保留持久稳定的图像，需要按一定的频率对屏幕反复刷新。这种显示器的优点是分辨率高（可达 4096×4096 个像素），显示的曲线平滑。目前高质量图形显示器采用这种随机扫描方式。缺点是当显示复杂图形时，会有闪烁感。

2）光栅扫描图形显示器。

采用光栅扫描法，其特点是把对应于屏幕上的每个像素信息都存储在刷新存储器中。光栅扫描时，读出这些像素来调制 CRT 的灰度，以便控制屏幕上像素的亮度。同样也需不断地对屏幕进行刷新，使图形稳定显示。光栅扫描图形显示器的硬件结构框图如图 7-16 所示。

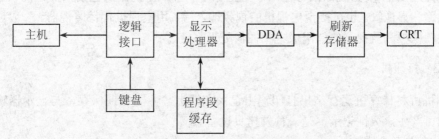

图 7-16　光栅扫描图形显示器的硬件结构框图

程序段缓冲存储器用于存放由计算机送来的显示文件和交互式的图形操作命令。刷新存储器中存放一帧图形的形状信息，它的地址和屏幕上的地址一一对应。程序段缓存和刷存之间有一个 DDA 部件，它是一种进行数据插补的硬件，其作用是把显示文件变换为像素信息，即根据显示文件给出的曲线类型和坐标值，生成直线、圆、抛物线乃至更复杂的曲线。插补后的数据（像素信息）存入刷存用于刷新显示。

光栅扫描图形显示器的优点是通用性强，灰度层次多，色调丰富，显示复杂图形时无闪烁现象；所产生的图形有阴影效应、隐藏面消除、涂色等功能。它的出现使图形学的研究从简单的线条图扩展到丰富多彩、形象逼真的各种立体及平面图形，从而扩大了计算机图形学的应用领域，成为目前流行的显示器。

（3）图像显示器。

图像显示器是把由计算机处理后的图像（称为数字图像），以点阵列的形式显示出来。通常采用光栅扫描方式，其分辨率在 256×256 个或 512×512 个像素，也可与图形显示器兼容，其分辨率可达 1024×1024，灰度等级可达 64～256 级。

图像显示器除了能存储从计算机输入的图像并在显示屏幕上显示外，还具有灰度变换、窗口技术、真彩色和伪彩色显示等图像增强技术功能，以及几何处理功能，如图像放大（按 2、

4、8 倍放大）、图像分割或重叠、图像滚动等。

图 7-17 示意了一种简单的图像显示器原理框图。

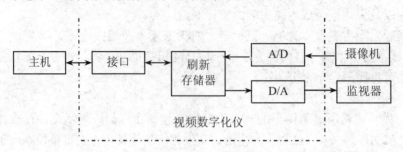

图 7-17　一种简单的图像显示器原理框图接口电路

简单的图像显示器只显示由计算机送来的数字图像，图像处理操作在主机中完成，显示器不做任何处理。其中 I/O 接口、刷新存储器、A/D、D/A 转换等组成单独的一部分，称作视频数字化仪（Video Digitizer）或叫图像输入控制板（简称图像板）。其功能是实现连续的视频信号与离散的数字量之间的转换。视频数字化仪接收摄像机的视频输入信号，经 A/D 变换为数字量存入刷新存储器用于显示，并可传送到主机进行图像处理操作。操作后的结果送回刷新存储器，又经 D/A 变为视频信号输出，由监视器显示。监视器只包括扫描、视频放大等有关的显示电路和显像管。也可接至电视机的视频输入端，用电视机代替监视器。一般通用计算机配置一块图像板和监视器便能组成七个图像处理系统。

7.4.2　打印机

打印机可将计算机运行结果打印输出记录在纸上，并能长期保存，与显示器输出相比，打印输出可产生永久性记录，是一种硬拷贝设备。

1. 打印机的分类

（1）按印字原理分为击打式和非击打式两大类。

击打式打印机是利用机械动作使印字机构与色带和纸相接击而打印字符，其特点是设备成本低、印字质量较好，但噪音大、速度慢。它又分为活字打印机和点阵针式打印机两种。活字打印机是将字符刻在印字机构的表面上，印字机构的形状有圆柱形、球形、菊花瓣形、鼓轮形、链形等，现在用得越来越少。点阵打印机的字符是点阵结构，它利用钢针撞击的原理印字，目前仍用得较普遍。

非击打式打印机是采用电、磁、光、喷墨等物理、化学方法来印刷字符。如激光打印机、静电打印机、喷墨打印机等，它们速度快，噪音低，印字质量比击打式好，但价格比较高，有的设备需用专用纸张印刷。

（2）按工作方式分，有串行打印机和行式打印机两种。前者是逐字打印，后者是逐行打印，故行式打印机比串行打印机速度快。

（3）按打印纸的宽度还可分宽行打印机和窄行打印机，还有能输出图的图形/图像打印机，具有色彩效果好的彩色打印机等。

此外，按用途分可以分为：商用打印机、办公和事务通用打印机、家用打印机、专用打印机、网络打印机、便携式打印机等。

2. 打印机控制器

打印机控制器亦称打印机适配器，是打印机的控制机构。也是打印机与主机的接口部件，以硬件插卡的形式插在主机板上。标准接口是并行接口，它可以同时传送多个数据，比串行接口传输速度快。

3. 打印机的工作方式

打印机有联机和脱机两种工作方式。所谓联机，就是与主机接通，能够接收及打印主机传送的信息。所谓脱机，就是切断与主机的联系。在脱机状态下，可以进行自检或自动进/退纸。这两种状态由打印机面板上的联机键控制。

4. 点阵针式打印机

点阵针式打印机结构简单、体积小、重量轻、价格低、字符种类不受限制、较易实现汉字打印，还可打印图形和图像，是目前应用最广泛的一种打印设备。一般在微型、小型计算机中都配有这类打印机。它属于击打式打印机，主要应用在银行、证券、邮电、商业等领域，用于打印存折和票据等。优点是耗材成本低、能多层套打。缺点是打印质量不高、工作噪声很大、速度慢。

点阵针式打印机的印字原理是由打印针（钢针）印出 n×m 个点阵来组成字符或图形。点越多越密，其字形质量越高。西文字符点阵通常采用 5×7、7×7、7×9、9×9 几种，汉字的点阵采用 16×16、24×24、32×32 和 48×48 多种。图 7-18 是 7×9 点阵字符的打印格式和打印头的示意。

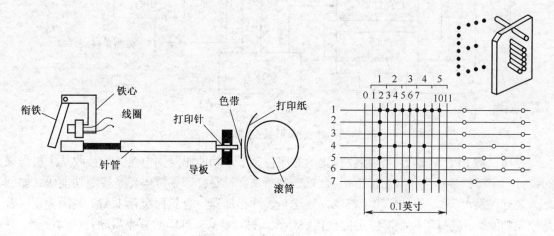

（a）打印头示意图　　　　　　　（b）点阵字符的打印格式

图 7-18　7×9 点阵字符的打印格式和打印头示意图

打印头中的钢针数与打印机型号有关，有 7 针、9 针，也有双列 14（2×7）针或双列 24（2×12）针。打印头固定在托架上，托架可横向移动。图 7-18 中为 7 根钢针，对应垂直方向的 7 点，由于受机械安装的限制，因此这 7 点之间有一定的间隙。水平方向各点的距离取决于打印头移动的位置；故可密集些，这对形成斜形或弧形笔划非常有利。字符的形成是按字符中各列所包含的点逐列形成的。如字符 E，先打印第 2 列的 1～7 个点，再打印第 4、6、8 列的第 1、4、7 三点，最后打第 10 列的 1、7 两个点。可见每根针可以单独驱动。打印一个字符后，空出 3 列（第 11、0、1 列）作为间隙。

针式打印机由打印头、横移机构、输纸机构、色带机构和相应的控制电路组成，如图 7-19 所示。

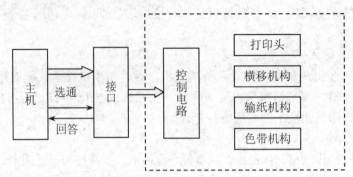

图 7-19 针式打印机结构框图

控制电路的细化图如图 7-20 所示。

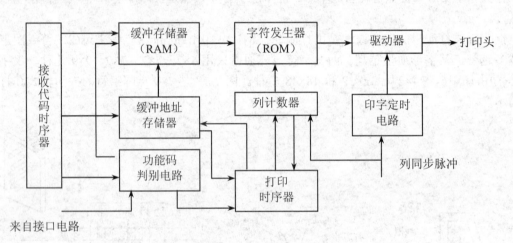

图 7-20 针式打印机控制电路细化图

打印机被 CPU 启动后，在接收代码的时序控制下，功能码判别电路开始接收从主机送来的欲打印字符的字符代码（ASCII 码）。首先判断该字符是打印字符码还是控制功能码（如回车、换行、换页等），若是打印字符码，则送至缓冲存储器，直到把缓存 RAM 装满为止；若是控制功能码，则打印控制器停止接收代码并转入打印状态。打印时首先启动打印时序器，并在它控制下，从缓存中逐个读出打印字符码，再以该字符码作为字符发生器 ROM 的地址码，从中选出对应的字符点阵信息（字符发生器可将 ASCII 码转换成打印字符的点阵信息）。然后在列同步脉冲计数器控制下，将一列列读出的字符点阵信息送至打印驱动电路，驱动电磁铁带动相应的钢针进行打印。每打印一列，固定钢针的托架就要横移一列距离，直到打印完最后一列，形成 n×m 点阵字符。当一行字符打印结束或换行打印，或缓存内容已全部打印完毕时，托架就返回到起始位置，并向主机报告，请求打印新的数据。

输纸机构受步进电机驱动，每打印完一行字符，按给定要求走纸。色带的作用是供给色源，如同复写纸的作用一样。钢针撞击在色带上，就可将色印在纸上，色带机构可使色带不断移动，以改变受击打的位置，避免色带的破损。

　　有的点阵针式打印机内部配有一个独立的微处理器，用来产生各种控制信号，完成复杂的打印任务。

　　上面介绍的针式打印机是串行点阵针式打印机，打印速度每秒 100 个字符左右，它在微型计算机系统中广泛应用。在中、大型通用计算机系统中，为提高打印速度，还配备行式点阵打印机，它是将多根打印针沿横向排成一行，安装在一块形似梳齿状的梳形板上，每根针各由一个电磁铁驱动。打印时梳形板可向左右移动，每移动一次印出一行印点。当梳形板改变移动方向时，走纸机构使纸移动一个印点间距，如此重复多次即可打印出一行字符。例如 44 针行式打印，沿水平方向均匀排列 44 根打印针，每根针负责打印 3 个字符，打印行宽为 44×3＝132 列字符。如果每根针负责打印两个字符，则可采用 66 针结构。

　　5. 喷墨打印机

　　喷墨打印机是串行非击打式打印机，印字原理是将墨水喷射到普通打印纸上。若采用红、绿、蓝三色喷墨头，便可实现彩色打印。随着喷墨打印技术的不断提高，使其输出效果接近于激光打印机，而价格又与点阵针式打印机相当，因此，在计算机系统中被广泛应用。

　　图 7-21 是一种电荷控制式喷墨打印机的原理框图。喷墨式打印机主要由喷头、充电电极、墨水供应、过滤回收系统及相应的控制电路组成。

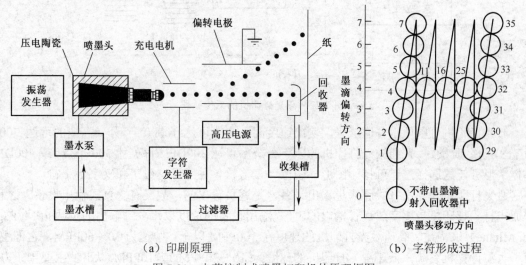

（a）印刷原理　　　　　　　　　（b）字符形成过程

图 7-21　电荷控制式喷墨打印机的原理框图

　　6. 激光打印机

　　激光打印机采用了激光技术和照相技术，由于它的印字质量好，因此在各种计算机系统中广泛应用。激光打印机的工作原理如图 7-22 所示。

　　激光打印机由激光扫描系统、电子照相系统、字形发生器和接口控制器四部分组成。接口控制器接收由计算机输出的二进制字符编码及其他控制信号；字形发生器可将二进制字符编码转换成字符点阵脉冲信号；激光扫描系统的光源是激光器，该系统受字符点阵脉冲信号的控制，能输出很细的激光束，该激光束对作圆周运动的感光鼓进行轴向（垂直于纸面）扫描。感光鼓是电子照相系统的核心部件，鼓面上涂有一层具有光敏特性的感光材料，通常用硒，故又有硒鼓之称。感光鼓在未被激光扫描之前，先在黑暗中充电，使鼓表面均匀地沉积一层电荷，扫描时激光束对鼓表面有选择地曝光，被曝光的部分产生放电现象，未被曝光的部分仍保留充电时的电荷,这就形成了"潜像"。随着鼓的圆周运动,"潜像"部分通过装有碳粉盒的显像系统,使"潜像"部分(实际上是具有字符信息的区域)吸附上碳粉,达到"显影"的目的。当鼓上的字符信息区和打印纸接触时,由于纸的背面施以反向的静电电荷,则鼓面上的碳粉就会被吸附到纸面上,这就是"转印"或"转写"过程。最后经过定影系统就将碳粉永久性地粘在纸上。转印后的鼓面还留有残余的碳粉,故先要除去鼓面上的电荷,经清扫系统将残余碳粉全部清除,然后再重复上述充电、曝光、显形、转印、定影等一系列过程。

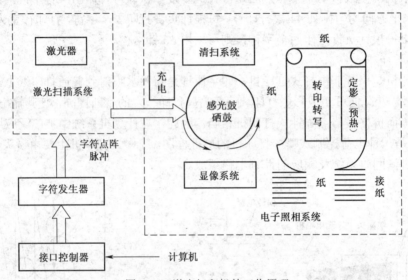

图 7-22 激光打印机的工作原理

激光打印机可以便使用普通纸张,输出速度高,一般可达 10000 行/分(高速的可达 70000 行/分),印字质量好,普通激光打印机的印字分辨率可达 300DPI(每英寸 300 个点)或 400DPI。字体字形可任意选择,还可打印图形、图像、表格、各种字母、数字和汉字等字符。

激光打印机是非击打式硬拷贝输出设备,是逐页输出的,故又有"页式输出设备"之称。普通击式打印机是逐字或逐行输出的。页式输出设备的速度以每分钟输出的页数PPM(Pages Per Minute)来描述。高速激光打印机的速度在 100PPM 以上,中速为 30~60PPM,它们主要用于大型计算机系统。低速激光打印机的速度为 10~20PPM 或 10PPM 以下,主要用于办公室自动化系统和文字编辑系统。

7. 几种打印机的比较

以上介绍的三种打印机都配有一个字符发生器,它们的共同点是都能将字符编码信息变为点阵信息,不同的是这些点阵信息的控制对象不同。点阵针式打印机的字符点阵用于控制打印针的驱动电路,激光打印机的字符点阵脉冲信号用于控制激光束;喷墨打印机的字符点阵信息控制墨滴的运动轨迹。

此外,点阵针式打印机是属击打式的打印机,可以逐字打印也可以逐行打印,喷墨打印机只能逐字打印,激光打印机属页式输出设备。后两种都属非击打式打印机。

不同种类的打印机其性能和价格差别很大,用户可根据不同需要合理选用。要求印字质量高的场合可选用激光打印机;要求价格便宜的或只需具有文字处理功能的个人用计算机,可配置串行点阵针式打印机;要求处理的信息量很大,速度又要快,应该配行式打印机或高速激光打印机。

7.4.3 绘图仪

绘图仪是一种输出图形的硬拷贝设备。绘图仪在绘图软件的支持下可绘制出复杂、精确的图形，是各种计算机辅助设计。现代的绘图仪已具有智能化的功能，它自身带有微处理器，可以使用绘图命令，具有直线和字符演算处理以及自检测等功能。这种绘图仪一般还可选配多种与计算机连接的标准接口。绘图义在绘图软件的支持下可绘制出复杂、精确的图形，是计算机辅助设计不可缺少的工具。绘图仪的性能指标主要有绘图笔数、图纸尺寸、分辨率、接口形式及绘图语言等。

绘图仪一般是由驱动电机、插补器、控制电路、绘图台、笔架、机械传动等部分组成。绘图仪除了必要的硬设备之外，还必须配备丰富的绘图软件。只有软件与硬件结合起来，才能实现自动绘图。软件包括基本软件和应用软件两种。其工作原理与普通喷墨打印机相同。

随着计算机技术的发展，图形的输出越来越多，绘图仪作为图形输出的主要设备，应用越来越广泛。其品种繁多，按其结构分类，有静电、热蜡、热敏、喷墨、笔式等，其中以笔式绘图机使用最为广泛，价格也相对较低。

笔式绘图仪按结构和工作原理可以分为滚筒式和平台式两大类。

（1）滚筒式绘图仪。当 X 向步进电机通过传动机构驱动滚筒转动时，链轮就带动图纸移动，从而实现 X 方向运动。Y 方向的运动，是由 Y 向步进电机驱动笔架来实现的。这种绘图仪结构紧凑，绘图幅面大。但它需要使用两侧有链孔的专用绘图纸。

（2）平台式绘图仪。绘图平台上装有横梁，笔架装在横梁上，绘图纸固定在平台上。X 向步进电机驱动横梁连同笔架，作 X 方向运动；Y 向步进电机驱动笔架沿着横梁导轨，作 Y 方向运动。图纸在平台上的固定方法有 3 种，即真空吸附、静电吸附和磁条压紧。平台式绘图仪绘图精度高，对绘图纸无特殊要求，应用比较广泛。

这两类绘图机都有自己的系统产品，由 A-0 到 A-3 幅面不等。绘图时，由主机向绘图机发送数据。但主机并不直接指挥绘图机的各种动作，而是发出各种规定好的命令，然后由绘图机去解释这些命令，并予以执行，这些命令格式便是绘图语言。每种绘图机都固化有自己的绘图命令解释程序，换句话说，也就是都有自己的绘图语言。

与打印机相比较，绘图仪在精度和速度上都比不上打印机。但绘图仪有其自身的优势。笔式绘图机价格相对较低，打印纸张相对较大，可以在图纸上反复修改。主要应用于需要大幅面出图的企业，如机械制造、气象领域、勘探、建筑设计、航天、石油气、自来水、影像行业、广告行业等。

7.5 外存储器

外存储器又叫外存，是辅助存储器，是指除计算机内存及 CPU 缓存以外的储存器。它和主存一起构成了存储器系统的主存-辅存层次。外存储器要用专用的设备来管理，具有容量大、成本低、速度慢的特点，断电后仍然能保存数据，是一种非易失性的存储器。

外存按照存储介质的不同，分为磁表面存储器、光盘存储器和闪存。目前，广泛用于计算机系统的外存储器有硬磁盘、软盘、磁带、光盘、U 盘等，前三者均属磁表面存储器，U 盘属于闪存。

下面介绍几种常见的外存，如磁盘存储器、光盘存储器、磁带存储器和磁盘冗余阵列 RAID 等。

7.5.1　磁盘存储器

1. 磁盘存储器概述

磁盘存储器是一种以磁盘为存储介质的存储器。它是利用磁记录技术在涂有磁记录介质的旋转圆盘上进行数据存储的辅助存储器。在计算机系统中，常用于存放操作系统、程序和数据，是主存储器的扩充。

磁盘可分为硬盘和软盘两类。硬盘盘基用非磁性轻金属材料制成；软盘盘基用挠性塑料制成。

磁盘存储器有如下优点：

（1）存储密度高，记录容量大，每位价格低；

（2）记录介质可重复利用（通过改变剩磁状态）；

（3）无需能量维持信息，掉电信息不丢失，记录信息可长久保持；

（4）利用电磁感应读出信号，非破坏读写；

但磁盘存储器存在一些缺点，表现在：

（1）只能顺序存取，不能随机存取；

（2）读写时可靠性差，必须加校验码；

（3）读写时要靠机械运动，存取速度慢；

（4）由于使用机械结构，对工作环境要求高。

磁盘和磁带都是磁表面存储器，下面介绍磁表面存储器的存储原理。

2. 磁表面存储原理

（1）物理特性。

在计算机中，用于存储设备的磁性材料，是一种具有矩形磁滞回线的磁性材料。这种材料在外加磁场作用上，其感应强度 B 与外加磁场 H 的关系可用矩形磁滞回线描述，如图 7-23 所示。

从磁滞回线可以看出，磁性材料被磁化后，工作点总是在磁滞回线上。只要外加的正向脉冲电流（即外加磁场）幅度足够大，那么在电流消失后磁感应强度 B 并不为零，而是处在 +Br（正剩磁状态）。反之，当外加负向脉冲电流时，磁感应强度 B 将处在–Br（负剩磁状态）。这就是说，当磁性材料被磁化后，会形成两个稳定的剩磁状态。利用这两个稳定的剩磁状态，可以表示二进制代码 1 和 0。假设+Br（正剩磁）状态表示"1"，–Br（负剩磁）状态表示"0"，那么磁性材料要记忆"1"，需要加正向脉冲电流，使其正向磁化；记忆"0"，则要加负向脉冲电流，使其负向磁化。磁性材料上呈现剩磁状态的地方形成了一个磁化元或存储元。它是记录一个二进制信息位的最小单位。

（2）读写原理。

在磁表面存储器中，利用磁头来形成和判别磁层中的不同磁化状态。写入时，利用磁头使载磁体（盘片）具有不同的磁化状态；读出时，用磁头来判别这些不同的磁化状态。磁头实际上是由软磁材料做铁芯绕有读写线圈的电磁铁。

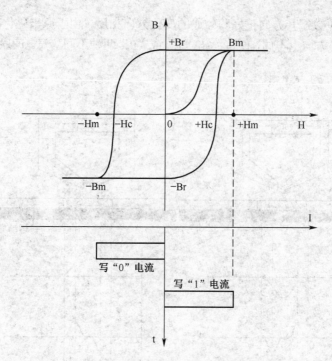

图 7-23　磁性材料的磁滞回线

写操作：写入时，记录介质在磁头下方匀速通过，根据写入代码的要求，对写入线圈输入一定方向和大小的电流，使磁头导磁体磁化，产生一定方向和强度的磁场。由于磁头与磁层表面间距非常小，磁力线直接穿透到磁层表面，将对应磁头下方的微小区域磁化（叫作磁化单元）。可以根据写入驱动电流的不同方向，使磁层表面被磁化的极性方向不同，以区别记录"0"或"1"。写原理如图 7-24 所示。

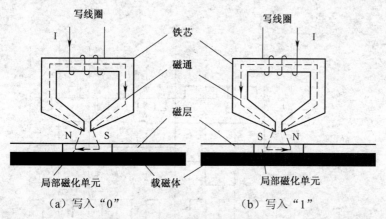

图 7-24　磁表面存储器的写原理

读操作：读出时，记录介质在磁头下方匀速通过，磁头相对于一个个被读出的磁化单元作切割磁力线的运动，从而在磁头读线圈中产生感应电势 e，且

$$e = -n\frac{\mathrm{d}\phi}{\mathrm{d}t}$$

　　n 为读出线圈匝数，其方向正好和磁通的变化方向相反。由于原来磁化单元的剩磁通的方向 φ 不同，感应电势方向也不同，便可读出"1"或"0"两种不同信息。读原理如图 7-25 所示。

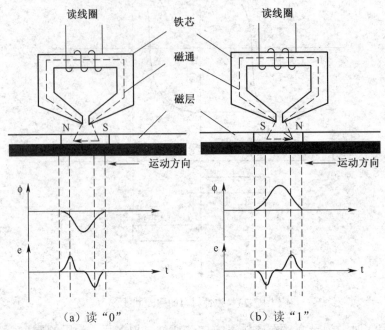

(a) 读"0"　　　　　(b) 读"1"

图 7-25　磁表面存储器的读原理

（3）磁记录方式。

　　磁记录方式又称为编码方式，它是按某种规律，将一串二进制数字信息变换成磁表面相应的磁化状态。磁记录方式对记录密度和可靠性都有很大影响。

　　常用的记录方式有 6 种，如图 7-26 所示。

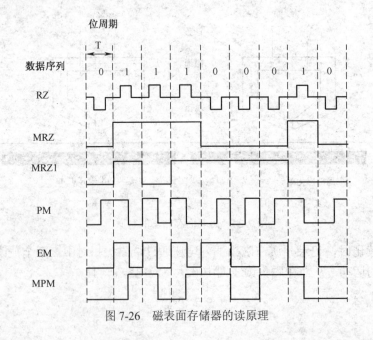

图 7-26　磁表面存储器的读原理

图中波形既代表了磁头线圈中的写入电流波形，也代表磁层上相应位置所记录的理想的磁通变化状态。

1）归零制（RZ）。归零制记录"1"时，通以正向脉冲电流，记录"0"时，通以反向脉冲电流，使其在磁表面形成两个不同极性的磁饱和状态，分别表示"1"和"0"。由于两位信息之间驱动电流归零，故叫归零制记录方式。这种方式在写入信息时很难覆盖原来的磁化区域，所以为了重新写入信息，在写入前，必须先抹去原存信息。这种记录方式原理简单，实施方便，但由于两个脉冲之间有一段间隔没有电流，相应的该段磁介质未被磁化，即该段空白，故记录密度不高，目前很少使用。

2）不归零制（NRZ）。不归零制记录信息时，磁头线圈始终有驱动电流，不是正向，便是反向，不存在无电流状态。这样，磁表面层不是正向被磁化，就是反向被磁化。当连续记录"1"或"0"时，其写电流方向不变，只有当相邻两信息代码不同时，写电流才改变方向，故称为"见变就翻"的不归零制。

3）见"1"就翻的不归零制（NRZ1）。见"1"就翻的不归零制在记录信息时，磁头线圈也始终有电流。但只有在记录"0"时电流改变方向，使磁层磁化方向发生翻转；记录"1"时，电流方向保持不变，使磁层的磁化方向也维持原来状态，这就叫见"1"就翻的不归零制。

4）调相制（PM）。调相制又称为相位编码（PE）。其记录规则是：记录"1"时，写电流由负变正；记录"0"时，写电流由正变负，而且电流变化出现在一位信息记录时间的中间时刻，它以相位差为 180° 的磁化翻转方向来表示"1"和"0"。因此，当连续记录相同信息时，在每两个相同信息的交界处，电流方向都要变化一次，若相邻信息不同，则两个信息位的交界处电流方向维持不变。调相制在磁带存储器中用得较多。

5）调频制（FM）。调频制的记录规则是：以驱动电流变化的频率不同来区别记录"1"还是"0"。当记录"0"时，在一位信息的记录时间内电流保持不变；当记录"1"时，在一位信息记录时间的中间时刻，使电流改变一次方向。而且无论记录"0"还是"1"，在相邻信息的交界处，线圈电流均变化一次。因此，写"1"时，在位单元的起始和中间位置，都有磁通翻转；在写"0"时，仅在位单元起始位置有翻转。显然，记录"1"的磁翻转频率为记录"0"的两倍，故又称为倍频制。调频制记录方式被广泛应用在硬磁盘和软磁盘中。

6）改进调频制（MFM）。这种记录方式基本上同调频制，即记录"0"时，在位记录时间内电流不变；记录"1"时，在位记录时间的中间时刻电流发生一次变化。两者不同之处在于，改进调频制只有当连续记录两个或两个以上的"0"时，才在每位的起始处电流改变一次，不必在每个位起始处都改变电流方向。由于这一特点，在写入同样数据序列时，MFM 比 FM 磁翻转次数少，在相同长度的磁层上可记录的信息量将会增加，从而提高了磁记录密度。FM 制记录一位二进制代码最多是两次磁翻转，MFM 制最多只要一次翻转，记录密度提高了一倍，故又称之为倍密度记录方式。倍密度软磁盘即采用 MFM 记录方式。

3. 磁盘上的数据组织

（1）磁盘上的信息分布。

盘片的上下面都可记录信息，通常把磁盘片表面称为记录面。每个记录面被划分为若干个同心圆，称为磁道（Track）。每个磁道使用一个唯一的编号来标示，这个编号称为磁道号。磁道的编址是从外向内依次编号，最外层为 0 磁道，最内层的磁道为 n 磁道。每个磁道又分为若干个扇区（Sector），扇区是磁盘能够寻找到的最小单位。扇区可以连续编号，也可以间隔编号。

一个磁盘机往往由多个盘片组成，除了第一片和最后一片磁盘是单面的，中间的磁盘都是双面的，这些盘片上具有相同编号的磁道形成了一个圆柱面，称为柱面（Cylinder），柱面号与磁道号相同，每面的磁道数就是盘组的柱面数。如图 7-27 所示。

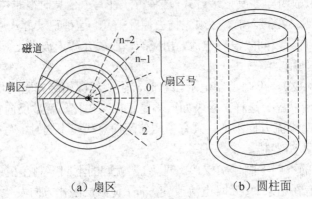

（a）扇区　　　　　　　　　　（b）圆柱面

图 7-27　磁盘扇区和柱面示意图

（2）磁道记录格式。

为了便于寻址，数据块在盘面上的分布遵循一定规律，称为磁道记录格式。常见的有定长记录格式和不定长记录格式两种。

1）定长记录格式。在移动磁头组合盘中，磁头定位机构一次定位的磁道集合正好是一个柱面。信息的交换通常在圆柱面上进行，柱面个数正好等于磁道数，故柱面号就是磁道号，而磁头号则是盘面号。

在磁道上，扇区信息是按扇区存放的，每个扇区中存放一定数量的字或字节，各扇区存放的字或字节数是相同的。每个扇区记录定长的数据，因此，读/写操作是以扇区为单位一位一位串行进行的。每个扇区记录一个记录块。扇段是磁盘寻址的最小单位。在定长记录格式中，当台号决定后，磁盘寻址定位首先确定柱面，再选定磁头，最后找到扇段。因此寻址用的磁盘地址应由台号/柱面磁道号/盘面号/扇段号等字段组成。数据在磁盘上的定长记录格式和磁盘地址格式如图 7-28 和图 7-29 所示。

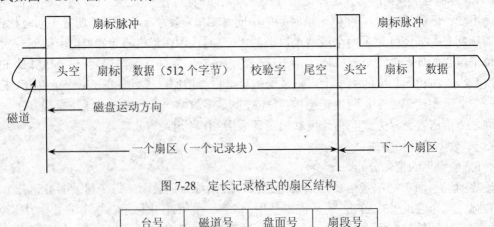

图 7-28　定长记录格式的扇区结构

台号	磁道号	盘面号	扇段号

图 7-29　磁盘地址格式

每个扇区开始时由磁盘控制器产生一个扇标脉冲。两个扇标脉冲之间的磁道区域即为一个扇区（一个记录块）。每个记录块由头部空白段、序标段、数据段、校验字段及尾部空白段组成。其中空白段用来留出一定的时间作为磁盘控制器的读写准备时间，序标用来作为同步定时信号。校验字用来校验磁盘读出的数据是否正确。

这种记录格式结构简单，可按柱面号（磁道号）、盘面号、扇段号进行直接寻址，但记录区的利用率不高。

2）不定长记录格式。在实际应用中，信息常以文件形式存入磁盘。若文件长度不是定长记录的整数倍时，往往造成记录块的浪费。不定长记录格式可根据需要来决定记录块的长度。如 IBM 2311、2314 等磁盘驱动器采用不定长记录格式，图 7-30 是 IBM 2311 盘不定长度磁道记录格式示意。

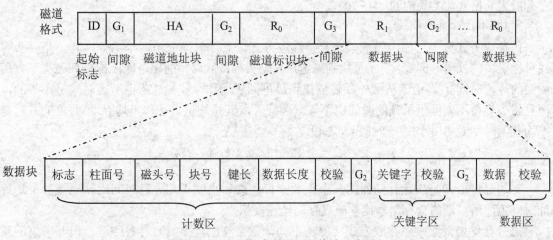

图 7-30　不定长度磁道记录格式示意图

图中 ID 是起始标志，又叫索引标志，表示磁道的起点。间隙 G1 是一段空白区，占 36～72 个字节长度，其作用是使连续的磁道分成不同的区，以利于磁盘控制器与磁盘机之间的同步和定位。磁道地址块 HA 又叫标识地址或专用地址，它占有 7 个字节，用来表明四部分的状况，如磁道是否完好；柱面逻辑地址号；磁头逻辑地址号和校验码。间隙 G2 占 18～38 个字节长度。R0 是磁道标识块，用来说明本磁道的状况，不作为用户数据区。间隙 G3 包含一个以专用字符表示的地址标志，指明后面都是数据记录块。数据记录块 R1 由计数区、关键字区和数据区三段组成，这三段分别都有循环校验码。一般要求一个记录限于同一磁道内，若设有专门的磁道溢出手段，则允许继续记录到同一柱面的另一磁道内。数据区长度不定，实际长度由计数区的数据长度给定，通常为 1KB 至 64KB。从主存调出数据时，常常带有奇偶校验位，在写入磁盘时，则由磁盘控制器删去奇偶校验位，并在数据区结束时加上循环校验位。当从磁盘读出数据时，需进行一次校验操作，并恢复原来的奇偶校验位。可见，在磁盘数据区中，数据是串行的，字节之间没有间隙，字节后面没有校验位。

4. 磁盘的技术指标

（1）存储密度。

存储密度分为道密度、位密度和面密度。道密度是指磁盘沿半径方向单位长度的磁道数，单位是道/英寸（TPI）或道/毫米（TPM）。单位长度磁道能记录二进制信息的位数，称为位密度或线密度，单位是 bpi（bits per inch）或 bpm（位/毫米）。虽然磁道的周长各不相同，但其磁道容量是相同的，所以内圈的位密度最大，外圈的位密度最小，一般位密度是指内圈的位密度。

面密度是位密度和道密度的乘积，单位为位/每平方英寸。

（2）存储容量。

存储容量是指磁盘所能存储的二进制信息总数量，一般以位或字节为单位。以磁盘存储器为例，存储容量可按公式 $C = n \times k \times s$ 来计算，其中 C 为存储总容量，n 为存放信息的盘面数，k 为每个盘面的磁道数，s 为每条磁道上记录的二进制代码数。

磁盘有格式化容量和非格式化容量两个指标，非格式化容量是磁表面可以利用的磁化单元总数。格式化容量是指按某种特定的记录格式所能存储信息的总量，即用户可以使用的容量，它一般为非格式化容量的 60%～70%。

（3）平均寻址时间。

由存取方式分类可知，磁盘采取直接存取方式，寻址时间分为两个部分，其一是磁头寻找目标磁道的找道时间 t_s，其二是找到磁道后，磁头等待欲读写的磁盘区段旋转到磁头下方所需要的等待时间 t_w。由于从最外圈磁道找到最里圈磁道和寻找相邻磁道所需时间是不等的，而且磁头等待不同区段所花的时间也不等。因此，取其平均值，称作平均寻址时间 T_a，它是平均找道时间 t_{sa} 和平均等待时间 t_{wa} 之和：

$$T_a = t_{sa} + t_{wa} = \frac{t_{smax} + t_{smin}}{2} + \frac{t_{wmax} + t_{wmin}}{2}$$

平均寻址时间是磁盘存储器的一个重要指标。硬磁盘的平均寻址时间比软磁盘的平均寻址时间短，所以硬磁盘存储器比软磁盘存储器速度快。

磁带存储器采取顺序存取方式，磁头不动，磁带移动，不需要寻找磁道，但要考虑磁头寻找记录区段的等待时间，所以磁带寻址时间是指磁带空转到磁头应访问的记录区段所在位置的时间。

（4）数据传输率。

数据传输率 D_r 是指单位时间内磁表面存储器向主机传送数据的位数或字节数，它与记录密度 D 和记录介质的运动速度 V 有关：

$$D_r = D \times V$$

从存储设备考虑，假设磁盘转速为 n 转/秒，每条磁道容量为 N 个字节，则数据传输率也可表示为：$D_r = n \times N$（字节/秒）。

例 7.1　磁盘组有 6 片磁盘，每片有两个记录面，最上和最下两个面不用。存储区域内径 22cm，外径 33cm，道密度为 40 道/cm，内层位密度 400 位/cm，转速 6000 转/分。问：

（1）共有多少柱面？

（2）盘组总存储容量是多少？

（3）数据传输率多少？

（4）采用定长数据块记录格式，直接寻址的最小单位是什么？寻址命令中如何表示磁盘地址？

（5）如果某文件长度超过一个磁道的容量，应将它记录在同一个存储面上，还是记录在同一个柱面上？

解答：（1）柱面数=每个盘面的磁道数=(外直径−内直径)/2×道密度

$$=(33−22)/2×40=40×5.5=220，即有 220 个柱面$$

（2）内层磁道周长为 $2\pi R=2×3.14×11=69.08$（cm）

每道信息量=400 位/cm×69.08cm=27632 位=3454B

每面信息量=3454B×220=759880B

盘组总容量=759880B×10=7598800B

（3）磁盘数据传输率 $D_r=nN$，N 为每条磁道容量，N=3454B，

n 为磁盘转速，n=6000 转/60 秒=100 转/秒

所以，$D_r=nN=100×3454B=345400B/s$

（4）采用定长数据块格式，直接寻址的最小单位是一个记录块（一个扇区），每个记录块记录固定字节数目的信息，在定长记录的数据块中，活动头磁盘组的编址方式可用如下格式：

17 16	15 8	7 4	3 0
台号	柱面磁道号	盘面磁头号	扇区号

此地址格式表示有 4 台磁盘，每台有 16 个记录面，每面有 256 个磁道，每道有 16 个扇区。

（5）如果某文件长度超过一个磁道的容量，应将它记录在同一个柱面上，因为不需要重新找道，数据读/写速度快。

例 7.2 有一台磁盘机，平均寻道时间为了 30ms，平均旋转等待时间为 120ms，数据传输速率为 500B/ms，磁盘机上随机存放着 1000 件每件 3000B 的数据。现欲把一件件数据取走，更新后在放回原地，假设一次取出或写入所需时间为平均寻道时间+平均等待时间+数据传送时间。另外，使用 CPU 更新信息所需时间为 4ms，并且更新时间同输入输出操作不相重叠。试问：

（1）更新磁盘上全部数据需要多少时间？

（2）若磁盘及旋转速度和数据传输率都提高一倍，更新全部数据需要多少时间？

解答：（1）读出/写入一块数据所需时间为 3000B ÷ 500B / ms = 6ms

由于 1000 件数据是随机存放，所以每取出或写入一块数据均要定位。

所以，更新全部数据所需的时间=2×1000（平均找道时间+平均等待时间+传送一块时间）

+1000×CPU 更新一块数据的时间

= 2×1000(30+120+6)ms+1000×4ms = 316000ms = 316s

（2）磁盘机旋转速度提高一倍后，平均等待时间为 60ms，

数据传输率提高一倍后，数据传输速率为 1000B/ms，

读出/写入一块数据所需时间为

3000B ÷ 1000B / ms = 3ms

更新全部数据所需的时间为

2×1000(30+60+3)ms+1000×4ms = 190000 ms = 190s

例 7.3 假设磁盘存储器共有 6 个盘片，最外两侧盘面不能记录，每面有 204 条磁道，每条磁道有 12 个扇段，每个扇段有 512B，磁盘机以 7200rpm 速度旋转，平均定位时间为 8ms。计算：

（1）该磁盘存储器的存储容量。

（2）该磁盘存储器的平均寻址时间。

解：（1）6个盘片共有10个记录面，磁盘存储器的总容量为

$$512B×12×204×10=12553760B$$

（2）磁盘存储器的平均寻址时间包括平均寻道时间和平均等待时间。其中：

平均寻道时间即平均定位时间为 8ms，

平均等待时间与磁盘转速有关，

根据磁盘转速为 7200rpm，得磁盘每转一周的平均时间为

$$[60s/(7200rpm)]×0.5 ≈ 4.165ms$$

故平均寻址时间为 8ms+4.165ms=12.165ms。

5. 硬磁盘存储器

（1）硬磁盘存储器的类型。

硬磁盘是指记录介质为硬质圆形盘片的磁表面存储器，是计算机系统中最主要的外存设备。硬磁盘按盘片结构可分成可换盘片式与固定盘片式两种；磁头也分为可移动磁头和固定磁头两种。

1）可移动磁头固定盘片的磁盘机：特点是一片或一组盘片固定在主轴上，盘片不可更换，盘片每面只有一个磁头，存取数据时磁头沿盘面径向移动。

2）固定磁头磁盘机：特点是磁头位置固定，每一个磁道对应一个磁头，盘片不可更换。优点是存取速度快，省去磁头找道时间，但结构复杂。

3）可移动磁头可换盘片的磁盘机：盘片可更换，磁头可沿盘面径向移动。优点是盘片可脱机保存，同种型号的盘片可互换。

4）温彻斯特磁盘机：简称温盘，是一种采用先进技术研制的可移动磁头固定盘片的磁盘机，如图7-31所示。它是一种密封组合式的硬磁盘，即磁头、盘片、电机等驱动部件乃至读写电路等组装成一个不可随意拆卸的整体，称为头盘组合体。工作时，高速旋转在盘面上形成的气垫将磁头平稳浮起。优点是防尘性能好，可靠性高，对使用环境要求不高，成为最有代表性的硬磁盘存储器。而普通的硬磁盘要求具有超净环境，只能用于大型计算机中。常见温盘的直径有 5.25、3.5、2.5、1.75 英寸等。

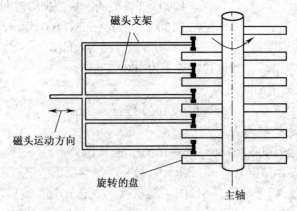

图 7-31 可移动磁头多盘片磁盘

（2）硬磁盘存储器的结构。

硬磁盘存储器是由磁盘驱动器、磁盘控制器和盘片组成。

1）磁盘驱动器。磁盘驱动器是主机外的一个独立装置，又称磁盘机。大型磁盘驱动器要占用一个或几个机柜，温盘只是一个比砖还小的小匣子。驱动器主要包括主轴、定位驱动系统及数据控制系统。磁盘驱动器的结构如图 7-32 所示。

图中主轴上装有 6 片磁盘，主轴受传动机构控制，可使磁盘组作高速旋转运动。磁盘组共有 10 个有效记录面，每一面对应一个磁头。10 个磁头分装在读写臂上，连成一体，固定在小车上，尤如一把梳子。在音圈电机带动下，小车可以平行移动，带着磁头作盘的径向运动，以便找到目标磁道。磁头还具备浮动的特性，即当盘面作高速旋转时，依靠盘面形成的高速气流将磁头微微"托"起，使磁头与盘面不直接接触形成微小的气隙。

整个驱动定位系统是一个带有速度和位置反馈的闭环调节自控系统。由位置检测电路测得磁头的即时位置，并与磁盘控制器送来的目标磁道位置进行比较，找出位差；再根据磁头即时平移的速度求出磁头正确运动的方向和速度，经放大送回给线性音圈电机，以改变小车的移动方向和速度，由此直到找到目标磁道为止。

数据控制部分主要完成数据转换及读/写控制操作。在写操作时，首先接收选头选址信号，用以确定道地址和扇段地址。再根据写命令和写数据选定的磁记录方式，并将其转化为按一定变化规律的驱动电流注入磁头的写线圈中。按照前面讲述过的磁头工作原理，使可将数据写入到指定磁道上。读操作时，首先也要接收选头选址信号，然后通过读放大器以及译码电路，将数据脉冲分离出来。

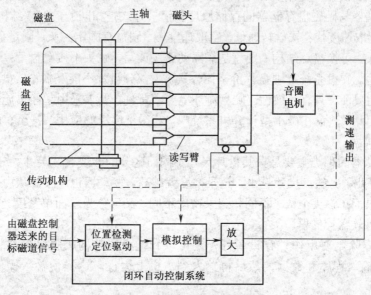

图 7-32 磁盘驱动器的结构

2）磁盘控制器。磁盘控制器通常制作成一块电路板，插在主机总线插槽中。它是主机与磁盘驱动器之间的接口，其作用是接受由主机发来的命令，将它转换成磁盘驱动器的控制命令，实现主机和驱动器之间的数据格式转换和数据传送，并控制驱动器的读写。其内部又包含两个接口，一个是对主机的接口，称为系统级接口，它通过系统总线与主机交换信息；另一个是对硬盘（设备）的接口，称为设备级接口，又称为设备控制器，它接收主机的命令以控制设备的各种操作。一个磁盘控制器可以控制一台或几台驱动器。图 7-33 是磁盘控制器的接口示意图。

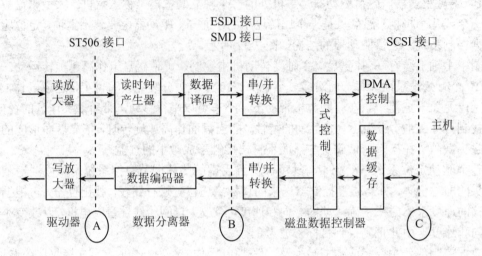

图 7-33　磁盘控制器的接口

3）盘片。盘片是存储信息的载体，随着计算机系统的不断小型化，硬盘也在朝着小体积和大容量的方向发展。

6. 软磁盘存储器

软磁盘存储器的盘片是用类似塑料薄膜唱片的柔性材料制成的，简称软盘。

软磁盘存储器与硬磁盘存储器的存储原理和记录方式是相同的，但在结构上有较大差别，硬盘转速高，存取速度快；软盘转速低，存取速度慢。硬盘有固定磁头、固定盘、盘组等结构；软盘都是活动头，可换盘片结构。硬盘是靠浮动磁头读写，磁头不接触盘片；软盘磁头直接接触盘片进行读写。硬盘系统及硬盘片价格比较贵，大部分盘片不能互换；软盘价格便宜，盘片保存方便、使用灵活、具有互换性。硬盘对环境要求苛刻，要求采用超净措施；软盘对环境的要求不苛刻。因此，软盘在微小型计算机系统中，获得了广泛的应用，甚至有的大中型计算机系统中也配有软盘。

软磁盘存储器的种类主要是按其盘片尺寸不同而区分的，现有 8 英寸、5.25 英寸、3.5 英寸和 2.5 英寸等几种。软盘尺寸越小，记录密度就越高，驱动器也越小。从内部结构来看，若按使用的磁记录面（磁头个数）不同和记录密度不同，又可分为单面单密度、单面双密度、双面双密度等多种软盘存储器。

软盘存储器除主要用作外存设备外，还可以和键盘一起构成脱机输入装置，其作用是给程序员提供输入程序和数据，然后再输入到主机上运行，这样使输入操作不占用主机工作时间。

软磁盘存储器也由软磁盘驱动器、软磁盘控制器和软磁盘片三部分组成。软磁盘驱动器是一个相对独立的装置，又称软磁盘机，主要由驱动机构、磁头及定位机构和读写电路组成。软磁盘控制器的功能是解释来自主机的命令，并向软盘驱动器发出各种控制信号，同时还要检测驱动器的状态，按规定的数据格式向驱动器发出读写数据命令等。

7.5.2 光盘存储器

1. 光盘简介

光盘存储器是在激光视频唱片和数字音频唱片基础上发展起来的。应用激光在某种介质上写入信息，然后再利用激光读出信息，这种技术叫光存储技术。如果光存储使用的介质是磁性材料，即利用激光在磁记录介质上存储信息，就叫做磁光存储。通常把采用非磁性介质进行光存储的技术，称为第一代光存储技术，它不能把内容抹掉重写新内容。磁光存储技术是在光存储技术基础上发展的，叫做第二代光存储技术，其主要特点是可擦洗重写。

光盘是以使用光学方式进行信息读写的光盘作为存储空间的存储器。光盘的优点是存储容量大、成本低、存放期限长、存储密度高。因此近些年得到迅速发展，成为某些领域中磁盘的有力竞争者。光盘的面密度达 108 位/cm^2，道密度 1500TPI，其存储密度在现有的外存介质中是很高的。而且由于光盘用激光记录，读写时读写头与介质保持较大距离，不易磨损，故而信息保存寿命较长，目前 5.25 英寸光盘容量为 600MB，平均寻道时间为 50～100ms，数据传输速率为 1MB/s，广泛应用于文献档案的存储、图书馆管理、多媒体应用等各方面。

光盘常用尺寸有 5.25，3.5，2.5in 三种，它们各自的特点如下：

（1）5.25in 光盘目前最常用，可靠性高，存取时间快，容易升级。

（2）3.5in 光盘体积小，容量大，光驱轻便，功耗低。但兼容性较差，转速不高。

（3）2.5in 光盘读写率高，功耗低，信噪比高。

2. 光盘存储器的分类及存储原理

按照读写方式的不同，光盘存储器可分为三类：

（1）只读型光盘（CD-ROM）。

这种光盘内的数据和程序是由厂家事先写入的，使用时用户只能读出，不能修改或写入新的内容。它主要用于电视唱片和数字音频唱片，可以获得高质量的图像和高保真的音乐。在计算机领域里，主要用于检索文献数据库或其他数据库，也可用于计算机的辅助教学等。因它具有 ROM 特性，故叫做 CD-ROM（Compact Disk-ROM）。只读型光盘也包括 CD-DA（Compact Disk Digital Audio）数字唱盘、VCD（Digital Versatile Disk）数字通用光盘、DVD（Digital Video Disk）数字视频光盘。

存储原理：光盘上的信息以坑点形式分布，有坑点表示"1"，无坑点表示"0"，一系列的坑点（存储元）形成信息记录道。光盘的记录信息以凹坑方式永久性存储。信息的读入和读出必须采用激光作为光源。读出时，当激光束聚焦点照射在凹坑上时将发生衍射，反射率低；而聚焦点照射在图面上时大部分光将返回。根据反射光的光强变化并进行光电转换，即可读出记录信息。

存储信息通常存放在光道上。信息记录的轨迹称为光道。光道上划分出若干扇区，扇区是光盘的最小可寻址单位。

（2）只写一次型光盘（WORM）。

这种光盘允许用户写入信息，写入后可多次读出，但只能写入一次，而且不能修改，故称它为"写一次型" WORM（Write Once Read Many）。主要用于计算机系统中的文件存档，或写入的信息不再需要修改的场合。CD-R 也是 WORM 的一种。

记录信息时，低功率激光束在光盘表面灼烧形成微小的凹陷区。被灼烧的部分和未被灼烧的部分分别表示 1 和 0。读入和读出原理与 CD-ROM 相同。

（3）可擦写型光盘（CD-RW）。

可擦写光盘是利用激光在磁性薄膜上产生热磁效应来记录信息（称作磁光存储）。它是很有前途的辅助存储器。这种光盘类似磁盘，可以重复读写，它采用的是磁光（M-O）可重写技术。

其原理是：由磁记录原理可知，在一定温度下，对磁介质表面加一个强度高于该介质矫顽力的磁场，就会发生磁通翻转，这便可用于记录信息。矫顽力的大小是随温度而变的。倘若设法控制温度，降低介质的矫顽力，那么外加磁场强度便很容易高于此矫顽力，使介质表面磁通发生翻转。磁光存储就是根据这一原理来存储信息的。它利用激光照射磁性薄膜，使其被照处温度升高，矫顽力下降，在外磁场 HR 作用下，该处发生磁通翻转，并使其磁化方向与外磁场 HR 一致，这就可视为寄存"1"。不被照射处，或 HR 小于矫顽力处可视为寄存"0"。通常把这种磁记录材料因受热而发生磁性交化的现象，叫做热磁效应。

擦除信息和记录信息原理一样，擦除时外加一个和记录方向相反的磁场 HR，对已写入的信息用激光束照射，并使 HR 大于矫顽力，那么，被照射处又发生反方向磁化，使之恢复为记录前的状态。

这种利用激光的热作用改变磁化方向来记录信息的光盘，叫作"磁光盘"。

3. 光盘的组成

光盘存储器与磁盘存储器很相似，它也由盘片、驱动器和控制器组成。盘片是存储信息的介质，其形状与磁盘盘片类似，但记录材料不同。驱动器负责光盘的读写，同样有读/写头、寻道定位机构、主轴驱动机构等。读写头除了电子、机械电子机构外，还有光学机构。控制器是 CPU 与光盘驱动器的接口，包括数据缓冲器、格式化电路、误差检测与修正电路等。

7.5.3　磁带存储器

1. 概述

磁带存储器也属磁表面存储器，其介质是柔韧聚酯薄膜带，外涂磁性氧化物，是最早的辅助存储器。其主要特点是：顺序存取、容量大、每位价格低。磁带存储器的记录原理和记录方式与磁盘存储器是相同的。写入时，通过磁头把信息代码记录在磁带上；读出时，当记录有代码的磁带在磁头下移动时，就可在磁头线圈上感应出电动势。磁带存储器通常作为一种脱机存储的后备存储器，以备份海量存储设备的数据。

2. 磁带存储器的组成

磁带存储器是由磁带和磁带驱动器两部分组成。

磁带介质是由少量的平行磁道组成。磁带数据以相邻块进行读写，这些块称为物理记录。磁带上的块由一些记录内间隙来分隔。磁带按长度分有 2400 英尺、1200 英尺、600 英尺等几种；按宽度分有 1 英寸、1/2 英寸、1 英寸、3 英寸等几种；按记录密度分有 800bpi、1600bpi、6250bpi 等几种；按磁带表面并行记录信息的道数分有 7 道、9 道、16 道等；按磁带外形分有开盘式磁带和盒式磁带两种。现在计算机系统较广泛使用的两种标准磁带为 1/2 英寸开盘式和 1/4 英寸盒式。

磁带驱动器是一种顺序存取的设备。磁带上的文件是按磁带头尾顺序存放的。如果某文件存在磁带局部，而磁头当前位置在磁带首部，那么必须等待磁带走到尾部时才能读取该文件，因此磁带存取时间比磁盘长。磁带在运动时，只有读磁带和写磁带的操作，一次只能读写一个记录。和磁带不同，磁盘存储器属于直接存取设备。只要知道信息所在盘面、磁道和扇区的位置，磁头便可直接找到其位置并读写。而且可以连续存取任何一个磁道。

3. 磁带的记录格式

磁带上的信息可以以文件形式存储，也可以按数据块存储。磁带可以在数据块之间启停，进行数据传输。按数据块存储的磁带互换性更好。

磁带存储器与主机之间进行信息传送的最小单位是数据块或叫做记录块（Block），记录块的长度可以是固定的，也可以是变化的，由操作系统决定。记录块之间有空白间隙，作为磁头停靠的地方，并保证磁带机停止或启动时有足够的惯性缓冲。记录块尾部有几行特殊的标记，表示数据块结束，接着便是校验区。图 7-34 示意了磁带存储器的数据格式。

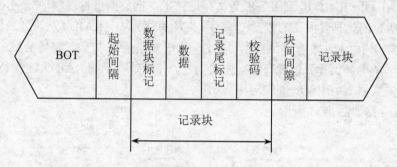

图 7-34 磁带存储器的数据格式

7.5.4 磁盘阵列

1. 概述

冗余磁盘阵列 RAID（Redundent Array of Inexpensive Disk）是用多台磁盘存储器组成的大容量外存储子系统。其基础是数据分块技术，即在多个磁盘上交错存放数据，使之可以并行存取。在阵列控制器的组织管理下，能实现数据的并行、交叉存储或单独存储操作。由于阵列中的一部分磁盘存有冗余信息，一旦系统中某一磁盘失效，可以利用冗余信息重建用户数据。此外，RAID 还具有容量大、数据传输快、功耗低、体积小、成本低、便于维护等优点。

RAID 是 1988 年由美国加州大学伯克利分校一个研究小组提出的，其设计理念是用多个小容量磁盘代替一个大容量磁盘，并用分布数据的方法能够同时从多个磁盘中存取数据，因而改善了 I/O 性能，增加了存储容量，现已在超级或大型计算机中使用。

2. 关键技术

RAID 中主要有三个关键概念和技术：

（1）镜像（Mirroring）：镜像就是将数据复制到多个磁盘上。一方面可以提高可靠性，另一方面可并发从两个或多个副本读取数据来提高读性能。

（2）数据条带（Data Stripping）：所有的用户数据和系统数据都被看成逻辑条带，存储在一个逻辑磁盘上。实际物理磁盘也以条带形式划分，每个条带是一些物理块、扇区或其他单位。数据条带会以一定方式映射到磁盘阵列中。数据被分片保存在多个不同的磁盘上，多个数据分片共同组成一个完整数据副本，这与镜像的多个副本是不同的，它通常用于性能考虑。数据条带具有更高的并发粒度，当访问数据时，可以同时对位于不同磁盘上数据进行读写操作，从而获得非常可观的 I/O 性能提升。

（3）数据校验（Data parity）：利用冗余数据进行数据错误检测和修复，冗余数据通常采用海明码、异或操作等算法来计算获得。利用校验功能，可以很大程度上提高磁盘阵列的可靠性、鲁棒性和容错能力。不过，数据校验需要从多处读取数据并进行计算和对比，会影响系统性能。

3. RAID 分级

工业制定的标准按应用需求的不同，将 RAID 分为 7 级（RAID 0～RAID 6），这些级别指出了不同存储容量、可靠性、数据传输能力、I/O 请求速率等方面的应用需求。最常用的是 0、1、3、5 四个级别。

（1）RAID 0。RAID 0 采用条带交叉存储技术，把数据进行连续地分割，顺序交叉存储到多个磁盘上，因此具有很高的数据传输率。在所有级别中，RAID 0 是速度最快的。但 RAID 0 在提高性能的同时，并没有提供数据可靠性，如果一个磁盘失效，将影响整个数据。严格地说，RAID 0 没有数据冗余，也没有数据校验功能，并不是真正的 RAID 结构。因此 RAID 0 不可应用于需要数据高可用性的关键应用。

RAID 0 存储如图 7-35 所示。

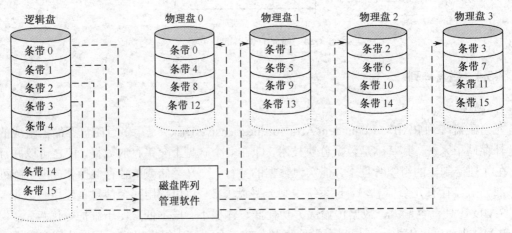

图 7-35　RAID 0 存储技术

（2）RAID 1。RAID 1 通过数据镜像（备份）实现数据冗余，在两对分离的磁盘上产生互为备份的数据，即：数据的每个条带都要映射到两个不同的物理磁盘中。每当数据写入一个磁盘时，将该数据也写到另一个冗余盘，形成信息的两份复制品。这样磁盘阵列中每个磁盘都会有一个镜像盘。RAID 1 可以提高读的性能，当原始数据繁忙时，可直接从镜像拷贝中读取数据。RAID 1 是磁盘阵列中费用最高的，但提供了最高的数据可用率。当一个磁盘失效，系统可以自动地交换到镜像磁盘上，而不需要重组失效的数据。所以 RAID 1 不仅提高了读写速度，也加强了系统的可靠性。但其硬盘的利用率低，冗余度为 50%。同 RAID 0 一样，RAID 1 也没有校验功能。

（3）RAID 2。RAID 2 采用磁盘体的位交叉存储技术，为提高性能，所有磁盘必须同时进行相应位的读/写，即并行操作。因此，所有驱动器的轴是同步旋转的，每个磁盘上的磁头任何时刻都处在同一位置，可以实现空间上的并行处理，所以数据传输率非常高。由于每个

I/O 请求都会涉及到多个磁盘，故 I/O 请求响应速度差。另外，RAID 2 采用海明码进行数据校验，有几个检验位就需要几个磁盘，所以冗余盘主要用来存放校验位。这就使得 RAID 2 造价极高。因此，在商业环境中很少使用。

（4）RAID 3。RAID 3 是以一个硬盘来存放数据的奇偶校验位，数据则分段存储于其余硬盘中。它像 RAID 0 一样以并行的方式来存放数，但速度没有 RAID 0 快。如果数据盘（物理）损坏，只要将坏的硬盘换掉，RAID 控制系统则会根据校验盘的数据校验位在新盘中重建坏盘上的数据。不过，如果校验盘（物理）损坏的话，则全部数据都无法使用。利用单独的校验盘来保护数据虽然没有镜像的安全性高，但是硬盘利用率提高为 n-1。

（5）RAID 4。同 RAID 2、RAID 3 一样，RAID 4 也同样将数据条块化并分布于不同的磁盘上，但条块单位为块或记录。RAID 4 使用一块磁盘作为奇偶校验盘，每次写操作都需要访问奇偶盘，成为写操作的瓶颈，在商业应用中很少使用。

（6）RAID 5。和 RAID 4 一样，RAID 5 也是采用大条块交叉存储和各磁盘独立存取技术，但 RAID 5 没有单独指定的奇偶盘，而是交叉地存取数据及奇偶校验信息于所有磁盘上。这样任何一个硬盘损坏，都可以根据其他硬盘上的校验位来重建损坏的数据，硬盘的利用率为 n-1，这样有效避免了 RAID 4 中存在的 I/O 瓶颈问题。在 RAID 5 上，读/写指针可同时对阵列设备进行操作，提供了更高的数据流量。RAID 5 更适合于小数据块、随机读写的数据。RAID 3 与 RAID 5 相比，重要的区别在于 RAID 3 每进行一次数据传输，需涉及到所有的阵列盘。而对于 RAID 5 说，大部分数据传输只对一块磁盘操作，可进行并行操作。在 RAID 5 中有"写损失"，即每一次写操作，将产生四个实际的读/写操作。其中两次读旧的数据及奇偶信息，两次写新的数据及奇偶信息。

RAID 3~RAID 5 的信息分布如图 7-36 所示。

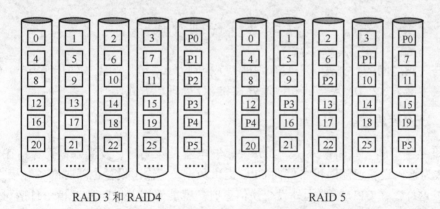

RAID 3 和 RAID4　　　　　　　　　　RAID 5

图 7-36　RAID 3~RAID5 的信息分布

（7）RAID 6。RAID 6 是 RAID 5 的扩展。与 RAID 5 相比，增加了第二个独立的奇偶校验信息块。两个独立的奇偶系统使用不同的算法，数据的可靠性非常高。即使两块磁盘同时失效，也不会影响数据的使用。但需要分配给奇偶校验信息更大的磁盘空间，相对于 RAID 5 有更大的"写损失"，因此 RAID 6 的写性能非常差。较差的性能和复杂的实施使得 RAID 6 很少使用。

表 7-1 对 RAID 的 7 级进行了小结。

表 7-1   RAID 分级总结

存取技术	级别	特点说明	典型应用
条带交叉存取	RAID 0	无冗余	用于非关键性数据
镜像	RAID 1	镜像	系统盘、重要文件
并行处理	RAID 2	数据冗余用于海明码	大容量的 I/O 请求
	RAID 3	码位交错奇偶校验	
独立存取	RAID 4	块交错奇偶校验	无
	RAID 5	块交错分布奇偶校验	高请求速度、读集中数据查询
	RAID 6	块交错双分布奇偶校验	可用性极高的应用

4. RAID 的实现

实现磁盘阵列的方式主要有三种：

（1）软件方式：由阵列管理软件来实现逻辑磁盘和物理磁盘间进行映射，此软件可在磁盘子系统或主机上运行。软件方式可以提供数据冗余功能，但是磁盘子系统的性能会有所降低。优点是成本低，缺点是过多地占用主机时间，并且带宽指标上不去。

（2）阵列卡方式：把 RAID 管理软件固化在 I/O 控制卡上，磁盘阵列卡拥有一个专门的处理器和存储器，用于高速缓冲数据。这样可不占用主机时间，其性能要远远高于常规非阵列硬盘，并且更加安全稳定，一般用于工作站和 PC 机。

（3）子系统方式：这是一种基于通用接口总线的开放式平台，可用于各种主机平台和网络系统。

7.6   I/O 控制方式

主机与外设之间的数据传送主要有六种 I/O 控制方式，分别为无条件传送方式、程序查询方式、程序中断方式、DMA 方式和通道方式和 I/O 处理机方式。

7.6.1   无条件传送

计算机系统中的一些简单外设，如开关、继电器、数码管、发光二极管等，在它们工作时，可以认为输入设备已随时准备好向 CPU 提供数据，而输出设备也随时准备好接收 CPU 送来的数据，这样，在 CPU 需要同外设交换信息时，就能够用 IN 或 OUT 指令直接对这些外设进行输入/输出操作。由于在这种方式下 CPU 对外设进行输入/输出操作时无需考虑外设的状态，故称之为无条件传送方式。

对于简单外设，若采用无条件传送方式，其接口电路很简单。接口电路如图 7-37 所示。

简单外设作为输入设备时，输入数据保持时间相对于 CPU 的处理时间要长得多，所以可直接使用三态缓冲器（如 74LS244）和数据总线相连。当执行输入的指令时，读信号 $\overline{RD}$ 有效，选择信号 $M/\overline{IO}$ 处于低电平，因而三态缓冲器被选通，使其中早已准备好的输入数据送到数据总线上，再到达 CPU。所以要求 CPU 在执行输入指令时，外设的数据是准备好的，即数据已经存入三态缓冲器中。

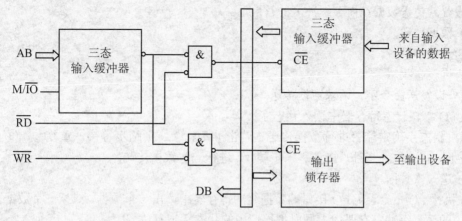

图 7-37　无条件传送方式接口电路

简单外设为输出设备时，由于外设取数的速度较慢，要求 CPU 送出的数据在接口电路的输出端保持一段时间，所以一般都需要锁存器（如 74LS374）。CPU 执行输出指令时，M/$\overline{\text{IO}}$ 和 $\overline{\text{WR}}$ 信号有效，于是，接口中的输出锁存器保持这个数据，直到外设取走。

无条件传送方式下，程序设计和接口电路都很简单，但是为了保证每一次数据传送时外设都能处于就绪状态，传送不能太频繁。对少量的数据传送来说，无条件传送方式是最经济实用的一种传送方法。

7.6.2　程序查询方式

1. 程序查询的基本思想

程序查询方式又叫程序控制方式。这种方式中，数据在 CPU 和外围设备之间的传送完全依靠计算机程序控制，是在 CPU 的主动控制下进行的。许多外设的工作状态是很难事先预知的，比如何时按键、一台打印机是否能接收新的打印输出信息等。在程序查询方式下，为了保证数据传送的正确进行，就要求 CPU 在程序中查询外设的工作状态，如果外设尚未准备就绪，CPU 就等待；只有外设已作好准备，CPU 才能执行 I/O 指令。

为了正确完成这种查询，通常需要执行如下指令：

（1）测试指令，用来查询设备是否准备就绪；

（2）传送指令，当设备已准备就绪时，执行传送指令；

（3）转移指令，若设备未准备就绪，执行转移指令，转至测试指令，继续测试设备的状态。

2. 程序查询方式的工作过程

图 7-38 示意了程序查询方式的工作过程如下：

（1）初始化（准备工作）：

1）保存寄存器原来存放的数据，防止数据丢失；

2）设置设备与主机交换数据的字节数（计数值）；

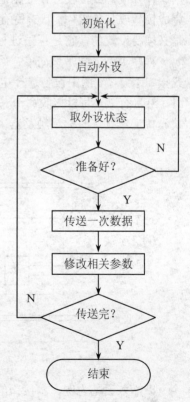

图 7-38　程序查询工作流程

3）设置欲传送数据在内存缓冲区的首地址。

（2）数据传送。

1）启动外部设备。

2）查询设备状态。

①向外设发送命令字，请求数据传送；

②从 I/O 接口状态寄存器中读入状态字；

③分析状态字确定能否进行数据传送。若未准备就绪，则踏步等待，重复②、③直到准备就绪为止。若准备就绪时，接着进入步骤 3）进行一次数据传送。

3）传送一次数据。

CPU 执行 I/O 指令，从 I/O 接口的数据缓冲寄存器中读出一个数据，或把一个数据写入到 I/O 接口中的数据缓冲寄存器内，同时把接口中的状态标记复位。

4）修改相关参数。

①修改计数值，若原设置计数值为原码，则依次减"1"；若原设置计数值为负数补码，则依次加"1"。

②判断计数值。若计数值不为"0"，表示一批数据尚未传送完，重新启动外设继续传送；若计数值为"0"，则表示一批数据已传送完毕。

3．程序查询方式接口

CPU 主要通过接口电路中三个寄存器实现外设访问的。数据寄存器：双向，接收 CPU 数据送往外设，或接收外设数据送往 CPU。命令寄存器：单向，接收 CPU 送来的命令，并控制完成读写或其他操作。状态寄存器：存储反映外设的工作状态，这个寄存器在程序查询方式中是必须要设置的，它是程序进行 I/O 操作的判断依据。

程序查询方式是最简单、经济的 I/O 方式，只需很少的硬件，图 7-39 给出了程序查询方式接口示意图。图中设备选择电路用以识别本设备地址，当地址线上的设备号与本设备号相符时，SEL 有效，可以接收命令。DBR 是数据缓冲寄存器，用以存放欲传送的数据；D、B 是反映设备工作状态的标记触发器。

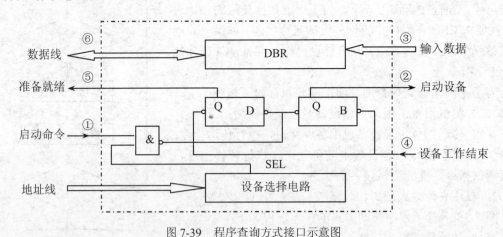

图 7-39　程序查询方式接口示意图

以输入设备为例，本接口的工作过程如下：

当设备选中后，①由 CPU 发出启动外设命令，将工作触发器 B 置"1"，完成触发器 D 置

"0"；②启动外设开始工作；③输入设备将数据送入 DBR；④外设工作完成，向接口发 "设备工作结束" 信号，将 D 置 "1"，B 置 "0"；⑤D 触发器以 "准备就绪" 状态通知 CPU，表示 "数据缓冲满"；⑥CPU 执行输入指令，将输入数据送至 CPU 的通用寄存器，再存入主存相关单元。

程序查询方式的优点是控制简单，所用硬件较少；缺点是外设和主机不能并行工作，系统效率很低。该方式需要不断查询外设的状态，大量时间花在等待循环中，当主机与中、低速外设交换信息时，大大降低了 CPU 利用率。

7.6.3　程序中断方式

1. 中断的基本概念

（1）中断的概念。

所谓中断是指 CPU 在执行程序的过程中，出现了某些突发事件，CPU 必须暂停现行程序的执行，转去处理突发事件，处理完该突发事件后，CPU 又回到原来程序被打断的位置继续执行。这个过程称为中断，这种控制方式称为中断控制方式。

引起中断的因素很多，凡是能向 CPU 提出中断请求的各种因素统称为中断源。中断是现代计算机能有效合理地发挥效能和提高效率的一个十分重要的功能。通常又把实现这种功能所需的软硬件技术，统称为中断技术。

在程序中断方式中，某一外设的数据准备就绪后，就主动向 CPU 发出中断请求信号，当 CPU 响应这个中断时，便暂停现行程序的运行，自动转移到该设备的中断服务程序，完成数据交换。当中断服务程序执行结束后，CPU 又回到原来的程序继续运行。

中断处理示意图如图 7-40 所示。图中，主程序只是在设备 A、B、C 数据准备就绪时，才去处理 A、B、C 的数据交换。可以看出，在速度较慢的外设准备自己的数据时，CPU 照常执行自己的主程序。在这个意义下，CPU 和外设的操作是并行进行的。因此，提高了计算机系统的效率。

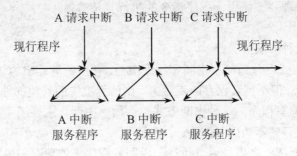

图 7-40　中断处理示意图

（2）中断的功能。

计算机具有中断功能后，可以做到：

1）CPU 与外设在大部分时间内并行工作，有效地提高了计算机的效率。CPU 启动外设后，不需去查询其工作状态，可继续执行主程序，因此两者可并行工作。等外设将数据准备好后，主动申请中断 CPU 的工作，请求服务。

2）具有实时响应能力，可适用于实时控制场合。外部中断源始终处于主动地位，随时可请求 CPU 为其服务。即可以保证实时控制中，现场的许多实时信息随时得到响应。

3）及时处理异常情况，提高计算机的可靠性。计算机在运行过程中，往往可能出现一些意想不到的情况或发生一些故障。利用中断功能就可以及时进行处理，而不至于造成无可挽回的局面。

（3）中断的实质。

中断技术的实质就是程序切换。从程序的观点看，中断就是从现行程序到中断服务程序的切换，而中间过程都是为这个切换服务的。

切换的方法有两种：一是保存断点。程序能够按顺序正确地执行，依靠的是程序状态字和程序计数器。发生中断时，它们的内容称为断点，也就是已经执行完的最后一条指令的状态和将要执行的下一条指令的地址。执行完中断服务程序后，要返回原程序继续执行，就要记住从哪个位置继续执行。二是恢复断点。在程序返回时，把先前保存的值（断点）再放回程序状态字和程序计数器，显然会接着原来的位置继续执行。

由于中断的产生是随机的，可能是在指令执行的任何一点。为保证程序执行的完整性，应在一条指令执行完、下一条指令开始执行之前进行切换。

（4）中断与调用子程序的区别。

表面上看起来，计算机的中断处理过程有点类似于调用子程序的过程，这里现行程序相当于主程序，中断服务程序相当于子程序。但是，它们之间却是有着本质上的区别，主要的区别在于：

1）子程序的执行是由程序员事先安排好的（由一条调用子程序指令转入），而中断服务程序的执行则是由随机的中断事件引起的；

2）子程序的执行受到主程序或上层子程序的控制，而中断服务程序一般与被中断的现行程序毫无关系；

3）不存在同时调用多个子程序的情况，而有可能发生多个外设同时请求 CPU 为自己服务的情况。

因此，中断的处理要比调用子程序指令的执行复杂得多。

（5）中断的类型。

中断可按如下几种方法分类：

1）按中断处理方式可分为简单中断和程序中断。在中断处理中，CPU 响应中断请求之后，暂停原有程序的运行，但不需要保存断点状态，由计算机中的其他部件执行中断处理。处理结束后 CPU 继续执行原有程序。这种中断方式称为简单中断。主要用于高速外设与主机之间进行数据交换，即直接存储器访问（DMA）。

CPU 在响应中断请求之后，通过执行一段服务程序来处理有关事项，则称为程序中断方式，简称中断（以后所说的中断，均指此种方式）。这种中断方式需要 CPU 在暂停原有程序运行后，保存断点状态，转入中断服务程序，程序中断一般用在中、低速外设数据传送以及要求进行复杂处理的场合。

2）按中断源分类分为强迫中断和自愿中断。自愿中断是指中断不是随机发生的，而是事先在程序中安排好的。

强迫中断是指随机发生的中断，包括硬件故障、程序错误和外设请求等。

3）按中断源的位置分类可以分为内部中断和外部中断。内中断是指中断请求来自 CPU 内部的中断。如：运算溢出、除数为零引起的中断以及某些软中断都为内中断。

外中断是指中断请求来自 CPU 之外的中断。如：电源掉电、校验错等硬件故障引起的中断、由外设进行 I/O 操作引起的中断。

4）按中断服务程序入口地址的形成方法可分为向量中断和非向量中断。向量中断是指在中断请求被响应时，由请求中断的外围设备向主机提供一个向量地址，用以指出该中断服务程序的入口地址和处理机的状态字的固定存放单元。

中断服务程序入口地址被称为中断向量。通常将各中断源的中断向量存放在内存一片连续的单元中，形成一张中断向量表，表的内容是相应的中断服务程序入口地址，存放中断向量的单元地址称为中断向量地址，简称为向量地址。

在很多中断系统中，每个中断源都被分配一个唯一的代号（编码），称为中断类型号。例如，80X86 有 256 种中断类型，因此中断类型号为 8 位二进制（0~255）。向量地址是由中断类型号乘以 4 求得的。向量地址里面存放的是一条转移指令，CPU 通过执行这条转移指令，找到中断服务程序的首地址。

非向量中断是指当主机响应中断时，用软件程序进行查询，查到请求中断的中断源时，使用一条转移指令，直接指向该中断源的中断服务程序入口地址。

5）根据中断产生的软硬件，分为硬件中断和软中断。

硬件中断是指由硬件请求信号引发的中断。

软中断是指由执行软中断指令引发的中断。

（6）中断系统的组成。

中断系统由硬件和相应的软件组成。

软件主要包括：①中断服务程序。实现中断所要求的功能在中断服务程序中完成，如数据的输入输出操作，要靠中断服务程序中的 I/O 指令来完成。②中断向量表。中断向量表是中断系统中的软硬件的界面，通过中断向量表实现由主程序到中断服务程序的切换，而且为了赢得时间，切换过程全部由硬件完成。

硬件主要包括：①接口方面。中断请求、信号传递、排队判优等由接口中的硬件完成，最后优先级最高的中断请求到达 CPU。②CPU 方面，主要是中断响应逻辑。CPU 收到请求信号以后，便开始一个称为"中断响应周期"的时间段，在这个时间段中完成到中断服务程序的切换。

2. 中断处理的全过程

这里所说的中断全过程指的是从中断源发出中断请求开始，CPU 响应这个请求，现行程序被中断，转至中断服务程序，直至中断服务程序执行完毕，CPU 再返回原来的程序继续执行的整个过程。

我们大体上可以把中断全过程分为五个阶段：中断请求、中断判优、中断响应、中断处理、中断返回。

（1）中断请求。

中断源是指中断的来源，即任何引起计算机中断的事件，一般计算机都有多个中断源。由于每个中断源向 CPU 发出中断请求的时间是随机的，为了记录中断事件并区分不同的中断源，可采用具有存储功能的触发器来记录中断源，称为中断请求触发器。当某一个中断源有中断请求时，其相应的中断请求触发器置"1"状态，此时，该中断源向 CPU 发出中断请求信号。

多个中断请求触发器构成一个中断请求寄存器，其中每一位对应一个中断源，中断请求寄存器的内容称为中断字或中断码，中断字中为"1"的位就表示对应的中断源有中断请求。

中断源向 CPU 提出中断请求，需要具备两个条件：第一，外设本身工作完成，等待和主机进行数据交换。此时完成触发器 D=1。例如，输入设备的数据已经准备好，等待主机取走数据；或者输出设备已经将数据寄存器的数据取走，等待主机送来新的数据。第二，系统允许外设发中断请求。在中断接口电路中有一个中断屏蔽触发器，它相当于一个开关。当该触发器为"0"时，表示开放中断，即可以发出中断请求信号；当该触发器为"1"时，表示屏蔽中断，即中断请求信号不能发出。

将中断系统中的所有中断源的屏蔽触发器放在一起，形成一个寄存器，称为屏蔽寄存器 IMR。用一个地址对其寻址，每一各屏蔽位对应一个中断源。

中断请求信号必须传送到 CPU 才能得到响应。有三种传递方式：

1）公共请求线：多个中断源公用一根请求线向 CPU 提出中断请求。

2）独立请求线：每个中断源有自己的中断请求线，将中断信号直接送往 CPU。

3）二维结构：将中断请求线连接成二维结构，用多条线向 CPU 请求中断，每条线上有多个中断源。

（2）中断判优。

CPU 在任何瞬间只能接受一个中断请求。当多个中断源同时发出中断请求时，CPU 究竟首先响应哪一个中断请求呢？通常,把全部中断源按中断性质和处理的轻重缓急安排优先级并进行排队。

确定中断优先级的原则是：对那些提出中断请求后需要立刻处理，否则就会造成严重后果的中断源，规定最高的优先级；而对那些可以延迟响应和处理的中断源，规定较低的优先级。如故障中断一般优先级较高，其次是简单中断，最后才是 I/O 设备中断。

当中断发生后，尤其是当多个中断源提出中断请求后，如何实现优先级的判断呢？中断判优方法有两种：软件判优法和硬件判优法。

1）软件判优法。所谓软件判优法，就是用程序来判别优先级，这是最简单的中断判优方法。当 CPU 接到中断请求信号后，就执行查询程序，逐个检测中断请求寄存器的各位状态。最先检测的中断源具有最高的优先级，其次检测的中断源具有次高优先级，依次类推，最后检测的中断源具有最低的优先级。

显然，软件判优是与识别中断源结合在一起的。当查询到中断请求信号的发出者，也就是找到了中断源，程序立即可以转到对应的中断服务程序中去。

软件判优方法简单，可以灵活地修改中断源的优先级别；但查询、判优完全是靠程序实现的，不但占用CPU时间，而且判优速度较慢。

2）硬件判优法。硬件判优法适用于向量中断方式。当 CPU 响应中断时，由硬件（外设接口或者中断控制器）自动产生一个指定的地址（向量地址）或者代码（中断类型号），它们与该中断源的中断向量有一一对应关系。由向量地址或中断类型号指出每个中断源设备的中断向量（中断服务程序入口地址），这种使用向量识别中断源的中断系统称为向量中断。

硬件判优方法也叫排队链判优，包括串行排队电路和向量编码电路。串行排队电路由排队器组成。可在 CPU 内部设置一个统一的排队器，对所有中断源进行排队，也可在接口电路内分别设置各个设备的排队器。中断响应信号逐级传送，先到达的设备，其优先级高于中断响应信号后到达的设备，即电路中距离 CPU 最近的中断源优先级最高，这里距离远近是指电气上的信号传递顺序。这种方法实现时电路较简单，但优先级固定，取决于固定的硬件连接，不够灵活，不易于改变或调整优先级。

图 7-41 中的最下面的部分就是一个链式排队判优电路。每个接口中有一个非门和一个与非门，它们之间犹如链条一样串接在一起，故有链式排队器之称。该电路中最左边的中断源优先级最高，其次是第 2 个、第 3 个，最右边的最低。不论是哪个中断源（一个或多个）提出中断请求，排队器输出端 $INTP_i$，只有一个高电平。当同时有两个（以上）中断源发出中断请求信号时，被选中的总是最左边的一个中断源。

向量编码电路也叫设备编码器，如图 7-41 中虚线框部分所示，它是中断向量地址的形成部件。主要的作用就是用来找到中断服务程序的入口地址。CPU 一旦响应了 I/O 中断，就要暂停现行程序，转去执行该设备的中断服务程序。不同的设备有不同的中断服务程序，每个服务程序都有一个入口地址，CPU 必须找到这个入口地址。

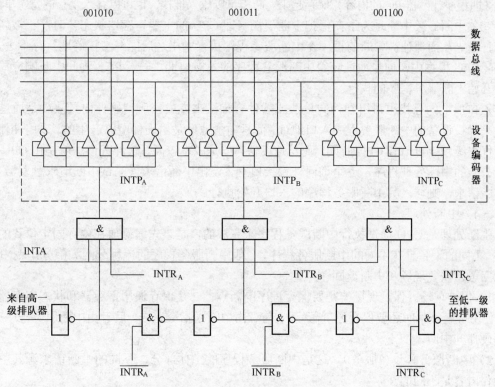

图 7-41　链式排队电路和优先编码器

中断向量地址形成部件的输入是来自排队器的输出 $INTP_1 \ldots INTP_n$，输出是用二进制表示的中断向量，其位数与计算机可以处理中断源的个数有关，即一个中断源对应一个向量地址。可见，该部件实质是一个编码器，在 I/O 接口中的编码器又叫设备编码器。

注意：向量地址并非中断服务程序的入口地址。向量地址存放的内容是中断服务程序的入口地址。

（3）中断响应。

经过中断判优的中断请求需要等待 CPU 的响应才能得到处理。然而，CPU 对中断的响应是有条件的。CPU 响应中断要满足如下三个条件：

1）中断源有中断请求，而且未受到屏蔽；

2）CPU 接受中断请求，CPU 处于开中断状态；

3）一条指令执行完毕，而且无 DMA 请求。

响应中断的时间是每个指令执行周期结束时刻，由 CPU 发查询信号，若有满足条件的中断请求，则响应中断。

当 CPU 决定响应中断后，进入一个称为"中断响应周期"的过渡期（位于原程序和中断服务程序之间）。在此期间，完全依靠硬件切换程序，也就是完成以下四项操作。

①CPU 向外设发出中断应答信号 INTA，表示 CPU 对中断的认可。中断控制器收到该信号后，将中断的向量地址（微机中为中断类型码）发送到数据总线上，CPU 取走向量地址，并撤销 INTA。

②保存断点。为了保证在中断服务程序执行完毕能正确返回原来的程序，必须将原来程序的断点（即程序计数器 PC 的内容）保存起来。断点可以压入堆栈，也可以存入主存的特定单元中。

③关中断。关中断是为了在保护中断现场（即 CPU 的主要寄存器状态）时，不被新的中断所打断，从而保证被中断的程序在中断服务程序执行完毕之后能继续正确地执行下去。

④CPU 根据中断向量地址获得中断服务程序的入口地址，送入 PC。到此中断响应周期结束，开始中断服务程序的执行。

入口地址的寻找也可用硬件向量法或软件查询法来完成。所谓硬件向量法就是通过向量地址来寻找设备的中断服务程序入口地址，而且向量地址是由硬件电路产生的。采用硬件实现中断优先级判定可节省 CPU 时间，而且速度快，但是成本较高。软件查询法就是由 CPU 执行一个公共的中断处理程序，逐个询问外设接口有否发出中断请求（测试中断请求触发器），若有中断请求，则转入其中断服务程序的入口开始执行。

（4）中断处理。

中断处理是 CPU 通过执行中断服务程序来完成的，是事先编好放在内存固定位置的一段程序。不同的设备具有不同的中断服务程序，一般中断服务程序的流程分四大部分：保护现场、中断服务、恢复现场和中断返回。

1）保护现场。保护现场一是要保存程序的断点；二是保存通用寄存器和状态寄存器的内容（使用屏蔽技术时还要保存原屏蔽字）。前者由中断隐指令完成，后者由中断服务程序完成。然后硬件开中断。

2）中断服务（设备服务）。这是中断服务程序的主体部分，不同的中断请求源其中断服务操作内容是不同的。

3）恢复现场。这是中断服务程序的结尾部分，要求在退出服务程序前，将源程序中断时的"现场"恢复到原来的寄存器中。①先要关中断；②然后可用取数指令或出栈指令（POP），将保存在存储器（或堆栈）中的信息送回到原来的寄存器中；③最后开中断。

中断返回。中断服务程序的最后一条指令通常是一条中断返回指令，使其返回到原程序的断点处，以便继续执行原程序。

（5）中断返回。

中断返回是由中断处理程序的最后一条指令（IRET）实现的，该指令的功能一是恢复原来被中断程序的 PC 和 PSW 值，这些值在中断响应周期中保存于堆栈中；二是开中断。这样就又转到了原来程序的断点处继续工作。

3. 多级中断

（1）多重中断。多重中断是指在处理某一中断过程中又发生了新的中断，从而中断该服务程序的执行，又转去进行新的中断处理，这种重叠处理中断的现象又称为中断嵌套。

一般情况下，在处理某优先级中的某个中断时，与它同级或比它低级的中断请求不能中断它的处理，应在处理完该中断返回主程序后，再去响应和处理这些中断，而比它优先级高的中断请求能中断它的处理，CPU 在执行完新的中断服务程序后，返回执行原中断服务程序。通常中断级的响应次序是由硬件来决定的。

中断嵌套技术的实现，关键是在中断处理程序中必须适时开放中断（STI 指令），并且使用堆栈的"先进后出"特性保证中断的逐级返回。

（2）允许和禁止中断。允许中断即开中断，中断允许触发器 ENIT 置"1"。下列情况下应开中断：

1）已响应中断请求转向中断服务程序，在保护完中断现场之后，为响应其他更高级别的中断请求做准备；

2）在中断服务程序执行完毕，即将返回被中断的程序之前，为能再次响应中断请求做准备。

禁止中断即关中断，ENIT 置"0"。下列情况时应关中断：

1）当响应某一优先级中断请求，不再允许被其他中断请求打断时；

2）在中断服务程序的保护和恢复现场之前，使处理现场工作不至于被打断。

开、关中断可以由中断置位和复位指令来实现，也可以由设置适当的程序状态字来实现。

（3）多重中断和单重中断的区别。两者的区别在于"开中断"的设置时间不同。

单重中断方式中，当 CPU 正在处理某个中断时，不允许其他中断源再中断 CPU 的程序，即使优先权比它高的中断源提出中断请求也是如此。因此"开中断"设置在"中断返回"之前、"恢复现场"之后。

而多重中断方式中，优先权高的中断级可以打断优先权低的中断服务程序。"开中断"设置在"保护现场"之后、"设备服务"之前。

4. 中断屏蔽技术

（1）中断屏蔽。

中断源发出中断请求之后，这个中断请求并不一定能真正送到 CPU 去，在有些情况下，可以用程序方式有选择地封锁部分中断，这就是中断屏蔽。

如果给每个中断源都相应地配备一个中断屏蔽触发器，则每个中断请求信号在送往判优电路之前，还要受到屏蔽触发器的控制。各屏蔽触发器组成一个屏蔽寄存器，其内容称为屏蔽字或屏蔽码，由程序来设置其值。屏蔽字中某一位的状态成为本中断源能否真正发出中断请求信号的必要条件之一。这样就可实现 CPU 对中断处理的控制，使中断能在系统中合理协调地进行。

（2）开放和屏蔽中断。

屏蔽中断是指某个中断源"接口中"的中断屏蔽触发器被置"1"，对应的中断源不能发出中断请求，处于"中断封锁"。当中断接口中的中断屏蔽触发器置"0"，则该中断源处于"中断开放"，此时对应的中断源可以发出中断请求。

（3）屏蔽技术的作用。

中断屏蔽技术可以通过软件改变屏蔽位的状态，改变多重中断的处理次序，即处理优先级。

中断系统的优先级包含两层意思，一是响应优先级，二是处理优先级。响应优先级是指由硬件排队电路决定的、CPU 准备响应中断请求的次序，排队电路一旦设计好将无法改变；

处理优先级是指可由中断屏蔽字改变的、CPU 对中断请求的实际处理的先后次序。如果不进行屏蔽，中断处理次序就是中断响应次序。

在不改变中断响应次序的条件下，改变屏蔽字可以改变中断处理次序。

例 7.4 某机配有 A、B、C、D 四台设备，其优先级 A>B>C>D，现要求将中断处理次序改为 D>A>C>B。

（1）写出每个中断源对应的屏蔽字。

（2）根据图 7-42 中给定的四个中断源的请求时刻，画出 CPU 执行程序的轨迹图。设每个中断源的中断服务程序时间均为 20μs。

解答:（1）中断响应的优先级是：A>B>C>D，处理优先级变为：D>A>C>B 后，每个中断源的屏蔽字如表 7-2 所示。

表 7-2 例 7.4 各中断源对应的屏蔽字

中断源	屏蔽字			
	A	B	C	D
A	1	1	1	0
B	0	1	0	0
C	0	1	1	0
D	1	1	1	1

（2）根据新的处理次序，CPU 执行程序的轨迹如图 7-42 所示。

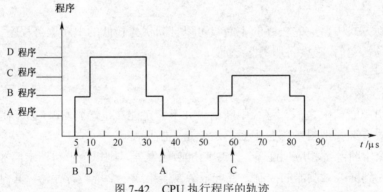

图 7-42 CPU 执行程序的轨迹

（4）中断屏蔽字的设置。

采用了屏蔽技术后，在中断服务程序中需要设置新的屏蔽字。通过设置新的中断屏蔽字，可以改变处理优先级次序，也可以人为地屏蔽某个中断源的请求。和一般的中断服务流程相比，需要增加"置屏蔽字"和"恢复屏蔽字"两部分内容。通常在"保护现场"之后"置屏蔽字"，在"恢复现场"之后"恢复屏蔽字"。

7.6.4 DMA 方式

跟程序查询方式相比，中断方式更有效，但中断方式的数据传送仍以程序方式实现，在程序切换过程中存在许多额外操作，如保护断点、保护现场、恢复断点、恢复现场等，所以传送效率仍然不是很高，只适合中、低速设备的 I/O 操作。

在大批量、高速度传送数据时，需要一种更加有效的方法，这就是 DMA 方式。DMA 在主存和外设之间实现高速、批量数据交换，数据传输完全依靠硬件，不需要执行程序，因而速度快、效率高。

1. DMA 的基本概念

（1）DMA 的概念。

无论程序查询还是程序中断方式，主要的工作都是由 CPU 执行程序完成的，这需要花费时间，因此不能实现高速外设与主机的信息交换。

直接存储器访问 DMA（Direct Memory Access）方式是在外设和主存储器之间开辟一条"直接数据通道"，两者在不需要 CPU 干预也不需要软件介入的情况下进行的高速数据传送方式。在 DMA 传送方式中，对数据传送过程进行控制的硬件称为 DMA 控制器。当外设需要进行数据传送时，通过 DMA 控制器向 CPU 提出 DMA 传送请求，CPU 响应之后将让出系统总线，由 DMA 控制器接管总线进行数据传送。

（2）DMA 方式的特点。

DMA 方式具有下列特点：

1）它使主存与 CPU 的固定联系脱钩，主存既可被 CPU 访问，又可被外设访问；

2）在数据块传送时，主存地址的确定，传送数据的计数等都用硬件电路直接实现；

3）主存中要开辟专用缓冲区，及时供给和接收外设的数据；

4）DMA 传送速度快，CPU 和外设并行工作，提高了系统的效率；

5）DMA 在开始前和结束后要通过程序和中断方式进行预处理和后处理。

6）DMA 方式一般用于主存和高速设备间的数据传送、以及 DRAM 的刷新控制。高速设备包括磁盘、磁带、光盘等外存储器以及其他带有局部存储器的外围设备、通信设备。

（3）DMA 和中断的区别。

DMA 和中断的重要区别为：

1）中断方式是程序切换，需要保护和核复现场；而 DMA 方式除了开始和结尾时，都不占用 CPU 的任何资源；

2）对中断请求的响应只能发生在每条指令执行完毕时；而对 DMA 请求的响应可以发生在每个机器周期结束时；

3）中断传送过程需要 CPU 干预；而 DMA 传送过程不需要 CPU 的干预，所以数据传送速率非常高，适合于高速外设的成组数据传送；

4）DMA 请求的优先级高于中断请求；

5）中断方式具有对异常事件的处理能力；而 DMA 方式仅局限于完成传送信息块的 I/O 操作。

2. DMA 接口

DMA 接口相对于查询式接口和中断式接口来说比较复杂，它是在中断接口的基础上再加上 DMA 机构组成的。习惯将 DMA 方式的接口电路称为 DMA 控制器，即采用 DMA 方式的外设与系统总线之间的接口电路。

（1）DMAC 基本组成。

图 7-43 给出一个简单的 DMA 控制器框图，它由以下几部分组成：

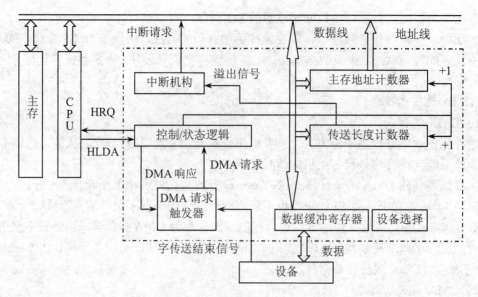

图 7-43   简单的 DMA 控制器

1）内存地址计数器：用来存放要交换数据的内存地址。在 DMA 传送前，由程序初始化。当 DMA 传送时，每传送一次数据，地址计数器加 1。

2）字计数器：用来记录传送数据块的长度。在 DMA 传送前，其内容也是由程序预置，并以补码表示。每传送一次数据，地址计数器加 1，直到计数器溢出，引发 DMA 控制器向 CPU 发出中断请求信号。

3）数据缓冲寄存器：暂存传送的数据。

4）"DMA 请求"触发器：保存外设发来的数据就绪信号（DMA 请求）。外设准备好一个数据后就给出一个控制信号，使 DMA 请求触发器置 1。该标志引发 DMA 请求，即"控制/状态逻辑"向 CPU 发出总线使用权的请求（HRQ），CPU 以 HLDA 响应，"控制/状态逻辑"接收此信号后发出 DMA 响应信号，使 DMA 请求触发器复位。

5）控制/状态逻辑：DMAC 的核心部分，它控制修改内存地址计数器、字计数器，能指定 DMA 的传送方向（输入/输出），并能对 DMA 请求信号和 CPU 响应信号进行协调和同步。

6）中断机构：当一数据块传送完成，溢出信号触发中断机构，向 CPU 提出中断请求，报告数据传送结束。CPU 将进行 DMA 传送的后处理（结束处理）。

（2）DMAC 基本功能。

DMA 控制器在外设与主存之间直接传送数据的过程中，完全代替了 CPU 的控制，它的主要功能是：

1）接受外设发出的 DMA 请求，并向 CPU 发出总线请求。

2）当 CPU 响应此总线请求，发出总线响应信号后，接管对总线的控制，进入 DMA 操作周期。

3）确定传送数据的主存单元地址及传送长度，并能自动修改主存地址计数值和长度计数值。

4）识别传送数据方向，发出读/写或其他控制信号，并执行数据传送的操作。

5）向 CPU 报告 DMA 操作的结束。

3. DMA 传送方式和传送过程

（1）DMA 传送方式。

DMA 技术的出现，使得外设可以通过 DMA 控制器直接访问内存；同时，CPU 可以继续执行程序，也要访问内存。那么 DMA 控制器是如何与 CPU 分时使用内存的？通常情况下 DMA 的传送方式有以下三种：

1）停止 CPU 访问内存。即 DMA 工作时，CPU 空闲。当外设要求传送一批数据时，由 DMA 控制器提出申请，要求 CPU 放弃地址总线、数据总线和有关控制总线的使用权。申请获得批准后，DMA 控制器开始掌控总线，并进行数据传送。数据传送完成后，DMA 控制器把总线控制权交还 CPU，通知 CPU 使用内存。这是一个完整的"申请—建立—传送—归还"的过程。

优点：简单，可适应高速成组数据传送。

缺点：CPU 效率低。

2）周期挪用方式。把 CPU 不访存的那些周期"挪用"来进行 DMA 操作。当 I/O 设备没有 DMA 请求时，CPU 按程序要求访问内存；一旦 I/O 设备有 DMA 请求并获得 CPU 批准后，CPU 让出一两个周期的总线控制权，由 I/O 设备挪用，进行一次数据传送；然后，DMA 控制器把总线控制权交还 CPU，CPU 继续工作。重复，直到数据块传送完。

CPU 不需要访存时，I/O 设备挪用一两个内存周期对 CPU 执行程序没有影响；I/O 设备和 CPU 同时要求访存时，I/O 设备访存优先，因 I/O 设备有时间要求，不能错过收发数据的机会。这种方法使用较多。

优点：较好地发挥了 CPU 和内存的效率。

缺点：电路复杂。

3）DMA 与 CPU 交替访内存方式。这种方法是把一个存取周期一分为二，一半给 DMA 使用，一半给 CPU 使用。在 CPU 工作周期比内存存取周期长得情况下，采用交替访问内存的方法，以发挥最高效率。

这种方式不需要总线使用权的申请、建立和归还过程，总线使用权是分时控制的。CPU 和 DMA 控制器各有自己访问内存的地址寄存器、数据寄存器、读写信号等控制寄存器。总线控制权的转移几乎不需要时间，DMA 传送效率很高。

优点：由硬件完成总线控制权的转移，速度快、效率高。

缺点：硬件控制逻辑复杂，而且在没有 DMA 数据传送情况下，时间片被浪费。

（2）DMA 传送过程。

DMA 的数据块传送过程可分为三个阶段：传送前预处理、正式传送、传送后处理。具体工作流程见图 7-44。

1）传送前预处理。由 CPU 执行 I/O 指令对 DMAC 进行初始化与启动。在 DMA 传送前必须做好准备工作，主机向 DMA 接口传送以下信息：

① 读/写命令；

② 向 DMA 控制器的主存地址计数器送数据块在内存中的首地址；

③ 向 DMA 控制器的设备地址寄存器送设备号；

④ 向传送长度计数器送数据字个数；

⑤ 启动 DMA。

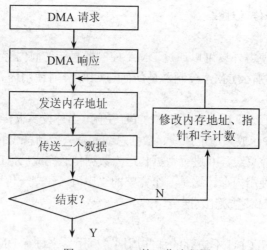

图 7-44　DMA 的工作流程图

这些工作做完之后，CPU 继续原来的工作。

2）数据传送。由 DMAC 控制总线进行数据传送。

①外设准备好收发数据时，向主机发 DMA 请求。

②CPU 在本机器周期结束后，响应该请求、并使 CPU 的总线驱动器处于高阻状态，让出主存使用权。

③DMA 控制器发送内存地址、读/写命令。

④挪用一个存储周期，传送一个数据，主存地址计数器加 1，字计数器减 1，若用补码表示则加 1。

⑤判断数据是否传送完毕，即计数器是否等于 0。若不为 0，则撤销 DMA 请求，继续第一步的动作；若字计数器为 0，进入结束阶段。

3）传送后处理。传送结束，DMAC 向 CPU 发中断请求，报告 DMA 操作的结束。CPU 响应，转入中断服务程序，完成 DMA 结束处理工作，包括校验数据和决定是否结束传送等。

7.6.5　通道方式

1. 通道的基本概念

（一）通道的概念

通道是一个功能特殊的处理器，是为了进一步减少数据输入输出对整个系统运行效率的影响，使用自己的指令和程序专门负责数据输入输出的传输控制。其优点有三：①增加了 CPU 与通道操作的并行能力；②增加了通道之间以及同一通道内各设备间的并行操作能力；③为用户提供了灵活增加外设的可能性。

一般大中型计算机 I/O 数据流量很大，所以 I/O 系统接有多个通道。设立多个通道的好处是对不同类型的 I/O 设备进行分类管理。通道与 CPU 同时要求访问内存时，通道优先权高于 CPU。对于通道，所连接的设备读写速度越快，优先权越高。

（二）通道的功能

通道的功能如下：

（1）接受 CPU 的指令，并按指令要求与指定的外围设备进行通信；

（2）从内存读取属于该通道的指令，并执行通道程序，向设备控制器和设备发送各种命令；

（3）组织外围设备和内存之间进行数据传送，并根据需要提供数据缓存的空间，以及提供数据存入内存的地址和传送的数据量；

（4）从外围设备得到设备的状态信息，形成并保存通道本身的状态信息，根据要求将这些状态信息送到内存的指定单元，供 CPU 使用；

（5）将外围设备的中断请求和通道本身的中断请求，按序及时报告 CPU。

（三）通道应用实例

下面以 IBM 4300 系统为例，介绍通道在 I/O 系统中的应用。IBM 4300 系统 I/O 结构图如图 7-45 所示。

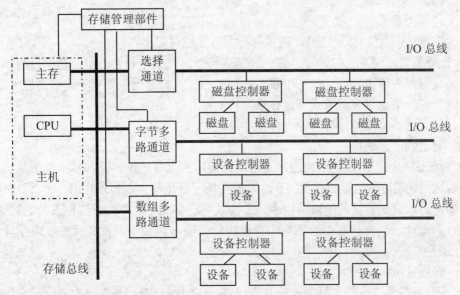

图 7-45　IBM 4300 系统 I/O 结构图

由图可知，CPU 通过通道来连接设备控制器，通道负责数据传送任务，通道体系结构中包含如下两个方面的管理工作：

（1）CPU 对通道的管理。

在具有通道结构的计算机中，CPU 是通过处理来自通道的中断以及执行 I/O 指令实现对通道的管理的。

来自通道的中断有两种：数据传送结束中断和故障中断。

输入输出指令分为两级：①CPU 执行的 I/O 指令，这种指令比较简单，且不直接控制 I/O 操作，只是负责通道的启动和停止，查询通道或设备的状态，控制通道去完成 I/O 操作等；②通道执行的通道程序，在 CPU 启动通道后，通道执行通道程序来实现具体的 I/O 操作，直到对应的通道程序全部执行完为止，本次 I/O 操作才算完成。

通道程序由操作系统的设备管理程序生成。CPU 在执行用户程序时，如果遇到输入输出指令，便转入操作系统的设备管理程序，根据输入输出指令提供的参数，自动生成通道程序，供通道执行。

通常把 CPU 运行操作系统管理程序的状态称为管态，而把 CPU 执行用户程序的状态称为目态。大、中型计算机的 I/O 指令都属于管态指令，只有当 CPU 处于管态时，才能运行 I/O 指令。这是因为大、中型计算机的软硬件资源为多个用户共享，而不是分给某个用户专用的，需要统一管理。

（2）通道对设备控制器的管理。

通道通过使用通道指令指挥设备控制器进行数据传送操作。设备控制器是通道对 I/O 设备实现传输控制的执行机构。设备控制器的具体任务如下：

① 从通道接收通道命令，控制外设完成所要求的操作。

② 向通道反映外设的状态。

③ 将各种外设的不同信号转换成通道能识别的标准信号。

2. 通道的类型与结构

（一）通道类型

按照输入/输出信息的传送方式，通道可分为以下三种类型：

（1）选择通道：又称高速通道，在物理上它可以连接多个设备，但是这些设备不能同时工作，在某段时间内通道只能选择一个设备进行工作。选择通道主要用于连接高速外围设备，如磁盘、磁带等，信息以成组方式高速传输。

优点：以数据块为单位进行传输，传输率高。

缺点：通道利用率低。

（2）数组多路通道：数组多路通道是对选择通道的一种改进，它的基本思想是当某设备进行数据传送时，通道只为该设备服务；当设备在执行寻址等控制性动作时，通道暂时断开与这个设备的连接，挂起该设备的通道程序，去为其他设备服务，即执行其他设备的通道程序。

优点：同选择通道一样，以数据块为单位进行传输，传输率高；又具有多路并行操作的能力，通道利用率高。

缺点：控制复杂。

（3）字节多路通道：是一种简单的共享通道，在时间分割的基础上为多台低速和中速设备服务。

特点：①各设备与通道之间的数据传送是以字节为单位交替进行的，各设备轮流占用一个很短的时间片；②多路并行操作能力同数组多路通道。

（二）通道结构

通道的一般逻辑结构如图 7-46 所示，其中 CCWR、CSWR、CAWR 是三个重要的寄存器。CCWR 是通道命令字寄存器，它用来存放通道命令字（CCW）。CAWR 是通道地址字寄存器，它指出了 CCW 在主存中的地址，初始值由程序预置，工作时通道就依照这个地址到主存中取出 CCW 并加以执行。CSWR 是通道状态字寄存器，它记录了通道程序执行后本通道和相应设备的各种状态信息，这些信息称为通道状态字（CSW），CSW 通常放在主存的固定单元中，此专用单元的内容在执行下一条 I/O 指令或中断之前是有效的，可供 CPU 了解通道、设备状态和操作结束的原因。

3. 通道的工作过程

（一）通道的组成

以选择通道为例，通道中各部件以及各部件的功能如下：

（1）通道程序地址字寄存器：用来存放通道程序首地址。

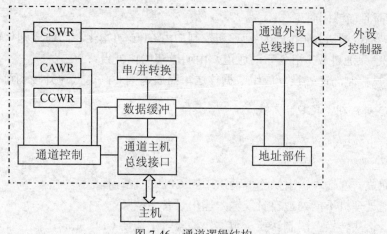

图 7-46　通道逻辑结构

（2）通道指令字寄存器：用来存放从通道程序中取出的通道指令。

（3）通道控制器：由时钟、译码和时序电路组成，用来分析 CPU 给出的 I/O 指令及向 CPU 发出中断请求和条件码。

（4）设备地址寄存器：用来存放设备地址码。

（5）比较电路：用来比较启动输入输出（SIO）指令所给的设备地址与从设备发回的地址。

（6）数据缓冲寄存器 A：用来与设备进行字节数据传送。

（二）通道的工作过程

通道的工作过程大致分为如下 6 步：

（1）数据传送前的准备工作。该工作由管理程序完成，主要做两件事，即准备通道程序和分配数据缓冲区。

（2）执行一条启动输入输出 SIO 指令，选择工作通道和设备。

（3）通道控制器接到启动输入输出 SIO 指令后，便到固定地址去取通道程序地址，放到通道地址字寄存器中。

（4）根据通道地址寄存器所给出的地址，取出第一条通道指令，放在通道指令字寄存器中。

（5）数据传送。执行第一条通道指令，即开始数据传送。每条通道指令执行后，通道程序地址字寄存器的内容自动加 2。如果通道控制字寄存器中的命令链标志或数据链标志为 1，说明通道程序没有结束。通道便根据通道程序地址字寄存器的内容去取下一条通道指令执行。

（6）通道程序的结束。如果正在执行的通道指令中的命令链标志和数据链标志均为 0，则说明该通道指令为最后一条通道指令。该通道指令执行完毕后，就通知设备结束工作。设备动作停止后，就用状态信息给通道以回答，表示设备结束工作，并断开与通道的连接。

通道程序执行完毕后，由通道向 CPU 发出中断信号，表示通道程序正常结束。

由上面的过程可知，完成一次输入输出操作，CPU 只需要两次调用管理程序（步骤 2 和步骤 6），减少了对用户程序的打扰。

4. 通道方式和 DMA 方式的比较

通道方式是 DMA 方式的进一步发展，与 DMA 方式比较如下：

① 程序完成数据交换；

② 一个 DMA 控制器可以连接多台同类设备，只能串行工作；一个通道可以连接多台不

同类型设备，而且能够同时工作；

③ DMA 方式的外设须由 CPU 管理和控制，由 CPU 初始化；而通道则代替 CPU 管理和控制外设，CPU 只通过 I/O 指令启动通道，由通道初始化外设；

④ DMA 只控制高速外设，成组数据传送，而通道则对高、低速外设均可以控制。

7.6.6   I/O 处理机（IOP）方式

1．输入输出处理机的作用

由于通道处理机存在如下问题：

（1）每完成一次输入输出操作要两次中断 CPU 的现行程序。

（2）通道处理机不能处理自身及输入输出设备的故障。

（3）数据格式转换、码制转换、数据块检验等工作要 CPU 完成。

（4）文件管理、设备管理等工作，通道处理机本身无能为力。

因此，出现了 I/O 处理机，也叫外围处理机，它是通道方式的进一步发展。这种处理机基本独立于主机工作，I/O 系统与 CPU 工作的并行性更高，结构更接近一般处理机，甚至就是微小型计算机。

输入输出处理机的功能可归纳为下述几点：

（1）完成通道处理机的全部功能，完成数据的传送。

（2）数据的码制转换。如十进制与二进制之间的转换、ASCII 码与 BCD 码之间的转换。

（3）数据传送的校验和校正。各种外设都有比较复杂而有效的校验方法，必须通过执行程序予以实现。

（4）故障处理及系统诊断。负责处理外设及通道处理机以及各种 I/O 控制器出现的故障。通过定时运行诊断程序，诊断外设及 I/O 处理机的工作状态，并予以显示。

（5）文件管理。文件管理、设备管理是操作系统的工作，此部分可以由 I/O 处理机承担其中的大部分任务。

（6）人机对话处理，网络及远程终端的处理工作。

2．输入输出处理机的种类

根据是否共享主存储器分为：

（1）共享主存储器的输入输出处理机。

输入输出处理机要执行的管理程序一般的是放在主存储器，为所有输入输出处理机所共享。每台 I/O 处理机可以有一个小容量的局部存储器，在需要的时候，才将本处理机所要执行的程序加载到局存中来。此类结构的机器有 CDC 公司的 CYBER，Texas 公司的 ASC。

（2）不共享主存储器的输入输出处理机。

各台输入输出处理机具有自己大容量的局部存储器存放本处理机运行所需的管理程序。其优点是减少了主存储器的负担，目前大多数的并行计算机系统都是这种结构。如 STAT-100 巨型机。

根据运算部件和指令控制部件是否共享分为：

（1）合用同一个运算部件和指令控制部件。

这种处理机造价低，控制复杂。如 CDC-CYBER 和 ASC。

（2）独立运算部件和指令控制部件。

独立运算部件和指令控制部件已经成为主流。如 B-6700 大型机和 STAT-100 巨型机等。

3. 输入输出处理机的组织方式

I/O 处理机可以采用多种组织方式：

（1）多个输入输出处理机从功能上分工。

（2）以输入输出处理机作为主处理机。

（3）采用与主处理机相同型号的处理机作为输入输出处理机。

（4）采用廉价的微处理机来专门承担输入输出任务。

总之，I/O 处理机因为具有数据处理功能及一定的存储能力，所以可以完成输入输出所需的尽量多的工作，与主 CPU 并行进行，从而提高了系统的性能。具有输入输出处理机的系统，中央处理机不与外部设备直接联系，由输入输出处理机进行全部的管理与控制，它是独立于中央处理机异步工作的。在一些系统中，设置了多台 PPU，分别承担 I/O 控制、通信、维护诊断等任务。从某种意义上说，这种系统已变成分布式的多机系统。I/O 处理机方式一般用于大型高效率的计算机系统中。

 本章小结

输入/输出系统的作用是实现计算机和外围环境之间的联系。它由外围设备和输入输出控制系统两部分组成，外围设备包括输入设备、输出设备和外部存储器。输入设备将外界信息转换成计算机能够接收和识别的二进制形式送入计算机。输出设备将计算机处理的结果转换为人或其他设备能够接收和识别的信息形式。常用的输入设备有：键盘、鼠标、扫描仪等，常用的输出设备有：显示器、打印机、绘图仪等。磁盘存储器、磁带、光盘属外部存储器，主要用于大容量数据的存储。磁盘冗余阵列 RAID 是一种先进的硬磁盘体系结构，可以实现数据的并行存储、交叉存储、单独存储。

在计算机系统中，CPU 对外围设备的管理主要有以下五种方式：①程序查询方式；②程序中断方式；③直接存储器访问（DMA）方式；④通道方式；⑤I/O 处理机（IOP）方式。其中程序查询方式是最简单的方式，但对 CPU 的资源浪费最大。程序中断方式是各类计算机中广泛使用的一种数据交换方式。DMA 方式使得外围设备可以直接访问内存，大大提高了 CPU 的利用率。通道是一个特殊的处理器，它负责数据输入和输出的传输控制，解放了 CPU，实现了 CPU 和 I/O 设备的并行工作。IOP 方式是通道方式的发展，它具有数据处理功能及一定的存储能力，可以完成输入输出所需的尽量多的工作，与主 CPU 并行进行，使 CPU 的效率得到最大发挥。

 习题 7

一、名词解释

1. 中断，中断源。

2. 单重中断，多重中断。

3. 中断向量，中断向量地址。

二、简答题

1．I/O 系统的组成部分有哪些?

2．外设的编址方式有哪些?

3．某双面磁盘每面有 220 道，已知磁盘转速为 4000 转/分，数据传输率为 185000B/s，求磁盘总容量。

4．已知磁盘存储器转速为 2400 转/分，每个记录面道数为 200 道，平均找道时间为 60ms，每道存储容量为 96Kb，求磁盘的存取时间和数据传输率。

5．一个磁盘组共有 11 片，每片有 203 道，数据传输率为 983040B/s，磁盘组转速为 3600rpm。假设每个记录块有 1024B，且系统可挂 16 台这样的磁盘机，计算该磁盘存储器的总容量并设计磁盘地址格式。

6．对于一个由 6 个盘面组成的磁盘存储器，若某个文件长度超过一个磁道的容量，应将它记录在同一个存储面上，还是记录在同一个柱面上?

7．在程序查询方式的输入输出系统中，假设不考虑处理时间，每一个查询操作需要 100 个时钟周期，CPU 的时钟频率为 50MHz。现有鼠标和硬盘两个设备，而且 CPU 必须每秒对鼠标进行 30 次查询，硬盘以 32 位字长为单位传输数据，即每 32 位被 CPU 查询一次，传输率为 2MB/s。求 CPU 对这两个设备查询所花费的时间比率，由此可得出什么结论?

8．一个 DMA 接口可采用周期窃取方式把字符传送到存储器，它支持的最大批量为 400 个字节。若存取周期为 100ns，每处理一次中断需 5μs，现有的字符设备的传输率为 9600b/s。假设字符之间的传输是无间隙的，若忽略预处理所需的时间，试问采用 DMA 方式每秒因数据传输需占用处理器多少时间? 如果完全采用中断方式，又需占处理器多少时间?

9．假设磁盘采用 DMA 方式与主机交换信息，其传输速率为 2MB/s，而且 DMA 的预处理需 1000 个时钟周期，DMA 完成传送后处理中断需 500 个时钟周期。如果平均传输的数据长度为 4KB，试问在硬盘工作时，50MHz 的处理器需用多少时间比率进行 DMA 辅助操作（预处理和后处理）。

10．说明调用中断服务程序和调用子程序的区别。

11．I/O 系统有哪些控制方式? 比较它们的优缺点。

12．程序查询方式是怎样进行信息交换的?

13．使用中断有哪些好处?

14．由外部设备引起的中断称为外中断。

（1）CPU 响应外中断应具备哪些条件?

（2）在条件满足时，CPU 何时响应外中断?

（3）在中断响应周期 CPU 要做哪些工作?

15．在程序中断方式中，磁盘申请中断的优先权高于打印机。当打印机正在进行打印时，磁盘申请中断，试问是否要将打印机输出停下来，等磁盘操作结束后，打印机输出才能继续进行? 为什么?

16．试比较程序中断方式与 DMA 方式有哪些不同?

17．什么是通道? 通道有哪些功能? 试说明通道的工作过程。

18．I/O 处理机有什么功能?

第8章 实验指导

"计算机组成原理"是一门实践性很强的课程。在教学中应该既重视课堂理论教学又应重视实验实践教学。在实验中通过动手,促进动脑,加强学生对计算机各大部件组成原理的理解,掌握数据信息和控制信息的流向和控制的时序,从而达到培养学生设计、调试和开发计算机系统的能力。

8.1 JYS-III型计算机组成实验仪

JYS-III型计算机组成实验仪由西北工业大学计算机系与江西常熟常宁电子设备厂共同研制。它主要用于"计算机组成原理"课程的教学实验和课程设计的组装和调试工作。

JYS-III型计算机组成原理实验仪由直流稳压电源、操作面板、时钟、时序发生器、微程序控制器、八位数据通路和通用设计板七个部分组成。它采用模块组合结构。

1. 通用操作部分的构成
(1) 26 个逻辑开关 $K_0 \sim K_{25}$;
(2) 26 个电平显示电路;
(3) 三个单脉冲电路;

2. 时钟电路

时钟电路提供一组方波信号，输出频率为：2MHz、1MHz、500KHz、2590KHz。

3. 实验中应用到的部分芯片

（1）型号：74LS126　名称：三态输出的四总线缓冲门

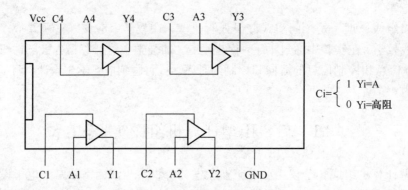

$$C_i = \begin{cases} 1 & Y_i = A \\ 0 & Y_i = 高阻 \end{cases}$$

（2）型号：74LS157　名称：四 2 选 1 数据选择器

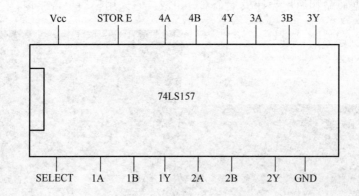

（3）型号：74LS175　　名称：四 D 触发器（带公共时钟和复位）

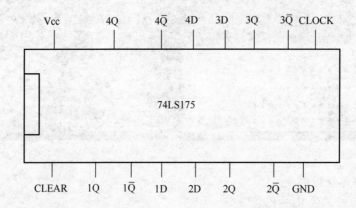

（4）型号：74LS04　名称：六反相器

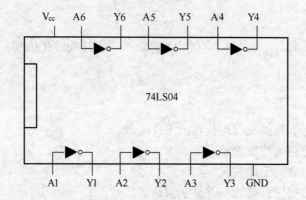

（5）型号：MM2114 名称：RAM（三态输入/出）

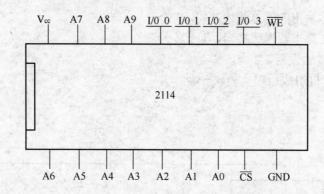

（6）型号：6116 名称：动态随机存储器

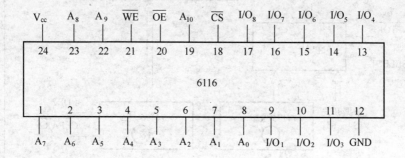

（7）型号：74LS273 名称：锁存器

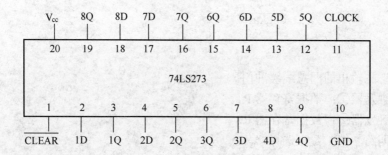

8.2　实验一　寄存器与数据通路实验

一、实验目的

1．掌握寄存器存取数据及数据传输的工作原理。
2．熟悉总线缓冲门的控制功能。
3．熟悉四位寄存器的工作情况。
4．对于给定的数据进行传输，并显示验证之。

二、实验所用组件

1．74126：三态输出的四总线缓冲门，1个。
2．74157：四2选1数据选择器，1个。
3．74175：四D触发器，2个。
4．JYS-III计算机组成原理实验仪一台。

三、实验电路

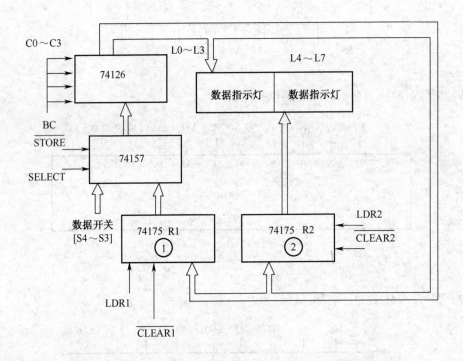

其中：
74126：三态输出的四总线缓冲门。
74175D触发器①：数据寄存器R1。
74175D触发器②：数据寄存器R2。
74157：四路2选1数据选择器。

四、实验内容

1. 用四 D 触发器组成并行输入并行输出的四位寄存器。
2. 验证 74126 的总线控制功能。
3. 验证 74157 的数据选择功能。
4. 按上图完成连线。

8.3　实验二　运算器的组成实验

一、实验目的

1. 进一步熟练掌握算术逻辑运算单元的工作原理。
2. 熟悉运算器的组成原理。
3. 熟悉运算器的数据传送通路。
4. 按要求完成算术逻辑运算。

二、实验所用组件

1. JYS-Ⅲ计算机组成原理实验仪一台。
2. 74LS126：三态输出的四总线缓冲门，两片。
3. 74LS157：四路 2 选 1 数据选择器，一片。
4. 74LS175：D 触发器，两片。
5. 74LS181：4 位并行进位加法器。

三、实验电路

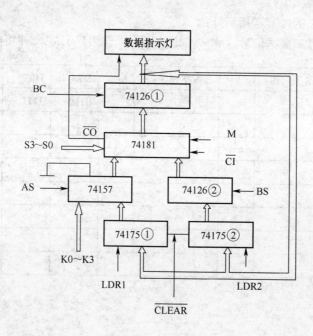

其中：

74126①：三态输出的四总线缓冲门，总线控制 ALU 的结果是否送指示灯显示。

74126②：三态输出的四总线缓冲门，控制寄存器 R3 的内容是否送 ALU 的 B 端。

74157：四路 2 选 1 数据选择器，ALU 的 A 端选择信号，选择是数据开关还是寄存器 R1 的内容送 ALU。

74175D 触发器①：数据寄存器 R1。

74175D 触发器②：数据寄存器 R2。

74181 四位 ALU。

K0～K3：四位数据输入。

LDR1：寄存器 R1 的输入脉冲信号。

LDR2：寄存器 R2 的输入脉冲信号。

AS：ALU 的 A 端选择线。

BS：ALU 的 B 端选择线。

S1～S4：ALU 的控制输入端。

CI：ALU 的进位输入端。

M：ALU 的算术逻辑运算模式的控制端。

BC：总线控制端，控制 ALU 的结果是否送指示灯。

四、实验内容

1. 按电路图连线。

2. 用数据开关向 DR1 和 DR2 寄存器赋值。

3. （1）数据开关送数据 1101，并在指示灯上显示；

（2）向 DR1 送数 1101；

（3）向 DR2 送数 1011；

（4）DR1、DR2 的内容送指示灯；

4. 组织控制信号和数据信号，完成指定的操作，结果送 DR2，并将结果填入下表。

用操作	AS	BS	CS	S3S2S1S0	M	DR1	DR2	结果 DR2
逻辑乘						0110	1111	
传送								
按位加								
取反								
加 1								
求补								
加法								
减法								

8.4　实验三　半导体存储器的组成实验

一、实验目的

1. 了解静态 MOS 读写存储器 2114 芯片的原理、外部特性及使用方法。
2. 掌握 SRAM 的读出和写入操作的工作过程。
3. 学会正确地组织数据信号、地址信号和控制信号。

二、实验所用组件

1. JYS-III 计算机组成原理实验仪一台。
2. 74LS04：六门反向器。
3. 74126：三态输出的四总线缓冲门。
4. 2114：1K*4 的 DRAM 芯片。
5. 74LS163：可预置的二进制计数器。

三、实验电路

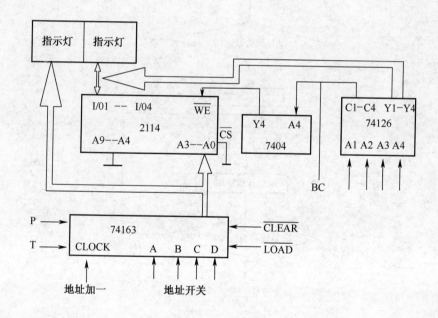

其中：

74126：三态输出的四总线缓冲门，控制数据开关与存储器间的联系。

2114：1K*4 的 SRAM 芯片。

74163：初值可预置的二进制计数器，存储器的地址计数器。

P、T：74163 的使能端，当 P=T=1 时，74163 处于计数状态。

LOAD：74163 的置数控制端，当 LOAD=0 时，地址开关值送入地址计数器。

CLEAR：74163 的清零端，当 CLEAR=0 时，地址计数器的内容清零。

BC：总线控制端，控制 ALU 的结果是否送指示灯。

CS：2114 的片选信号。

四、实验内容

1. 按要求连线。
2. 按下面的流程图组织信号。

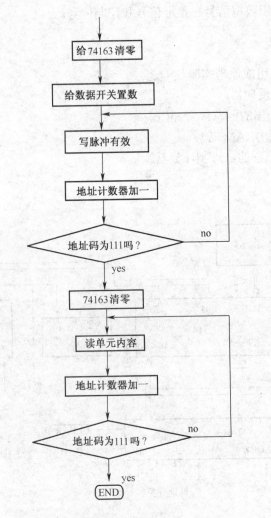

8.5　实验四　寄存器的控制实验

一、实验目的

1. 进一步学习静态半导体 RAM 的工作特性和实验使用方法。
2. 理解半导体存储器的读写时序。

3．体会系统时序信号对基本操作的控制作用。

二、实验所用组件

1．JYS-III 计算机组成原理实验仪一台。

2．逻辑测试笔一支。

3．6116：2K*8 的静态 RAM 芯片，一片。

4．74LS273：八位寄存器，一片。

5．74LS244：三态输出的八总线缓冲门，一片。

三、实验电路

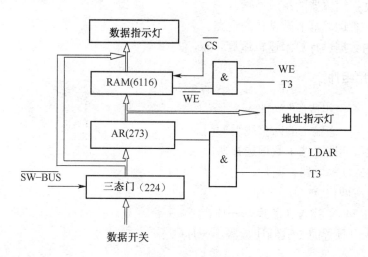

其中：

74LS244：三态输出的八总线缓冲门，控制数据开关与存储器间的联系。

2116：2K*8 的 SRAM 芯片。

74LS273：存储器的地址寄存器。

SW-BUS：数据开关送地址寄存器和存储器数据端的控制信号。当 SW-BUS=0 时，数据开关送地址寄存器和存储器数据端。

LOAR：74273 的置数控制端。当 LOAD=1 时，数据开关值送入地址寄存器。

WE：存储器读控制信号。当 WE=1 时，2116 写有效。

CS：2116 的片选信号。当 CS=0 时，2116 芯片选中。

四、实验内容

1．写操作：

将 00H 通过开关送 00H 单元；

将 10H 通过开关送 00H 单元；

将 20H 通过开关送 00H 单元；

将 30H 通过开关送 00H 单元；

将 40H 通过开关送 00H 单元；

将 50H 通过开关送 00H 单元;

将 60H 通过开关送 00H 单元;

2．读操作:

读出 00H,10H,20H,30H,40H,50H 单元中的内容。分析与读写是否一致。

8.6　实验五　运算器与存储器组成实验

一、实验目的

1．进一步掌握运算器的组成原理。

2．进一步熟悉运算器的数据传送通路。

3．按给定的数据进行算术逻辑运算。

二、实验所用组件

1．JYS-Ⅲ计算机组成原理实验仪一台。

2．74LS126:三态输出的四总线缓冲门。

3．74LS157:四路 2 选 1 数据选择器。

4．74LS175:D 触发器,两片。

5．74LS181:四位 ALU,一片。

6．2114:1K*4 的 SRAM 芯片,一片。

7．74LS163 可预置的二进制计数器,一片。

三、实验电路

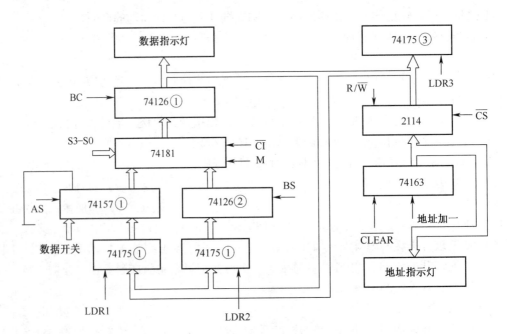

其中：

74126①：三态输出的四总线缓冲门，总线控制 ALU 的结果是否送指示灯显示。

74126②：三态输出的四总线缓冲门，控制寄存器 R3 的内容是否送 ALU 的 B 端。

74157：四路 2 选 1 数据选择器，LU 的 A 端选择信号，选择是数据开关还是寄存器 R1 的内容送 ALU。

74175D 触发器①：数据寄存器 R1。

74175D 触发器②：数据寄存器 R2。

74181：四位 ALU。

7404：六门反相器，为三态门和 2114 芯片提供读写信号。

74126③：三态输出的四总线缓冲门，控制数据开关与存储器间的联系。

2114：1K*4 的 SRAM 芯片

74163：可预置的二进制计数器，存储器的地址计数器。

K0-K3：四位数据输入。

LDR1：寄存器 R1 的输入脉冲信号。

LDR2：寄存器 R2 的输入脉冲信号。

AS：ALU 的 A 端选择线。

四、实验内容

1. 向 R1，R2 中置入 1101，1011 数据，完成下面规定的运算。

功能	S4	S3	S2	S1	M	运算结果
R1+R2→R2						
R1-R2→R2						
R1∧R2→R2						
R1⊕R2→R2						

2. 完成实验内容 1 中的运算，结果分别送 0000，0001，0010 和 0011。

3. 将 0000、0001、0010、0011 单元的内容送指示灯检验。

附录1 2013年硕士研究生入学考试计算机学科考试大纲

Ⅰ 考试性质

计算机学科专业基础综合考试是为高等院校和科研院所招收计算机科学与技术学科的硕士研究生而设置的具有选拔性质的联考科目,其目的是科学、公平、有效地测试考生掌握计算机科学与技术学科大学本科阶段专业基础知识、基本理论、基本方法的水平和分析问题、解决问题的能力,评价的标准是高等院校计算机科学与技术学科优秀本科毕业生所能达到的及格或及格以上水平,以利于各高等院校和科研院所择优选拔,确保硕士研究生的招生质量。

Ⅱ 考查目标

计算机学科专业基础综合考试涵盖数据结构、计算机组成原理、操作系统和计算机网络等学科专业基础课程。要求考生比较系统地掌握上述专业基础课程的基本概念、基本原理和基本方法,能够综合运用所学的基本原理和基本方法分析、判断和解决有关理论问题和实际问题。

Ⅲ 考试形式和试卷结构

一、试卷满分及考试时间

本试卷满分为 150 分,考试时间为 180 分钟

二、答题方式

答题方式为闭卷、笔试

三、试卷内容结构

数据结构 45 分
计算机组成原理 45 分
操作系统 35 分
计算机网络 25 分

四、试卷题型结构

单项选择题 80 分(40 小题,每小题 2 分)
综合应用题 70 分

Ⅳ 考查内容

计算机组成原理
【考查目标】

1．理解单处理器计算机系统中各部件的内部工作原理、组成结构以及相互连接方式，具有完整的计算机系统的整机概念。

2．理解计算机系统层次化结构概念，熟悉硬件与软件之间的界面，掌握指令集体系结构的基本知识和基本实现方法。

3．能够综合运用计算机组成的基本原理和基本方法，对有关计算机硬件系统中的理论和实际问题进行计算、分析，并能对一些基本部件进行简单设计。

一、计算机系统概述

（一）计算机发展历程

（二）计算机系统层次结构

1．计算机硬件的基本组成

2．计算机软件的分类

3．计算机的工作过程

（三）计算机性能指标

吞吐量、响应时间；CPU 时钟周期、主频、CPI、CPU 执行时间；MIPS、MFLOPS。

二、数据的表示和运算

（一）数制与编码

1．进位计数制及其相互转换

2．真值和机器数

3．BCD 码

4．字符与字符串

5．校验码

（二）定点数的表示和运算

1．定点数的表示

无符号数的表示；有符号数的表示。

2．定点数的运算

定点数的移位运算；原码定点数的加/减运算；补码定点数的加/减运算；定点数的乘/除运算；溢出概念和判别方法。

（三）浮点数的表示和运算

1．浮点数的表示

IEEE754 标准

2．浮点数的加/减运算

（四）算术逻辑单元 ALU

1．串行加法器和并行加法器

2．算术逻辑单元 ALU 的功能和结构

三、存储器层次机构

（一）存储器的分类

（二）存储器的层次化结构

（三）半导体随机存取存储器

1. SRAM 存储器的工作原理

2. DRAM 存储器的工作原理

3. 只读存储器

（四）主存储器与 CPU 的连接

（五）双口 RAM 和多模块存储器

（六）高速缓冲存储器（Cache）

1. Cache 的基本工作原理

2. Cache 和主存之间的映射方式

3. Cache 中主存块的替换算法

4. Cache 写策略

（七）虚拟存储器

1. 虚拟存储器的基本概念

2. 页式虚拟存储器

3. 段式虚拟存储器

4. 段页式虚拟存储器

5. TLB（快表）

四、指令系统

（一）指令格式

1. 指令的基本格式

2. 定长操作码指令格式

3. 扩展操作码指令格式

（二）指令的寻址方式

1. 有效地址的概念

2. 数据寻址和指令寻址

3. 常见寻址方式

（三）CISC 和 RISC 的基本概念

五、中央处理器（CPU）

（一）CPU 的功能和基本结构

（二）指令执行过程

（三）数据通路的功能和基本结构

（四）控制器的功能和工作原理

1. 硬布线控制器

2. 微程序控制器

微程序、微指令和微命令；微命令的编码方式；微地址的形式方式。

（五）指令流水线

1．指令流水线的基本概念

2．指令流水线的基本实现

3．超标量和动态流水线的基本概念

（六）多核处理器的基本概念

六、总线

（一）总线概述

1．总线的基本概念

2．总线的分类

3．总线的组成及性能指标

（二）总线仲裁

1．集中仲裁方式

2．分布仲裁方式

（三）总线操作和定时

1．同步定时方式

2．异步定时方式

（四）总线标准

七、输入输出（I/O）系统

（一）I/O 系统基本概念

（二）外部设备

1．输入设备：键盘、鼠标

2．输出设备：显示器、打印机

3．外存储器：硬盘存储器、磁盘阵列、光盘存储器

（三）I/O 接口（I/O 控制器）

1．I/O 接口的功能和基本结构

2．I/O 端口及其编址

3．I/O 地址空间及其编码

（四）I/O 方式

1．程序查询方式

2．程序中断方式

中断的基本概念；中断响应过程；中断处理过程；多重中断和中断屏蔽的概念。

3．DMA 方式

DMA 控制器的组成；DMA 传送过程。

4．通道方式

附录 2　2009～2012 年部分高校计算机组成原理考研试题与参考答案

2009 年全国研究生考试计算机统考试题—计算机组成原理部分

一、单项选择题，每小题 2 分。

1. 冯·诺依曼计算机中指令和数据均以二进制形式存放在存储器中，CPU 区分它们的依据是（　　）。

    A. 指令操作码的译码结果
        B. 指令和数据的寻址方式

    C. 指令周期的不同阶段
        D. 指令和数据所在的存储单元

2. 一个 C 语言程序在一台 32 位机器上运行。程序中定义了三个变量 x、y、z，其中 x 和 z 是 int 型，y 为 short 型。当 x=127，y=–9 时，执行赋值语句 z=x+y 后，x、y、z 的值分别是（　　）。

    A. x=0000007FH，y=FFF9H，z=00000076H

    B. x=0000007FH，y=FFF9H，z=FFFF0076H

    C. x=0000007FH，y=FFF7H，z=FFFF0076H

    D. x=0000007FH，y=FFF7H，z=00000076H

3. 浮点数加减运算过程一般包括对阶、尾数运算、规格化、舍入和判溢出等步骤。设浮点数的阶码和尾数均采用补码表示，且位数分别为 5 位和 7 位（均含 2 位符号位）。若有两个数 $X=27 \times 29/32$，$Y=25 \times 5/8$，则用浮点加法计算 X+Y 的最终结果是（　　）。

    A. 00111 1100010
        B. 00111 0100010

    C. 01000 0010001
        D. 发生溢出

4. 某计算机的 Cache 共有 16 块，采用 2 路组相联映射方式（即每组 2 块）。每个主存块大小为 32 字节，按字节编址。主存 129 号单元所在主存块应装入到的 Cache 组号是（　　）。

    A. 0
        B. 2
        C. 4
        D. 6

5. 某计算机主存容量为 64KB，其中 ROM 区为 4KB，其余为 RAM 区，按字节编址。现要用 2K×8 位的 ROM 芯片和 4K×4 位的 RAM 芯片来设计该存储器，则需要上述规格的 ROM 芯片数和 RAM 芯片数分别是（　　）。

    A. 1、15
        B. 2、15
        C. 1、30
        D. 2、30

6. 某机器字长 16 位，主存按字节编址，转移指令采用相对寻址，由两个字节组成，第一字节为操作码字段，第二字节为相对位移量字段。假定取指令时，每取一个字节 PC 自动加 1。若某转移指令所在主存地址为 2000H，相对位移量字段的内容为 06H，则该转移指令成功转以后的目标地址是（　　）。

    A. 2006H
        B. 2007H
        C. 2008H
        D. 2009H

7. 下列关于 RISC 的叙述中，错误的是（　　　）。

　　A．RISC 普遍采用微程序控制器

　　B．RISC 大多数指令在一个时钟周期内完成

　　C．RISC 的内部通用寄存器数量相对 CISC 多

　　D．RISC 的指令数、寻址方式和指令格式种类相对 CISC 少

8. 某计算机的指令流水线由四个功能段组成，指令流经各功能段的时间（忽略各功能段之间的缓存时间）分别是 90ns、80ns、70ns 和 60ns，则该计算机的 CPU 时钟周期至少是（　　　）。

　　A．90ns　　　　　B．80ns　　　　　C．70ns　　　　　D．60ns

9. 相对于微程序控制器，硬布线控制器的特点是（　　　）。

　　A．指令执行速度慢，指令功能的修改和扩展容易

　　B．指令执行速度慢，指令功能的修改和扩展难

　　C．指令执行速度快，指令功能的修改和扩展容易

　　D．指令执行速度快，指令功能的修改和扩展难

10. 假设某系统总线在一个总线周期中并行传输 4 字节信息，一个总线周期占用 2 个时钟周期，总线时钟频率为 10MHz，则总线带宽是（　　　）。

　　A．10MB/s　　　　B．20MB/s　　　　C．40MB/s　　　　D．80MB/s

11. 假设某计算机的存储系统由 Cache 和主存组成，某程序执行过程中访存 1000 次，其中访问 Cache 缺失（未命中）50 次，则 Cache 的命中率是（　　　）。

　　A．5%　　　　　B．9.5%　　　　　C．50%　　　　　D．95%

12. 下列选项中，能引起外部中断的事件是（　　　）。

　　A．键盘输入　　　B．除数为 0　　　C．浮点运算下溢　　D．访存缺页

参考答案：

1．C　2．D　3．D　4．C　5．D　6．C　7．A　8．A　9．D　10．B　11．D　12．A

二、综合应用题

1.（8 分）某计算机的 CPU 主频为 500MHz，CPI 为 5（即执行每条指令平均需 5 个时钟周期）。假定某外设的数据传输率为 0.5MB/s，采用中断方式与主机进行数据传送，以 32 位为传输单位，对应的中断服务程序包含 18 条指令，中断服务的其他开销相当于 2 条指令的执行时间。请回答下列问题，要求给出计算过程。

（1）在中断方式下，CPU 用于该外设 I/O 的时间占整个 CPU 时间的百分比是多少？

（2）当该外设的数据传输率达到 5MB/s 时，改用 DMA 方式传送数据。假设每次 DMA 传送大小为 5000B，且 DMA 预处理和后处理的总开销为 500 个时钟周期，则 CPU 用于该外设 I/O 的时间占整个 CPU 时间的百分比是多少？（假设 DMA 与 CPU 之间没有访存冲突）

参考答案：

（1）在中断方式下，每 32 位（4B）被中断一次，故每秒中断

$$0.5MB/4B = 0.5 \times 10^6/4 = 12.5 \times 10^4 \text{ 次}$$

要注意的是，这里是数据传输率，所以 $1MB = 10^6B$。因为中断服务程序包含 18 条指令，中断服务的其他开销相当于 2 条指令的执行时间，且执行每条指令平均需 5 个时钟周期，所以，1 秒内用于中断的时钟周期数为

$$(18+2) \times 5 \times 12.5 \times 104 = 12.5 \times 106$$

（2）在 DMA 方式下，每秒进行 DMA 操作

$$5MB/5000B = 5 \times 106/5000 = 1 \times 103 \text{ 次}$$

因为 DMA 预处理和后处理的总开销为 500 个时钟周期，所以 1 秒钟之内用于 DMA 操作的时钟周期数为

$$500 \times 1 \times 103 = 5 \times 105$$

故在 DMA 方式下，占整个 CPU 时间的百分比是

$$((5 \times 105)/(500 \times 106)) \times 100\% = 0.1\%$$

2．（13 分）某计算机字长 16 位，采用 16 位定长指令字结构，部分数据通路结构如题 2 图所示。图中所有控制信号为 1 时表示有效、为 0 时表示无效。例如控制信号 MDRinE 为 1 表示允许数据从 DB 打入 MDR，MDRin 为 1 表示允许数据从内总线打入 MDR。假设 MAR 的输出一直处于使能状态。加法指令 "ADD(R1),R0" 的功能为(R0)+((R1))→(R1)，即将 R0 中的数据与 R1 的内容所指主存单元的数据相加,并将结果送入 R1 的内容所指主存单元中保存。

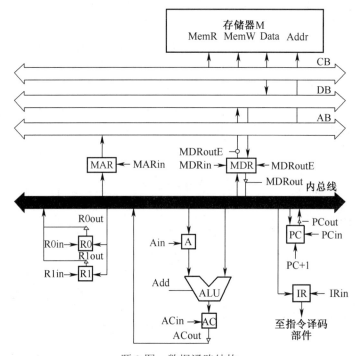

题 2 图　数据通路结构

题 2 表给出了上述指令取值和译码阶段每个节拍（时钟周期）的功能和有效控制信号，请按表中描述方式用表格列出指令执行阶段每个节拍的功能和有效控制信号。

题 2 表　功能和控制信号

时钟	功能	有效控制信号
C1	MAR←(PC)	PCout,MARin
C2	MDR←M(MAR) PC←(PC)+1	MemR,MDRinE PC+1

续表

时钟	功能	有效控制信号
C3	IR←(MDR)	MDRout,IRin
C4	指令译码	无

参考答案：

指令执行阶段每个节拍的功能和有效控制信号如题 2 解表所示。

题 2 解表 时钟、功能和有效控制信号

时钟	功能	有效控制信号
C5	MAR←(R1)	PCout,MARin
C6	MDR←M(MAR)	MemR,MDRinE
C7	A←(R0)	R0out,Ain
C8	AC←(MDR) +(A)	MDRout,Addr,ACin
C9	MDR←(AC)	ACout,MDRin
C10	M(MAR)←MDR	MDRoutE,MemW

C5 MAR←(R1) PCout,MARin

C6 MDR←M(MAR) MemR,MDRinE

C7 A←(R0) R0out,Ain

C8 AC←(MDR)+(A) MDRout,Addr,ACin

C9 MDR←(AC) ACout,MDRin

C10 M(MAR) ←MDR MDRoutE,MemW

2010 年全国研究生考试计算机统考试题——计算机组成原理部分

一、单项选择题，每小题 2 分。

1．下列选项中，能缩短程序执行时间的措施是（   ）。

  I．提高 CPU 时钟频率   II．优化数据通过结构   III．对程序进行编译优化

  A．仅 I 和 II   B．仅 I 和 III   C．仅 II 和 III   D．I，II，III

2．假定有 4 个整数用 8 位补码分别表示 r1=FEH，r2=F2H，r3=90H，r4=F8H，若将运算结果存放在一个 8 位的寄存器中，则下列运算会发生溢出的是（   ）。

  A．r1*r2   B．r2*r3   C．r1*r4   D．r2*r4

3．假定变量 I，f，d 数据类型分别为 int，float 和 double（int 用补码表示，float 和 double 分别用 IEEE754 单精度和双精度浮点数据格式表示），已知 i=785，f=1.5678，d=1.5 若在 32 位机器中执行下列关系表达式，则结果为真是（   ）。

  （I）f=(int)(float)I   （II）f=(float)(int)f

  （III）f=(float)(double)   （IV）(d+f)−d=f

A. 仅 I 和 II   B. 仅 I 和 III

C. 仅 II 和 III   D. 仅 III 和 IV

4. 假定用若干个 2k×4 位芯片组成一个 8×8 位存储器，则地址 0B1FH 所在芯片的最小地址是（   ）。

A. 0000H   B. 0600H

C. 0700H   D. 0800H

5. 下列有关 RAM 和 ROM 的叙述中，正确的是（   ）。

I. RAM 是易失性存储器，ROM 是非易失性存储器

II. RAM 和 ROM 都是采用随机存取的方式进行信息访问

III. RAM 和 ROM 都可用作 Cache

IV. RAM 和 ROM 都需要进行刷新

A. 仅 I 和 II   B. 仅 II 和 III

C. 仅 I, II, III   D. 仅 II, III, IV

6. 下列命令组合情况中，一次访存过程中，不可能发生的是（   ）。

A. TLB 未命中，Cache 未命中，Page 未命中

B. TLB 未命中，Cache 命中，Page 命中

C. TLB 命中，Cache 未命中，Page 命中

D. TLB 命中，Cache 命中，Page 未命中

7. 下列存储器中，汇编语言程序员可见的是（   ）。

A. 存储器地址寄存器（MAR）   B. 程序计数器（PC）

C. 存储器数据寄存器（MDR）   D. 指令寄存器（IR）

8. 下列不会引起指令流水阻塞的是（   ）。

A. 数据旁路   B. 数据相关   C. 条件转移   D. 资源冲突

9. 下列选项中的英文缩写均为总线标准的是（   ）。

A. PCI、CRT、USB、EISA   B. ISA、CPI、VESA、EISA

C. ISA、SCSI、RAM、MIPS   D. ISA、EISA、PCI、PCI-Express

10. 单级中断系统中，中断服务程序执行顺序是（   ）。

I. 保护现场   II. 开中断   III. 关中断   IV. 保存断点

V. 中断事件处理   VI. 恢复现场   VII. 中断返回

A. I、V、VI、II、VII   B. III、I、V、VII

C. III、IV、V、VI、VII   D. IV、I、V、VI、VII

11. 假定一台计算机的显示存储器用 DRAM 芯片实现，若要求显示分辨率为 1600*1200，颜色深度为 24 位，帧频为 85Hz，显示总带宽的 50% 用来刷新屏幕，则需要的显存总带宽至少约为（   ）。

A. 245Mb/s   B. 979Mb/s

C. 1958Mb/s   D. 7834Mb/s

参考答案：

1. D 2. C 3. C 4. D 5. A 6. D 7. B 8. A 9. D 10. A 11. D

二、综合应用题

1. （11分）某计算机字长为16q位，主存地址空间大小为128KB，按字编址，采用字长指令格式，指令名字段定义如下：

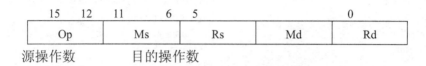

15 12	11 6	5		0
Op	Ms	Rs	Md	Rd

源操作数　　　　　目的操作数

转移指令采用相对寻址方式，相对偏移是用补码表示，寻址方式定义如下：

Ms/Md	寻址方式	助记符	含义
000B	寄存器直接	Rn	操作数=(Rn)
001B	寄存器间接	(Rn)	操作数=((Rn))
010B	寄存器间接、自增	(Rn)+	操作数=((Rn)),(Rn)+1→Rn
011B	相对	D(Rn)	转移目标地址=(PC)+(Rn)

注：(X)表示有储蓄地址X或寄存器X的内容。

请回答下列问题：

（1）该指令系统最多可有多少条指令？该计算机最多有多少个通用寄存器？存储器地址寄存器（MDR）至少各需多少位？

（2）转移指令的目标地址范围是多少？

（3）若操作码0010B表示加法操作（助记符为add），寄存器R4和R5的编号分别为100B和101B，R4的内容为1234H，R5的内容为5678H，地址1234H中的内容为5678H中的内容为1234H，则汇编语言为 add(R4),(R5)+（逗号前原操作数，逗号后为目的操作数）对应的机器码是什么（用十六进制表示）？该指令执行后，哪些寄存器和存储单元的内容会改变？改变后的内容是什么？

参考答案：

该题的考点是指令系统设计，注意操作位数与指令条数的关系，地址码与寄存器数的关系，指令字长与MOR的关系，存储容量与MAR的关系，注意补码计算的偏移地址。

（1）该指令系统最多可有16条指令；该机最多有8个通用寄存器；因为地址空间大小为128KB，故共有64K个存储单元，地址位数为16位，所以MAR至少为16位；因为字长为16位，所以MDR至少为16位。

（2）转移指令的目标地址范围为0000H～FFFFH。

（3）对于汇编语句"add(R4),(R5)+"，对应的机器码为：0010 001 100 010 101B，用十六进制表示为2315H。

"add(R4),(R5)+"指令执行后，R5和存储单元5678H的内容会改变。执行后，R5的内容从5678H变为5679H。存储单元5678H中的内容从1234H变为68ACH。

2. （12分）某计算机的主存地址空间为256MB，按字节编址，指令Cache分离均有8个Cache行，每个Cache行的大小为64MB，数据Cache采用直接映射方式，现有两个功能相同的程序 A 和 B，其伪代码如下所示：

程序 A：

```
Inta [256][256]……
Intsum…array1()
{int I,j,Sum=0,
 for(i=0;i<256;i++)
 for(j=0;j<256;j++)
 Sum+=a[i][j];
 return  Sum;
}
```

程序 B：

```
Inta [256][256]……
Intsum…array2()
{int I,j,Sum=0,
 for(j=0;j<256;j++)
 for(i=0;i<256;i++)
 Sum+=a[i][j]
 return  Sum;
}
```

假定 int 类型数据用 32 位补码表示，程序编译时 i,j, sum 均分配在寄存器中，数据 a 按行优先方式存放，其地址为 320（十进制数），请回答下列问题，要求说明理由或给出计算过程。

（1）若不考虑用于 Cache 一致性维护和替换算法的控制位，则数据 Cache 的总容量是多少？

（2）要组元素 a[0][31]和 a[1][1]各自所在的主存块对应的 Cache 行号分别是多少（Cache 行号从 0 开始）？

（3）程序 A 和 B 的数据访问命令中各是多少？哪个程序的执行时间更短？

参考答案：

Cache 容量计算，直接映射方式的地址计算，以及命中率计算（行优先遍历与列优先遍历命中率分别很大）。

（1）数据 Cache 的总量为：4256 位（532 字节）。

（2）Ss 数组 a 在主存的存放位置及其与 Cache 之间的映射关系如下图所示。A[0][31]所在主存块映射到 Cache 第 6 行，a[1][1]所在主存块映射到 Cache 第 5 行。

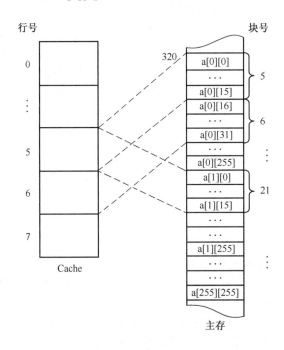

（3）编译时 I,j,sun 均分配在寄存器中，故数据访问命中率仅考虑数组 a 的情况。

①程序 A 的数据访问命中率为 93.75%；

②程序 B 的数据访问命中率为 0。

根据上述计算出的命中率，得知程序 B 每次取数都要访问主存，所以程序 A 的执行比程序 B 快得多。

2011 年全国研究生考试计算机统考试题——计算机组成原理部分

一、单项选择题，每小题 2 分。

1. 下列选项中，描述浮点数操作速度指标的是（　　）。

    A. MIPS   B. CPI   C. IPC   D. MFLOPS

2. float 型数据通常用 IEEE754 单精度浮点数格式表示如编译器将 float 型变量 x 分配在一个 32 位浮点寄存器 FR1 中，且 x =−8.25，则 FR1 的内容是（　　）。

    A. C104 0000H   B. C242 0000H   C. C184 0000H   D. C1C2 0000H

3. 下列各类存储器中，不采用随机存取方式的是（　　）。

    A. EPROM   B. CDROM   C. DRAM   D. SRAM

4. 某计算机存储器按字节编址，主存地址空间大小为 64MB，现用 4M×8 位的 RAM 芯片组成 32MB 的主存储器，则存储器地址寄存器 MAR 的位数至少是（　　）。

    A. 22 位   B. 23 位   C. 25 位   D. 26 位

5. 偏移寻址通过将某个寄存器内容与一个形式地址相加而生成有效地址下列寻址方式中，不属于偏移寻址方式的是（　　）。

    A. 间接寻址   B. 基址寻址   C. 相对寻址   D. 变址寻址

6. 某机器有一个标志寄存器，其中有进位/借位标志 CF、零标志 ZF、符号标志 SF 和溢出标志 OF，条件转移指令 bgt（无符号整数比较大于时转移）的转移条件是（　　）。

    A. CF + OF =1   B. SF + ZF = 1   C. CF + ZF = 1   D. CF + SF = 1

7. 下列给出的指令系统特点中，有利于实现指令流水线的是（　　）。

    I. 指令格式规整且长度一致   II. 指令和数据按边界对齐存放

    III. 只有 Load/Store 指令才能对操作数进行存储访问

    A. 仅 I、II   B. 仅 II、III   C. 仅 I、III   D. I、II、III

8. 假定不采用 Cache 和指令预取技术，且机器处于"开中断"状态，则在下列有关指令执行的叙述中，错误的是（　　）。

    A. 每个指令周期中 CPU 都至少访问内存一次

    B. 每个指令周期一定大于或等于一个 CPU 时钟周期

    C. 空操作指令的指令周期中任何寄存器的内容都不会被改变

    D. 当前程序在每条指令执行结束时都可能被外部中断打断

9. 在系统总线的数据线上，不可能传输的是（　　）。

    A. 指令   B. 操作数

    C. 握手（应答）信号   D. 中断类信号

10. 某计算机有五级中断 $L_4 \sim L_0$，中断屏蔽字为 $M_4 M_3 M_2 M_1 M_0$，$M_i = 1$（$0 \leq i \leq 4$）表示对 L_i 级中断进行屏蔽。若中断响应优先级从高到低的顺序是 $L_0 \rightarrow L_1 \rightarrow L_2 \rightarrow L_3 \rightarrow L_4$，且要求中断处

理优先级从高到低的顺序为 $L_4 \rightarrow L_1 \rightarrow L_2 \rightarrow L_1 \rightarrow L_3$，则 L_1 的中断处理程序中设置的中断屏蔽字是（　　）。

　　A. 11110　　　　B. 01101　　　　C. 00011　　　　D. 01010

11. 某计算机处理器主频为 50MHz，采用定时查询方式控制设备 A 的 I/O，查询程序运行一次所用的时钟周期至少为 500 在设备 A 工作期间，为保证数据不丢失，每秒需对其查询至少 200 次，则 CPU 用于设备 A 的 I/O 的时间占整个 CPU 时间的百分比至少是（　　）。

　　A. 0.02%　　　　B. 0.05%　　　　C. 0.20%　　　　D. 0.50%

参考答案：

1. D　2. A　3. B　4. D　5. A　6. C　7. D　8. C　9. C　10. D　11. C

二、综合应用题。

1. 假定在一个 8 位字长的计算机中运行如下类 C 程序段：

unsigned int x=134;　　　unsigned int y=246;　　　int m=x;　　　int n=y;

unsigned int z1=x–y;　　　unsigned int z2=x+y;　　　int k1=m–n;　　　int k2=m+n;

若编译器编译时将 8 个 8 位寄存器 R1~R8 分别分配至变量 x、y、m、n、z1、z2、k1 和 k2 请回答下列问题。（提示：带符号整数用补码表示）

（1）执行上述程序段后，寄存器 R1、R5 和 R6 的内容分别是什么？（用十六进制表示）

（2）执行上述程序段后，变量 m 和 k1 的值分别是多少？（用十进制表示）

（3）上述程序段涉及带符号整数加/减、无符号整数加/减运算，这四种运算能否利用同一个加法器及辅助电路实现？简述理由。

（4）计算机内部如何判断带符号整数加/减运算的结果是否发生溢出？上述程序段中，哪些带符号整数运算语句的执行结果会发生溢出？

参考答案：

此题考察的知识点是程序编译运行时个寄存器的运用与变化。

（1）寄存器 R1 存储的是 134，转换成二进制为 1000 0110B，即 86H。寄存器 R5 存储的是 x–y 的内容，x–y=–112，转换成二进制为 1001 0000B，即 90H。寄存器 R6 存储的是 x+y 的内容，x+y=380，转换成二进制为 1 0111 1100B（前面的进位舍弃），即 7CH。由于计算机字长为 8 位，所以无符号整数表示的范围为 0~255。而 x+y=380，故超出。

（2）M 二进制表示为 1000 0110B，由于 m 是 int 型，所以最高位为符号位，所以可以得出 m 的原码为：1111 1010（对 1000 0110 除符号位取反码加 1），即–122。同理 n 的二进制表示为 1111 0110B，故 n 的原码为：1000 1010，转换成十进制为–10。所以 k1=–122–(–10)=–112。

（3）可以利用同一个加法器及辅助电路实现。以为无符号整数都是以补码形式存储，所以运算规则都是一样的。但是有一点需要考虑，由于无符号整数和有符号整数的表示范围是不一样的，所以需要设置不一样的溢出电路。

（4）带符号整数只有 k2 会发生溢出。分析：8 位带符号整数的补码取值范围为：–128~+127。而 k2=m+n=–122–10=–132，超出范围，k=–112，在范围–128~+127 之内。三种方法可以判断溢出：双符号位、最高位进位、符号相同操作数的运算后与原码操作数的符号不同则溢出。

2. 某计算机存储器按字节编址，虚拟（逻辑）地址空间大小为 16MB，主存（物理）地址空间大小为 1MB，页面大小为 4KB；Cache 采用直接映射方式，共 8 行；主存与 Cache 之间交换的块大小为 32B 系统运行到某一时刻时，页表的部分内容和 Cache 的部分内容分别如题 2 图 a、题 2 图 b 所示（图中页框号及标记字段的内容为十六进制形式）。

虚页号	有效位	页框号	...
0	1	06	...
1	1	04	...
2	1	15	...
3	1	02	...
4	0	-	...
5	1	2B	...
6	0	-	...
7	1	32	...

题 2 图 a　页表的部分内容

行号	有效位	标记	...
0	1	020	...
1	0	-	...
2	1	01D	...
3	1	105	...
4	1	064	...
5	1	14D	...
6	0	-	...
7	1	27A	...

题 2 图 b　Cache 的部分内容

请回答下列问题：

（1）虚拟地址共有几位，哪几位表示虚页号？物理地址共有几位？哪几位表示页框号（物理页号）？

（2）使用物理地址访问 Cache 时，物理地址应划分成哪几个字段？要求说明每个字段的位数及在物理地址中的位置。

（3）虚拟地址 001C60H 所在的页面是否在主存中？若在主存中，则该虚拟地址对应的物理地址是什么？访问该地址时是否 Cache 命中？要求说明理由。

（4）假定为该机配置一个 4 路组相联的 TLB，该 TLB 共可存放 8 个页表项，若其当前内容（十六进制）如下题 2 图 c 所示，则此时虚拟地址 024BACH 所在的页面是否在主存中？要求说明理由。

组号	有效位	标记	页框号	有效位	标记	页框号	有效位	标记	页框号	有效位	标记	页框号
0	0	-	-	1	001	15	0	-	-	1	012	1F
1	1	013	2D	0	-	-	1	008	7E	0	-	-

题 2 图 c　TLB 的部分内容

参考答案：

此题考察的知识点是计算机的地址管理。

（1）由于虚拟地址空间大小为 16MB，切按字节编制，所以虚拟地址共有 24 位（2^{24}=16MB）。由于页面大小为 4KB，所以虚页号为前 12 位。由于主存（物理）地址空间大小为 1MB，所以物理地址共有 20 位（2^{20}=1MB）。由于页内地址 12 位，所以 20–12=8，即前 8 位为页框号。

（2）由于 Cache 采用直接映射方式，所以物理地址应划分成 3 个字段，如下：

12 位	3 位	5 位
主存字块标记	Cache 字块标记	字块内地址

分析：由于块大小为 32B，所以字块内地址为 5 位。Cache 共 8 行，故字块标记占 3 位，所以主存字块标记占 20−5−3=12 位。

（3）虚拟地址 001C60H 的虚页号为前 12 位，即 001H=1。查表可知，其有效位为 1，故在内存中。虚页号为 1 对应页框号为 04H，故物理地址为 04C60H。由于采用的是直接映射方式，所以对应 Cache 行号为 4。尽管有效位为 1，但是由于标记为为 04CH≠064H，故不命中。

（4）由于采用了 4 路组相连的，所以 Cache 被分为 2 组，每组 4 行，所以物理地址应划分为 3 个字段，如下：

11 位	4 位	12 位
标记位	组号	页内地址

将 024BACH 转换成二进制为：0000 0010 010 0 1011 1010 1100，可以看出组号为 0。标记为 0000 0010 101，转换成十六进制为 0000 0001 0010（高位补一个 0），即 012H。从题图中的 0 组可以看出，标记位 012H 页面的页框号为 1F，故虚拟地址 024BACH 所在的页面在主存中。

2012 年全国研究生考试计算机统考试题——计算机组成原理部分

一、单项选择题，每小题 2 分。

1. 基准程序 A 在某计算机上的运行时间为 100 秒，期中 90 秒为 CPU 时间，其余时间忽略不计，若 CPU 速度提高 50%，I/O 速度不变，则运行基准程序 A 所耗费的时间是（   ）。

 A. 55   B. 60   C. 65   D. 70

2. 在 C 语言中，int 型占 32 位，short 型占 16 位，若有下列语句

unsigned short x=65530；

unsigned int y=x；

则执行后，y 的十六进制表示为（   ）。

 A. 0000 7FFA B. 0000 FFFA C. FFFF 7FFA D. FFFF FFFA

3. float 类型（即 1EEE754 单精度浮点数格式）能表示的最大整数是（   ）。

 A. $2^{126}-1^{123}$ B. $2^{127}-2^{104}$ C. $2^{127}-2^{103}$ D. $2^{128}-2^{104}$

4. 某计算机存储器按字节编址，采用小端方式存放数据。假定编译器规定 int 型和 short 型长度分别为 32 位和 16 位，并且数据按边界对齐存储。某 C 语言程序段如下：

```
Struct{
    int    a;
    char   b;
    short  c;
} record;
    Record.a=273;
```

若 record 变量的首地址为 oxc008，则低至 ox008 中内容及 record.c 的地址是（   ）。

 A. ox00、oxC00D   B. ox00、oxC00E

 C. ox11、oxC00D   D. ox11、oxC00E

5. 下列关于闪存（Flash Memory）的叙述中，错误的是（　　　）。

    A．信息可读可写，并且读、写速度一样快

    B．存储元由 MOS 管组成，是一种半导体存储器

    C．掉电后信息不丢失，是一种非易失性存储器

    D．采用随机访问方式，可替代计算机外部存储器

6. 假设某计算机按字编址，Cache 有 4 个行，Cache 和主存之间交换的块为存储字。若 Cache 的内容初始为空，采用 2 路组相连映射方式和 LRU 替换策略。访问的主存地址依次为 0,4,8,2,0,6,8,6,4,8 时，命中 Cache 的次数是（　　　）。

    A．1   B．2   C．3   D．4

7. 某计算机的控制器采用微程序控制方式，微指令中的操作控制字段采用字段直接编码法，共有 33 个微命令，构成 5 个互斥类，分别包含 7、3、12、5 和 6。问一共需要（　　　）位。

    A．5   B．15   C．18   D．33

8. 设总线频率为 100MHz，数据总线和地址总线共用一组总线，32 位宽，存储字长也是 32 位。传送一次地址或者一次数据需要一个时钟周期。采用猝发式发送，则传送 128 位数据需要的时间是（　　　）。

    A．20ns   B．40ns   C．50ns   D．80ns

9. 下列关于 USB 总线的说法中，错误的是（　　　）。

    A．支持热插拔、即插即用   B．可以连接多级外部设备

    C．可以扩展接口   D．传输速度快，可以同时传送两位数据

10. 下列选项中，在 I/O 总线的数据线上传输的信息包括（　　　）。

    1．I/O 接口中的命令   2．I/O 接口中的状态字   3．中断类型号

    A．仅 1、2   B．仅 1、3   C．仅 2、3   D．1、2、3

11. 影响外部中断的过程中，中断隐指令完成的操作，除保护断点外，还包括（　　　）。

    1．关中断   2．保护通用寄存器的内容

    3．形成中断服务程序入口地址并送 PC

    A．仅 1、2   B．仅 1、3   C．仅 2、3   D．1、2、3

参考答案

1．D　2．B　3．D　4．D　5．A　6．C　7．C　8．C　9．D　10．D　11．B

二、综合应用题

1. （11 分）假设某计算机的 CPU 主频为 80MHz，CPI 为 4，并且平均每条指令访存 1.5 次，主存与 Cache 之间交换的块大小为 168，Cache 的命中率为 99%，存储器总线宽带为 32 位。请回答下列问题。

（1）该计算机的 MIPS 数是多少？平均每秒 Cache 缺失的次数是多少？在不使用 DMA 传送的情况下，主存带宽至少达到多少才能满足 CPU 的访问要求？

（2）假定在 Cache 缺失的情况下访问主存时，存在 0.005% 的缺页率，则 CPU 平均每秒产生多少次缺页异常？若页面大小为 4KB，每次缺页都需要访问主存，访问磁盘时 DMA 传送采用周期挪用方式，磁盘 I/O 接口的数据缓冲寄存器为 32 位，则磁盘 I/O 接口的平均每秒发出的 DMA 请求次数是多少？

（3）CPU 和 DMA 控制器同时要求使用总线传送数据时，应该现象应税的请求？并说明理由。

（4）为了提高访问效率，存储器采用 4 体低位交叉存储器，即每 1/4 周期启动一个存储体，每个存储体传送周期为 50ns，则主存带宽是多少？

参考答案：

（1）平均每秒 CPU 执行的指令数为：80M/4=20M，故 MIPS 数为 20；（1 分）

平均每秒 Cache 缺失的次数为前：20M×1.5×(1-99%)=300 000=300k；（1 分）

当 Cache 缺失时，CPU 访问主存，主存与 Cache 之间以快为单位传送数据，此时，主存带宽为：16B×300k/s=4.8MB/s。在不考虑 DMA 传输的情况下，主存带宽至少达到 4.8MB/s 才能满足 CPU 的访问要求。（2 分）

（2）平均每秒钟"缺页"异常次数为：300 000×0.0005%=1.5 次；（1 分）

因为存储器总线宽度为 32 位，所以，每传送 32 位数据，磁盘控制器发出一次 DMA 请求，故平均每秒磁盘 DMA 请求的次数至少为：1.5×4KB/4B=1.5K=1356。（2 分）

（3）CPU 和 DMA 控制器同时要求使用存储器总线时，DMA 请求优先级更高；（1 分）

因为，若 DMA 请求得不到及时响应，I/O 传输数据可能会丢失。（1 分）

（4）4 体交叉存储模式能提供的最大带宽为：4×4B/50ns=320MB/s。（2 分）

2．（12 分）在某计算机系统中 int 型为 32 位，short 型为 16 位。题 2 表给出了指令系统中部分指令格式，其中 Rs，Rd 表示寄存器，mem 表示存储器，（x）表示寄存器 x 或存储单元 x 的内容。

名称	指令的汇编格式	指令含义
加法指令	ADD Rs, Rd	(Rs)+(Rd)->Rd
算术/逻辑左移	SHL Rd	2*(Rd)->Rd
算术右移	SHR Rd	(Rd)/2->Rd
取数指令	LOAD Rd, mem	(mem)->Rd
存数指令	STORE Rs, mem	Rs->(mem)

题 2 表　指令系统中部分指令格式

采用 5 段流水方式执行指令，各流水段分别是取指（IF）、译码/读寄存器（ID）、执行/计算有效地址（EX）、访问存储器（M）和结果写回寄存器（WB0，指令发射按照"按序发射，按序完成"方式，没有采用转发技术处理数据相关，并且同一寄存器的读和写操作不能在同一个时钟周期内进行。请回答下列问题。

（1）short 型变量 x 的值为-513，存放在寄存器 R1 中，则执行"SHL R1"后，R1 中的内容是多少？（用十六进制表示）

（2）在某个时间段中，又连续的 4 条指令进入流水线，在其执行过程中没有发生指令段阻塞，则执行这 4 条指令所需的指令周期数是多少？

（3）高级语言程序中某赋值语句 x=a+b，x、a 和 b 均为 int 型变量，它们的存储单元地址分别表示为[x]、[a]和[b]。该语句对应的指令序列及其在指令流中的执行过程如题 2 图所示。

```
I1   LOAD    R1, [a]
I2   LOAD    R2, [b]
I3   ADD     R1, R2
I4   STORE   R2, [x]
```

	时间单元													
	1	2	3	4	5	6	7	8	9	10	11	12	13	14
I1	IF	ID	EX	M	WB									
I2		IF	ID	EX	M	WB								
I3			IF				ID	EX	M	WB				
I4							IF				ID	EX	M	WB

题2图　指令序列及其执行过程示意图

指令 I3 的 ID 段被阻塞、I4 的 IF 段被阻塞的原因各是什么？

（4）若要计算 x=x*2+a，请模仿上述例子，给出相应的指令序列，并画出流水序列过程示意图，并计算执行上述指令共需要多少个时钟周期。

参考答案：

（1）x 的机器码为[x]=1111 1101 1111 1111B，即指令执行前(R1)=FDFFH，右移 1 位后为 1111 1110 1111 1111B，即指令执行后(R1)=FEFFH。

（2）至少需要 4+(5-1)=8 个时钟周期数。

（3）I3 的 ID 段被阻塞的原因：因为 I3 与 I1 和 I2 都存在数据相关，需等到 I1 和 I2 将结果写回寄存器后，I3 才能读寄存器内容，所以 I3 的 ID 段被阻塞。

I4 的 IF 段被阻塞的原因：因为 I4 的前一条指令 I3 在 ID 段被阻塞，所以 I4 的 IF 段被阻塞。

（4）因 2*x 操作有左移和加法两种实现方法，故 x=2*x+a 对应的指令序列为

```
I1   LOAD    R1, [x]
I2   LOAD    R2, [a]
I3   SHL     R1              //或者    ADD    R1<R1
I4   ADD     R1, R2
I5   STORE   R2, [x]
```

这 5 条指令在流水线中的执行过程如下图所示。

	时间单元																
指令	1	2	3	4	5	6	7	8	9	10	11	12	13	14	15	16	17
I1	IF	ID	EX	WB													
I2		IF	ID	EX	M	WB											
I3			IF			ID	EX	M	WB								
I4						IF				ID	EX	M	WB				
I5										IF				ID	EX	M	WB

故执行 x=2*x+a 语句最少需要 17 个时钟周期。

附录3 美国标准信息交换码（ASCII）字符表

低位 / 高位	0 0000	1 0001	2 0010	3 0011	4 0100	5 0101	6 0110	7 0111	8 1000	9 1001	A 1010	B 1011	C 1100	D 1101	E 1110	F 1111
0 0000	NUL	SON	STX	ETX	EOT	ENQ	ACK	BEL	BS	HT	LF	VT	FF	CR	SO	SI
1 0001	DLE	DCI	DC2	DC3	DC4	SYN	ETB	SYN	CAN	EM	SUB	ESC	FS	GS	RS	US
2 0010	SP	!	”	#	$	%	&	,	(	)	*	+	,	-	。	/
3 0011	0	1	2	3	4	5	6	7	8	9	:	:	<	=	>	?
4 0100	@	A	B	C	D	E	F	G	H	I	J	K	L	M	N	O
5 0101	P	Q	R	S	T	U	V	W	X	Y	Z	[	\	]	↑	←
6 0110	、	a	b	c	d	e	f	g	h	I	j	k	l	m	n	o
7 0111	P	q	r	s	t	u	v	w	x	y	z	{	l	}	.	DEL

附录 4　74181 逻辑电路

PIN CONFIGURATION

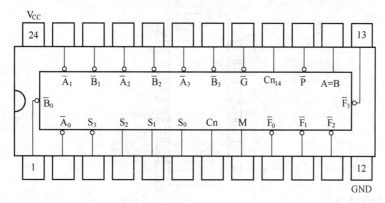

LOGIC DIAGRAM

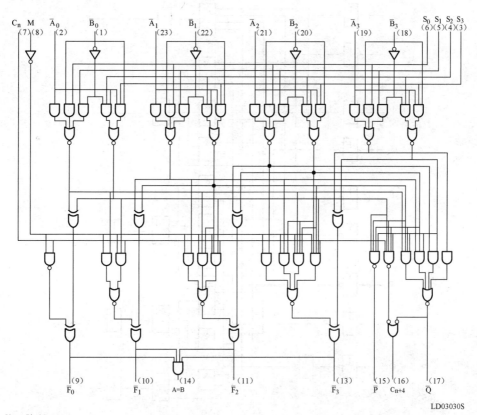

V_{CC} = Pin 24
GND = Pin 12
( ) = Pin Numnbers

LD03030S

附录5　74182 逻辑电路

PIN CONFIGURATION

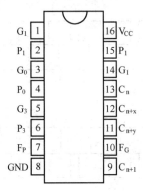

LOGIC DIAGRAM

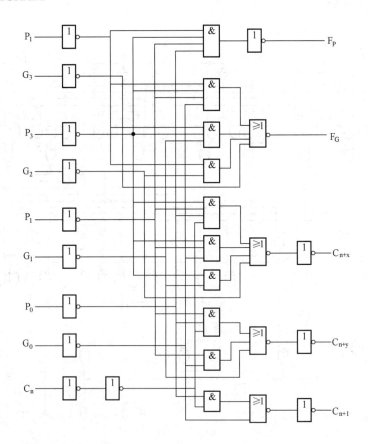

附录 6 常用存储芯片与译码器

2114 SRAM

Features

_ All Inputs and Outputs Directly TTL Compatible

_ Static Operation: No Clocks or Refreshing Required

_ Low Power: 225mW Typ

_ High Speed: Down to 300ns Access Time

_ TRI-STATE Output for Bus interface

_ Common Data In and Data Out Pins

_ Single 5V Supply

_ Standard 18-Lead DIP Package

Functional Description:

Two pins control the operation of the NTE2114. Chip Select (CS) enables write and read operations and controls TRI-STATING of the data-output buffer. Write Enable (WE) chooses between READ and WRITE modes and also controls output TRI-STATING. The truth table details the states produced by combinations of the CS and WE controls.

27C256 EPROM

NMOS 256 Kbit (32Kb x 8) UV EPROM

Features

_ FAST ACCESS TIME: 170ns

_ EXTENDED TEMPERATURE RANGE

_ SINGLE 5V SUPPLY VOLTAGE

_ LOW STANDBY CURRENT: 40mA max

_ TTL COMPATIBLE DURING READ and PROGRAM

_ FAST PROGRAMMING ALGORITHM

_ ELECTRONIC SIGNATURE

_ PROGRAMMING VOLTAGE: 12V

Functional Description:

The M27256 is a 262,144 bit UV erasable and electrically programmable memory EPROM. It is organized as 32.768 words by 8 bits. The M27256 is housed in a 28 pin Window Ceramic Frit-Seal Dual-in-Line package. The transparent lid allows the user to expose the chip to ultraviolet light to erase the bit pattern. A new pattern can then be written to the device by following the programming procedure.

6116 CMOS Static RAM 16K (2K x 8-Bit)

Features

◆ **High-speed access and chip select times**

– *Military: 20/25/35/45/55/70/90/120/150ns (max.)*

– *Industrial: 20/25/35/45ns (max.)*

– *Commercial: 15/20/25/35/45ns (max.)*

◆ **Low-power consumption**

◆ **Battery backup operation**

– *2V data retention voltage (LA version only)*

◆ **Produced with advanced CMOS high-performance technology**

◆ **CMOS process virtually eliminates alpha particle soft-error rates**

◆ **Input and output directly TTL-compatible**

◆ **Static operation: no clocks or refresh required**

◆ **Available in ceramic and plastic 24-pin DIP, 24-pin Thin Dip, 24-pin SOIC and 24-pin SOJ**

◆ **Military product compliant to MIL-STD-833, Class B**

Description

The IDT6116SA/LA is a 16,384-bit high-speed static RAM organized as $2K \times 8$. It is fabricated using IDT's high-performance, high-reliability CMOS technology.

Access times as fast as 15ns are available. The circuit also offers a reduced power standby mode. When CS goes HIGH, the circuit will automatically go to, and remain in, a standby power mode, as long as CS remains HIGH. This capability provides significant system level power and cooling savings. The low-power (LA) version also offers a battery backup data retention capability where the circuit typically consumes only $1\mu W$ to $4\mu W$ operating off a 2V battery.

All inputs and outputs of the IDT6116SA/LA are TTL-compatible. Fully static asynchronous circuitry is used, requiring no clocks or refreshing for operation.

74LS138

PIN CONFIGURATION

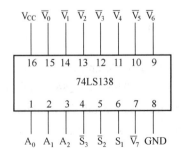

LOGIC DIAGRAM

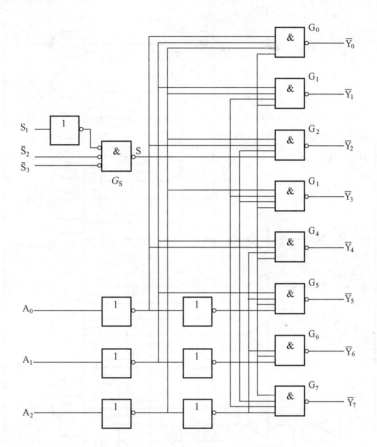

74LS154

PIN CONFIGURATION

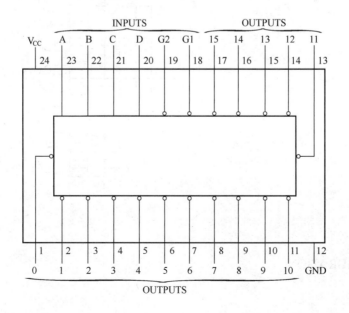

LOGIC DIAGRAM

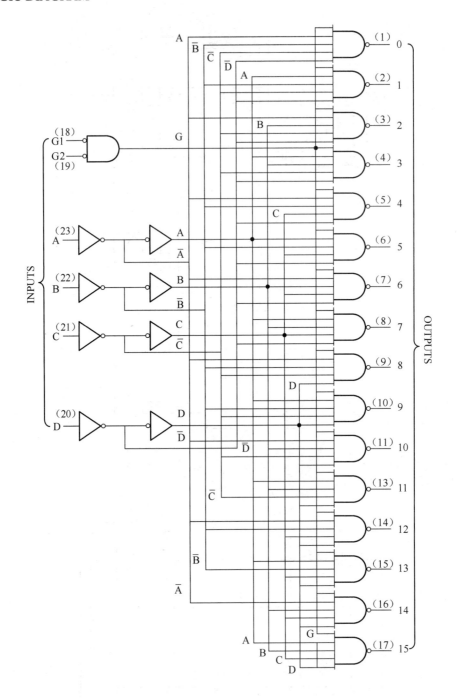

74LS139

PIN CONFIGURATION

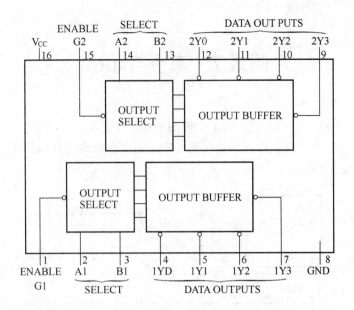

LOGIC DIAGRAM

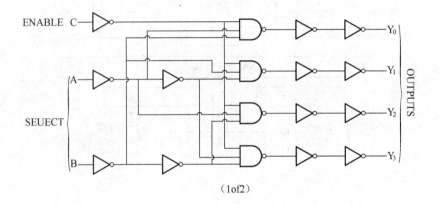

（1of2）

附录 7　南桥与北桥

主板的核心是主板芯片组，它决定了主板的规格、性能和大致功能。我们平日说"865PE主板"，865PE 指的就是主板芯片组。主板芯片组通常包含南桥芯片和北桥芯片，但有的主板芯片也包含一块或三块芯片。

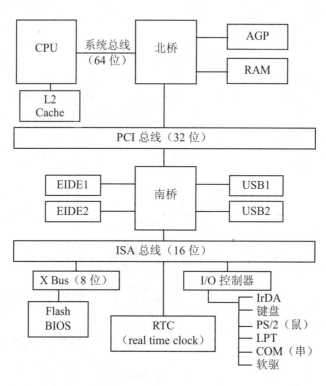

右圈中是北桥，左圈中是南桥

　　北桥（Northbridge）是基于 Intel 处理器的个人电脑主板芯片组两枚芯片中的一枚，北桥设计用来处理高速信号，通常处理中央处理器、随机存取存储器、AGP 或 PCI Express 的端口，还有与南桥之间的通信。

　　主板支持什么 CPU，支持 AGP 多少速的显卡，支持何种频率的内存，都是北桥芯片决定的。北桥芯片往往有较高的工作频率，所以发热量颇高，我们在主板上，可以在 CPU 插槽附近找到一个散热器，下面的就是北桥芯片。同北桥芯片的主板，性能差别微乎其微。

　　南桥是基于 Intel 处理器的个人电脑主板芯片组两枚芯片中的一枚。南桥设计用来处理低速信号，通过北桥与 CPU 联系。各芯片组厂商的南桥名称都有所不同，例如英特尔称之为 ICH，NVIDIA 的称为 MCP，ATI 的称为 IXP/SB。

　　南桥芯片主要决定主板的功能，主板上的各种接口（如串口、USB）、PCI 总线（接驳电视卡、内猫、声卡等）、IDE（接硬盘、光驱）、以及主板上的其他芯片（如集成声卡、集成 RAID 卡、集成网卡等）都归南桥芯片控制。南桥芯片通常裸露在 PCI 插槽旁边，块头比较大。

　　南北桥间随时进行数据传递，需要一条通道，这条通道就是南北桥总线。南北桥总线越宽，数据传输越便捷。各厂商的主板芯片组中，南北桥总线都被各自起了名字。比方说 Intel 的 Hublink，VIA 的 V-Link，Sis 的 MuTIOL 等。

参考文献

[1] 王爱英主编. 计算机组成与结构（第二版）. 北京：清华大学出版社，1995.

[2] 白中英主编. 计算机组成原理（第四版）. 北京：科学出版社，2008.

[3] 蒋本珊. 计算机组成原理. 北京：清华大学出版社，2004.

[4] 王诚主编. 计算机组成原理. 北京：清华大学出版社，2004.

[5] 李文兵. 计算机组成原理（第二版）. 北京：清华大学出版社，2002.

[6] 张基温. 计算机组成原理教程（第二版）. 北京：清华大学出版社，2000.

[7] 幸云辉，杨旭东. 计算机组成原理实用教程（第二版）. 北京：清华大学出版社，2004.

[8] Carl Hamacher，Zvonko Vranesic，Safwat Zaky. Computer Organization（fifth edition）. 北京：机械工业出版社，2002.

[9] Andrew S，Tanenbaum. Structured Computer Organization（fourth edition）. 北京：机械工业出版社，2001.

[10] 葛本修. 计算机组织与结构. 北京：北京航空航天大学出版社，1992.

[11] 侯炳辉主编. 计算机原理与系统结构（第二版）. 北京：清华大学出版社，2002.

[12] 胡越明. 计算机组成与系统结构. 上海：上海科学技术文献出版社，1999.

[13] 张新荣等. 计算机组成原理. 北京：机械工业出版社，2009.

[14] 马礼主编. 计算机组成原理与系统结构. 北京：人民邮电出版社，2004.

[15] 罗克露等. 计算机组成原理. 北京：电子工业出版社，2010.

[16] 王保恒，肖晓强等. 计算机原理与设计. 北京：高等教育出版社，2005.

[17] William Stallings. Computer Organization and Architecture— Design for Performance. 北京：电子工业出版社，2001.

[18] 孙强南，孙昱东. 计算机系统结构（第二版）. 北京：科学出版社，2000.

[19] 李学干，苏东庄. 计算机系统结构（第二版）. 西安：西安电子科技大学出版社，1996.

[20] 郑纬民，汤志忠. 计算机系统结构（第二版）. 北京：清华大学出版社，1998.